基礎線形代数学

阿部誠・本田竜広・澁谷一博 共著

$$f:\begin{pmatrix} x \\ y \end{pmatrix} \mapsto \begin{pmatrix} x' \\ y' \end{pmatrix},\quad A=\begin{pmatrix} 3 & 1 \\ 1 & 2 \end{pmatrix},\quad \begin{pmatrix} x' \\ y' \end{pmatrix} = A\begin{pmatrix} x \\ y \end{pmatrix}$$

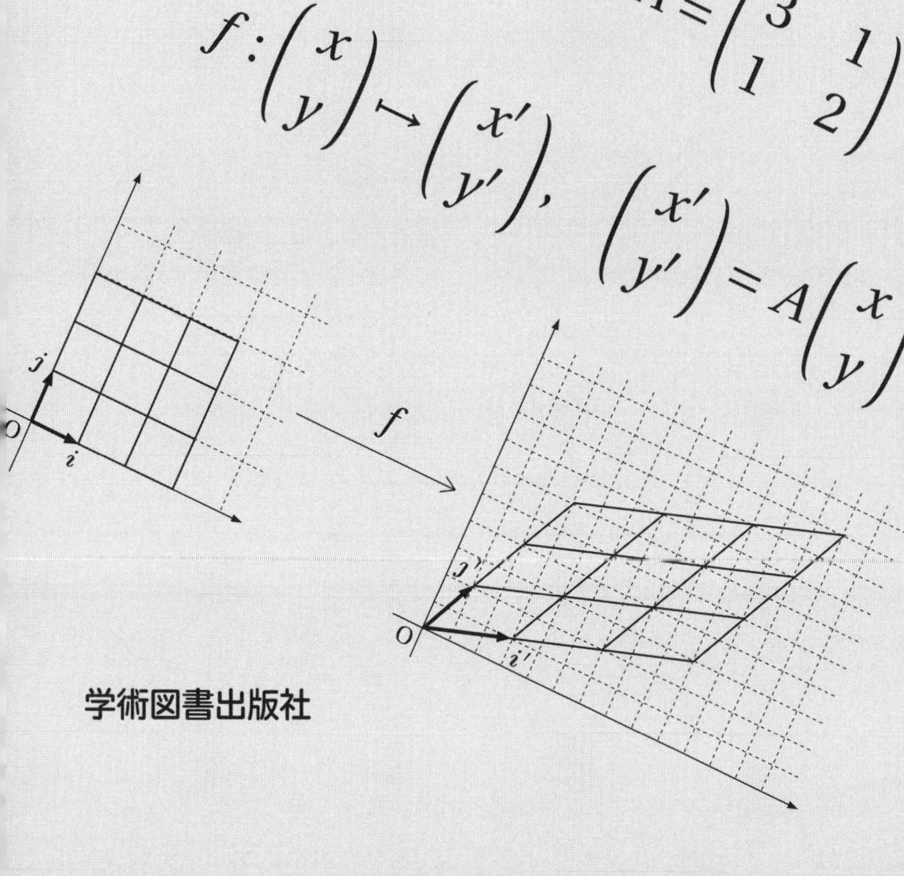

学術図書出版社

まえがき（第 2 版）

本書は大学等の初年級で開講される線形代数学に関する科目の教科書として使用されることを目的としたものです．執筆にあたっては，学習状況の多様性にも対応できるように，基本的なことから十分な解説を与えるように努めました．

各章の表題は次のとおりです．

第 1 章　ベクトル・線形変換
第 2 章　行列
第 3 章　行列式
第 4 章　基本変形
第 5 章　固有値・固有ベクトル
第 6 章　線形空間

第 1 章には導入的な内容を集めています．本書が半期用の教科書として使用される場合には，第 2 章，第 3 章，第 4 章，および第 5 章の前半が主要な授業内容であることを想定していますが，必要に応じて，そのほかのいくつかの節が授業で取りあげられることもあるでしょう．第 6 章も発展的な内容として，適宜，参照することができます．

本書で学ぶ主要な数学的な対象は，ベクトル・行列・連立 1 次方程式ですが，この 3 つの内容は，行列式と基本変形というふたつの道具を用いて，互いに他の言葉を用いて言い表すことができて，全体としてひとつの世界を形作っています．さらに，これを線形空間論というもっと広い世界に一般化することによって，いろいろな場面で出会うことがらを考察する際に必要な枠組みや道具とすることができます．

本書の出版に際し，学術図書出版社の髙橋秀治様には大変お世話になりました．この場を借りて，深く感謝の意を表します．

2019 年 2 月 28 日　　著者

目次

■ 真理表

P	Q	P でない	P かつ Q	P または Q	P ならば Q
1	1	0	1	1	1
1	0	0	0	1	0
0	1	1	0	1	1
0	0	1	0	0	1

■ 集合

- ものの集まりを**集合**といい，集合を構成する個々のものをその集合の**元**（要素）という．x が集合 A の元であるとき $x \in A$ と書き，x が集合 A の元でないとき $x \notin A$ と書く．

  例　$-7 \in \mathbb{Z}$，$\frac{2}{3} \notin \mathbb{Z}$.
- 元をまったく含まない集合を**空集合**といい，$\emptyset$ と書く．
- 集合 A, B について，「$x \in A$ ならば $x \in B$」が成り立つとき $A \subset B$ と書き，A を B の**部分集合**という．「$A \subset B$ かつ $A \neq B$」が成り立つとき $A \subsetneqq B$ と書き，A を B の**真部分集合**という．

  例　$\mathbb{N} \subsetneqq \mathbb{Z} \subsetneqq \mathbb{Q} \subsetneqq \mathbb{R} \subsetneqq \mathbb{C}$.

  注意　本によっては，$A \subset B$，$A \subsetneqq B$ をそれぞれ $A \subseteqq B$，$A \subset B$ と書く．
- $A = B \quad \Leftrightarrow \quad A \subset B$ かつ $B \subset A$.
- $$\begin{cases} A \cap B = \{x \mid x \in A \text{ かつ } x \in B\} & \text{共通部分（共通集合）} \\ A \cup B = \{x \mid x \in A \text{ または } x \in B\} & \text{合併（和集合）} \\ A \setminus B = \{x \mid x \in A \text{ かつ } x \notin B\} & \text{差集合} \end{cases}$$

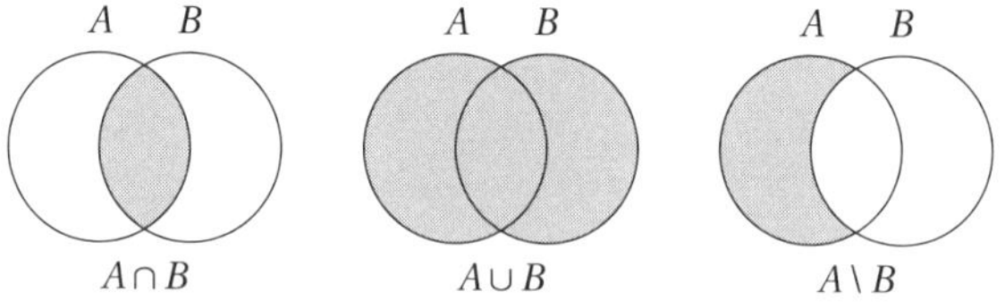

  例　$A = \{1, 2, 3\}$，$B = \{3, 4, 5\}$ のとき，$A \cap B = \{3\}$，$A \cup B = \{1, 2, 3, 4, 5\}$，$A \setminus B = \{1, 2\}$.

  例　$A = \{1, 2, 3\}$，$B = \{4, 5\}$ のとき，$A \cap B = \emptyset$，$A \cup B = \{1, 2, 3, 4, 5\}$，$A \setminus B = A$.
- 集合 X を固定し，その部分集合だけを考察するとき，X を**全体集合**という．このとき，$A \subset X$ について，差集合 $X \setminus A$ を A の（X における）**補集合**という．
- 集合 A, B に対し，$a \in A$，$b \in Y$ の対 (a, b) 全体の集合を A, B の**直積**（**積集合**）といい，$A \times B$ と書く．すなわち，$A \times B = \{(a, b) \mid a \in A, b \in B\}$.

  例　$A = \{1, 2, 3\}$，$B = \{1, 2\}$ のとき，$A \times B = \{(1, 1), (1, 2), (2, 1), (2, 2), (3, 1), (3, 2)\}$.

第 1 章

ベクトル・線形変換

1.1　数の集合

自然数全体の集合，**整数**全体の集合，**有理数**全体の集合，**実数**全体の集合，**複素数**全体の集合をそれぞれ $\mathbb{N}, \mathbb{Z}, \mathbb{Q}, \mathbb{R}, \mathbb{C}$ と書く．自然数とは正の整数のことである．すなわち，

$$\mathbb{N} = \{1, 2, 3, \ldots\}.$$

有理数とは整数の比，すなわち，$p, q \in \mathbb{Z}$，$q \neq 0$，を用いて，$\dfrac{p}{q}$ の形に表される数のことであり，有理数以外の実数は**無理数**とよばれる．実数は**数直線**上の点として表される．

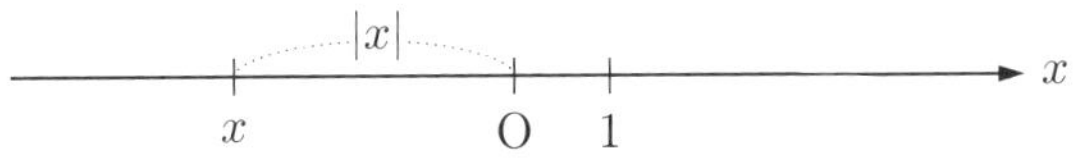

図 1.1

複素数とは，$x, y \in \mathbb{R}$ と**虚数単位** $\mathrm{i} = \sqrt{-1}$ を用いて，

$$z = x + y\mathrm{i} \tag{1.1}$$

の形に表される数のことである．$y = 0$ のとき，

$$z = x + 0 \cdot \mathrm{i} = x$$

は実数であり，実数以外の複素数は**虚数**とよばれる．複素数 (1.1) に対して，

$$\mathrm{Re}(z) = x, \quad \mathrm{Im}(z) = y, \quad |z| = \sqrt{x^2 + y^2}, \quad \overline{z} = x - y\mathrm{i}$$

と書き，それぞれを z の**実部**，**虚部**，**絶対値**，**共役(やく)複素数**という．

例 1.1 複素数 $z = 3 - 2\mathrm{i} = 3 + (-2)\,\mathrm{i}$ に対して，

$$\mathrm{Re}(z) = 3, \quad \mathrm{Im}(z) = -2, \quad |z| = \sqrt{3^2 + (-2)^2} = \sqrt{13}, \quad \overline{z} = 3 + 2\mathrm{i}.$$

問 1.1 次の複素数 z を $x + y\mathrm{i}$ の形で表せ．また，$\mathrm{Re}(z)$, $\mathrm{Im}(z)$, $|z|$, $\overline{z}$ を求めよ．

(1) $z = (3 - 5\mathrm{i})(2 + \mathrm{i})$ (2) $z = \dfrac{4 + 3\mathrm{i}}{1 - 2\mathrm{i}}$

問 1.2 $z, z_1, z_2 \in \mathbb{C}$ のとき，次のことを確かめよ．

(1) $z \in \mathbb{R} \iff \overline{z} = z$ (2) $\overline{\overline{z}} = z$

(3) $|z|^2 = z\overline{z}$ (4) $\overline{z_1 \pm z_2} = \overline{z_1} \pm \overline{z_2}$ （複号同順）

(5) $\overline{z_1 z_2} = \overline{z_1}\,\overline{z_2}$ (6) $\overline{\left(\dfrac{z_1}{z_2}\right)} = \dfrac{\overline{z_1}}{\overline{z_2}}$ （$z_2 \neq 0$ のとき）

考える数の範囲は，状況に応じて，$\mathbb{R}$ または $\mathbb{C}$ とする．a, b を定数として，1元1次方程式 $ax = b$ の解は次のとおりである．

- $a \neq 0$ のとき，$x = \dfrac{b}{a}$.
- $a = 0$，$b \neq 0$ のとき，解はない．
- $a = b = 0$ のとき，x は任意である．

例 1.2 1次方程式 $14x = 10800$ の解は $x = \dfrac{10800}{14} = \dfrac{5400}{7}$.

例 1.3 1次方程式 $(1 + \mathrm{i})\,x = 2 + 3\mathrm{i}$ の解は

$$x = \frac{2 + 3\mathrm{i}}{1 + \mathrm{i}} = \frac{(2 + 3\mathrm{i})(1 - \mathrm{i})}{(1 + \mathrm{i})(1 - \mathrm{i})} = \frac{2 + \mathrm{i} - 3\mathrm{i}^2}{1 - \mathrm{i}^2} = \frac{2 + \mathrm{i} - (-3)}{1 - (-1)} = \frac{5 + \mathrm{i}}{2}.$$

問 1.3 次の1次方程式の解を求めよ．

(1) $-\dfrac{7}{4}x = 13$ (2) $\sqrt{3}x = -\dfrac{\sqrt{6}}{2}$

(3) $\left(1 + \sqrt{2}\right)x = 1$ (4) $(1 - 2\mathrm{i})\,x = 4 + 3\mathrm{i}$

1.2　クラメルの公式（1）

a, b, c, d, p, q を定数として，2 元連立 1 次方程式

$$\begin{cases} ax + by = p & \cdots ① \\ cx + dy = q & \cdots ② \end{cases}$$

を考えよう．①×d−②×b より，

$$\begin{array}{rrcl} & adx + bdy &=& pd \\ - & bcx + bdy &=& bq \\ \hline & (ad-bc)\,x &=& pd - bq \end{array} \qquad \cdots ③$$

②×a−①×c より，

$$\begin{array}{rrcl} & acx + ady &=& aq \\ - & acx + bcy &=& pc \\ \hline & (ad-bc)\,y &=& aq - pc \end{array} \qquad \cdots ④$$

よって，$ad - bc \neq 0$ のとき，③，④ より，

$$x = \frac{pd - bq}{ad - bc}, \quad y = \frac{aq - pc}{ad - bc}.$$

ここで，4 個の数 a, b, c, d に対して，

$$\begin{vmatrix} a & b \\ c & d \end{vmatrix} = ad - bc$$

と書き，これを **2 次行列式**という．

例 1.4　$\begin{vmatrix} 1 & 3 \\ 8 & 7 \end{vmatrix} = 1 \cdot 7 - 3 \cdot 8 = 7 - 24 = -17.$

2 次行列式の記号を用いて，次の公式を得る．

定理 1.1（**クラメルの公式**）　$\begin{vmatrix} a & b \\ c & d \end{vmatrix} \neq 0$ のとき，2元連立1次方程式

$$\begin{cases} ax + by = p \\ cx + dy = q \end{cases}$$

の解は

$$x = \frac{\begin{vmatrix} p & b \\ q & d \end{vmatrix}}{\begin{vmatrix} a & b \\ c & d \end{vmatrix}}, \quad y = \frac{\begin{vmatrix} a & p \\ c & q \end{vmatrix}}{\begin{vmatrix} a & b \\ c & d \end{vmatrix}}.$$

例 1.5　連立1次方程式

$$\begin{cases} 5x - 3y = 1 \\ 2x + 3y = 5 \end{cases}$$

の解を求めよう．

$$\begin{vmatrix} 5 & -3 \\ 2 & 3 \end{vmatrix} = 15 + 6 = 21 \neq 0$$

であるから，クラメルの公式より，

$$x = \frac{1}{21}\begin{vmatrix} 1 & -3 \\ 5 & 3 \end{vmatrix} = \frac{3+15}{21} = \frac{18}{21} = \frac{6}{7}, \quad y = \frac{1}{21}\begin{vmatrix} 5 & 1 \\ 2 & 5 \end{vmatrix} = \frac{25-2}{21} = \frac{23}{21}.$$

問 1.4　次の行列式の値を求めよ．

(1) $\begin{vmatrix} 4 & 7 \\ 5 & 2 \end{vmatrix}$　　(2) $\begin{vmatrix} 6 & -1 \\ 8 & 3 \end{vmatrix}$

問 1.5　クラメルの公式を用いて，次の連立1次方程式の解を求めよ．

(1) $\begin{cases} x + 2y = 4 \\ 3x + 4y = 6 \end{cases}$　　(2) $\begin{cases} 2x + y = -3 \\ 3x + 4y = 1 \end{cases}$

(3) $\begin{cases} -2x - 3y = 2 \\ x - 6y = -11 \end{cases}$　　(4) $\begin{cases} 4x + y = -7 \\ 7x - 5y = -1 \end{cases}$

次に，3 元連立 1 次方程式

$$
\begin{cases}
a_1x + b_1y + c_1z = p_1 & \cdots ① \\
a_2x + b_2y + c_2z = p_2 & \cdots ② \\
a_3x + b_3y + c_3z = p_3 & \cdots ③
\end{cases}
$$

を考えよう．①$\times c_2 -$ ②$\times c_1$ より，

$$
\begin{array}{lr}
 & a_1c_2x + b_1c_2y + c_1c_2z = p_1c_2 \\
- & a_2c_1x + b_2c_1y + c_1c_2z = p_2c_1 \\
\hline
 & (a_1c_2 - a_2c_1)x + (b_1c_2 - b_2c_1)y = p_1c_2 - p_2c_1
\end{array}
\qquad \cdots ④
$$

①$\times c_3 -$ ③$\times c_1$ より，

$$
\begin{array}{lr}
 & a_1c_3x + b_1c_3y + c_1c_3z = p_1c_3 \\
- & a_3c_1x + b_3c_1y + c_1c_3z = p_3c_1 \\
\hline
 & (a_1c_3 - a_3c_1)x + (b_1c_3 - b_3c_1)y = p_1c_3 - p_3c_1
\end{array}
\qquad \cdots ⑤
$$

ここで，

$$
\begin{aligned}
&\begin{vmatrix} a_1c_2 - a_2c_1 & b_1c_2 - b_2c_1 \\ a_1c_3 - a_3c_1 & b_1c_3 - b_3c_1 \end{vmatrix} \\
&= (a_1c_2 - a_2c_1)(b_1c_3 - b_3c_1) - (b_1c_2 - b_2c_1)(a_1c_3 - a_3c_1) \\
&= \cancel{a_1b_1c_2c_3} - a_1b_3c_1c_2 - a_2b_1c_1c_3 + a_2b_3{c_1}^2 \\
&\quad - \left(\cancel{a_1b_1c_2c_3} - a_3b_1c_1c_2 - a_1b_2c_1c_3 + a_3b_2{c_1}^2\right) \\
&= c_1(a_1b_2c_3 - a_1b_3c_2 - a_2b_1c_3 + a_2b_3c_1 + a_3b_1c_2 - a_3b_2c_1), \\
&\begin{vmatrix} p_1c_2 - p_2c_1 & b_1c_2 - b_2c_1 \\ p_1c_3 - p_3c_1 & b_1c_3 - b_3c_1 \end{vmatrix} \\
&= \left(p_1c_2 - p_2c_1\right)(b_1c_3 - b_3c_1) - (b_1c_2 - b_2c_1)\left(p_1c_3 - p_3c_1\right) \\
&= \cancel{p_1b_1c_2c_3} - p_1b_3c_1c_2 - p_2b_1c_1c_3 + p_2b_3{c_1}^2 \\
&\quad - \left(\cancel{p_1b_1c_2c_3} - p_3b_1c_1c_2 - p_1b_2c_1c_3 + p_3b_2{c_1}^2\right) \\
&= c_1\left(p_1b_2c_3 - p_1b_3c_2 - p_2b_1c_3 + p_2b_3c_1 + p_3b_1c_2 - p_3b_2c_1\right)
\end{aligned}
$$

であるから，$c_1 \neq 0$ かつ

$$
\Delta = a_1b_2c_3 - a_1b_3c_2 - a_2b_1c_3 + a_2b_3c_1 + a_3b_1c_2 - a_3b_2c_1 \neq 0
$$

のとき，④，⑤より，定理 1.1 を用いて，

$$x = \frac{p_1b_2c_3 - p_1b_3c_2 - p_2b_1c_3 + p_2b_3c_1 + p_3b_1c_2 - p_3b_2c_1}{\Delta}. \tag{1.2}$$

次に，② × c_1 − ① × c_2，② × c_3 − ③ × c_2 から得られる x, y についてのふたつの等式から，同様にして，$c_2 \neq 0$，$\Delta \neq 0$ のとき，(1.2) を得る．さらに，③ × c_1 − ① × c_3，③ × c_2 − ② × c_3 から得られる x, y についてのふたつの等式から，同様にして，$c_3 \neq 0$，$\Delta \neq 0$ のとき，やはり，(1.2) を得る．いま，$\Delta \neq 0$ ならば $\begin{pmatrix} c_1 \\ c_2 \\ c_3 \end{pmatrix} \neq \begin{pmatrix} 0 \\ 0 \\ 0 \end{pmatrix}$ であるから，結局，$\Delta \neq 0$ のとき，x の値として，(1.2) を得る．同様にして，$\Delta \neq 0$ のとき，y, z の値も求めることができて，次のようになる．

$$y = \frac{a_1p_2c_3 - a_1p_3c_2 - a_2p_1c_3 + a_2p_3c_1 + a_3p_1c_2 - a_3p_2c_1}{\Delta}$$
$$z = \frac{a_1b_2p_3 - a_1b_3p_2 - a_2b_1p_3 + a_2b_3p_1 + a_3b_1p_2 - a_3b_2p_1}{\Delta}$$

ここで，

$$\begin{vmatrix} a_1 & b_1 & c_1 \\ a_2 & b_2 & c_2 \\ a_3 & b_3 & c_3 \end{vmatrix} = a_1b_2c_3 - a_1b_3c_2 - a_2b_1c_3 + a_2b_3c_1 + a_3b_1c_2 - a_3b_2c_1$$

と書き，これを **3 次行列式**という．

3 次行列式の記号を用いて，次の公式を得る．

定理 1.2（クラメルの公式） $\begin{vmatrix} a_1 & b_1 & c_1 \\ a_2 & b_2 & c_2 \\ a_3 & b_3 & c_3 \end{vmatrix} \neq 0$ のとき，3 元連立 1 次方程式

$$\begin{cases} a_1x + b_1y + c_1z = p_1 \\ a_2x + b_2y + c_2z = p_2 \\ a_3x + b_3y + c_3z = p_3 \end{cases}$$

の解は，

$$x = \frac{\begin{vmatrix} p_1 & b_1 & c_1 \\ p_2 & b_2 & c_2 \\ p_3 & b_3 & c_3 \end{vmatrix}}{\begin{vmatrix} a_1 & b_1 & c_1 \\ a_2 & b_2 & c_2 \\ a_3 & b_3 & c_3 \end{vmatrix}}, \quad y = \frac{\begin{vmatrix} a_1 & p_1 & c_1 \\ a_2 & p_2 & c_2 \\ a_3 & p_3 & c_3 \end{vmatrix}}{\begin{vmatrix} a_1 & b_1 & c_1 \\ a_2 & b_2 & c_2 \\ a_3 & b_3 & c_3 \end{vmatrix}}, \quad z = \frac{\begin{vmatrix} a_1 & b_1 & p_1 \\ a_2 & b_2 & p_2 \\ a_3 & b_3 & p_3 \end{vmatrix}}{\begin{vmatrix} a_1 & b_1 & c_1 \\ a_2 & b_2 & c_2 \\ a_3 & b_3 & c_3 \end{vmatrix}}.$$

問 1.6（**第 1 列についての展開**）　次の等式を証明せよ．

$$\begin{vmatrix} a_1 & b_1 & c_1 \\ a_2 & b_2 & c_2 \\ a_3 & b_3 & c_3 \end{vmatrix} = a_1 \begin{vmatrix} b_2 & c_2 \\ b_3 & c_3 \end{vmatrix} - a_2 \begin{vmatrix} b_1 & c_1 \\ b_3 & c_3 \end{vmatrix} + a_3 \begin{vmatrix} b_1 & c_1 \\ b_2 & c_2 \end{vmatrix}$$

問 1.7　問 1.6 を用いて，次の行列式の値を求めよ．

(1) $\begin{vmatrix} 3 & 2 & 2 \\ 3 & 1 & 2 \\ 4 & 9 & 8 \end{vmatrix}$　　(2) $\begin{vmatrix} 3 & 2 & 1 \\ -4 & 5 & 2 \\ 0 & -1 & 3 \end{vmatrix}$

問 1.8　クラメルの公式を用いて，次の連立 1 次方程式の解を求めよ．

(1) $\begin{cases} 2x \phantom{{}-y} + z = 2 \\ x - y \phantom{{}+z} = 1 \\ x + 4y - z = 5 \end{cases}$　　(2) $\begin{cases} x + 2y + 3z = 1 \\ 2x + 3y + 8z = 2 \\ 3x + 4y + 9z = -5 \end{cases}$

1.3　幾何ベクトル

空間または平面において，**長さ**（**大きさ**）と**向き**をもつ量を（**幾何**）**ベクトル**という．平行移動により，向きも含めて重ね合わせることのできる**有向線分**は同じベクトルを定める．点 A を**始点**，点 B を**終点**とする有向線分の定めるベクトルを $\boldsymbol{a}$ とするとき，$\boldsymbol{a} = \overrightarrow{\mathrm{AB}}$ と書く（図 1.2）．

ベクトル $\boldsymbol{a}$ の長さを $|\boldsymbol{a}|$ と書く．すなわち，$\boldsymbol{a} = \overrightarrow{\mathrm{AB}}$ のとき，$|\boldsymbol{a}| = \mathrm{AB}$ である．長さが 1 のベクトルを**単位ベクトル**という．

始点と終点の一致する有向線分の定めるベクトルを $\mathbf{0}$ と書き，**零ベクトル**という．その長さは $|\mathbf{0}| = 0$ である．零ベクトルに限り，向きは任意と

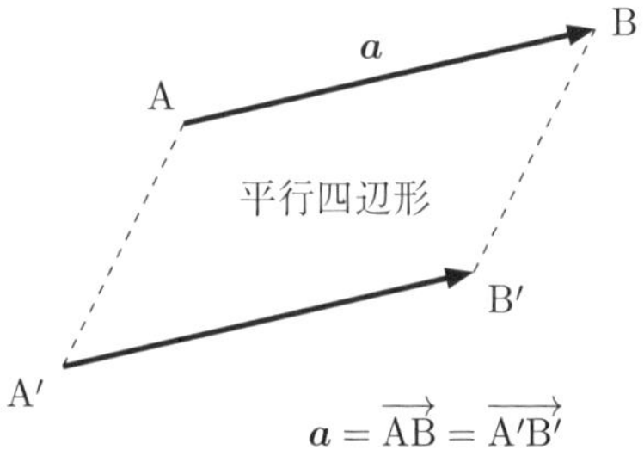

図 1.2

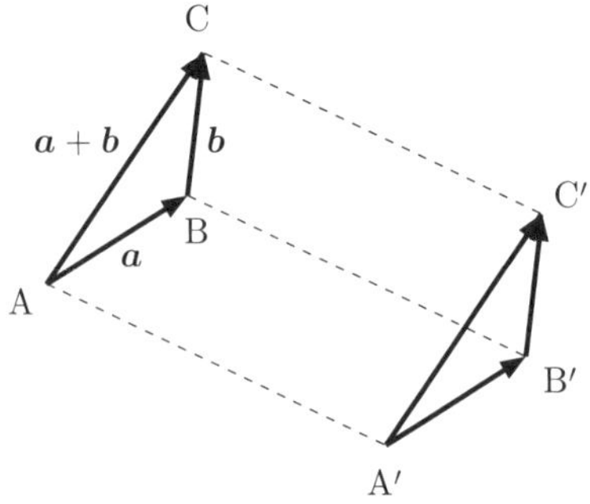

図 1.3

する．

ベクトル $\boldsymbol{a}, \boldsymbol{b}$ に対して，**和** $\boldsymbol{a}+\boldsymbol{b}$，**差** $\boldsymbol{a}-\boldsymbol{b}$，**逆ベクトル** $-\boldsymbol{a}$ が次のように定義され，これらの定義は点 A, B, C の取り方によらない．

- $\boldsymbol{a}=\overrightarrow{AB}$，$\boldsymbol{b}=\overrightarrow{BC}$ のとき，$\boldsymbol{a}+\boldsymbol{b}=\overrightarrow{AC}$（図 1.3）．
- $\boldsymbol{a}=\overrightarrow{AB}$，$\boldsymbol{b}=\overrightarrow{CB}$ のとき，$\boldsymbol{a}-\boldsymbol{b}=\overrightarrow{AC}$.
- $\boldsymbol{a}=\overrightarrow{AB}$ のとき，$-\boldsymbol{a}=\overrightarrow{BA}$.

ベクトル $\boldsymbol{a}$ と $x \in \mathbb{R}$ に対して，x と $\boldsymbol{a}$ の**積**（$\boldsymbol{a}$ の x 倍）$x\boldsymbol{a}$ が次のように定義される．

- $x>0$，$\boldsymbol{a} \neq \boldsymbol{0}$ のとき，$x\boldsymbol{a}$ は $\boldsymbol{a}$ と同じ向きで長さが $x|\boldsymbol{a}|$ のベクトル．
- $x<0$，$\boldsymbol{a} \neq \boldsymbol{0}$ のとき，$x\boldsymbol{a}$ は $\boldsymbol{a}$ と逆の向きで長さが $(-x)|\boldsymbol{a}|$ のベクトル．
- $x=0$ または $\boldsymbol{a}=\boldsymbol{0}$ のとき，$x\boldsymbol{a}=\boldsymbol{0}$.

零ベクトルでないふたつのベクトル $\boldsymbol{a}, \boldsymbol{b}$ は，同じ向きか逆の向きであるとき，**平行**であるといい，$\boldsymbol{a} /\!/ \boldsymbol{b}$ と書く．このとき，

$$\boldsymbol{a} /\!/ \boldsymbol{b} \quad \Leftrightarrow \quad t \in \mathbb{R},\ t \neq 0,\ \text{が存在して，}\ \boldsymbol{a}=t\boldsymbol{b}.$$

問 1.9 ベクトル $\boldsymbol{a}$ と $x \in \mathbb{R}$ について，次の等式を確かめよ．

$$|x\boldsymbol{a}| = |x|\,|\boldsymbol{a}|$$

ベクトルの演算について，次のことが成り立つ[注1].

定理 1.3（演算法則）　ベクトル $\boldsymbol{a}, \boldsymbol{b}, \boldsymbol{c}$ と $x, y \in \mathbb{R}$ について，次のことが成り立つ.

(1) $\boldsymbol{a}+\boldsymbol{b}=\boldsymbol{b}+\boldsymbol{a}$　（交換法則）

(2) $(\boldsymbol{a}+\boldsymbol{b})+\boldsymbol{c}=\boldsymbol{a}+(\boldsymbol{b}+\boldsymbol{c})$　（結合法則）

(3) $\boldsymbol{a}+\boldsymbol{0}=\boldsymbol{a}$

(4) $\boldsymbol{a}+(-\boldsymbol{a})=\boldsymbol{0}$

(5) $x(\boldsymbol{a}+\boldsymbol{b})=x\boldsymbol{a}+x\boldsymbol{b}$　（分配法則）

(6) $(x+y)\boldsymbol{a}=x\boldsymbol{a}+y\boldsymbol{a}$　（分配法則）

(7) $(xy)\boldsymbol{a}=x(y\boldsymbol{a})$　（結合法則）

(8) $1\boldsymbol{a}=\boldsymbol{a}$

問 1.10　ベクトル $\boldsymbol{a}, \boldsymbol{b}, \boldsymbol{x}$ について，次のことを確かめよ.

(1) $\boldsymbol{a}-\boldsymbol{b}=\boldsymbol{a}+(-\boldsymbol{b})$　　(2) $\boldsymbol{x}=\boldsymbol{a}-\boldsymbol{b} \Leftrightarrow \boldsymbol{x}+\boldsymbol{b}=\boldsymbol{a}$

座標系 O-xyz の定められた空間において，

$$\mathrm{E}_1(1, 0, 0), \quad \mathrm{E}_2(0, 1, 0), \quad \mathrm{E}_3(0, 0, 1)$$

として，ベクトル

$$\boldsymbol{i}=\overrightarrow{\mathrm{OE}_1}, \quad \boldsymbol{j}=\overrightarrow{\mathrm{OE}_2}, \quad \boldsymbol{k}=\overrightarrow{\mathrm{OE}_3}$$

を**基本ベクトル**という（図 1.4）. これらはそれぞれ x 軸方向，y 軸方向，z 軸方向の単位ベクトルである.

空間のベクトル $\boldsymbol{r}$ に対して，$\boldsymbol{r}=\overrightarrow{\mathrm{OP}}$ をみたす点 P(x, y, z) が定まる. このとき，

$$\boldsymbol{r}=\begin{pmatrix} x \\ y \\ z \end{pmatrix}$$

注1 例えば，井川 et al.［2］参照.

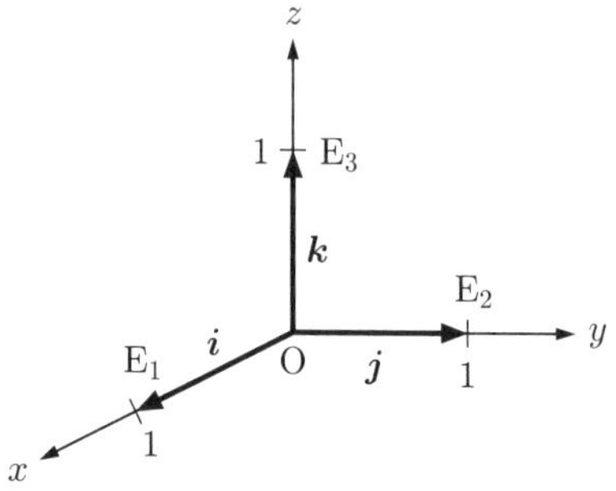

図 1.4

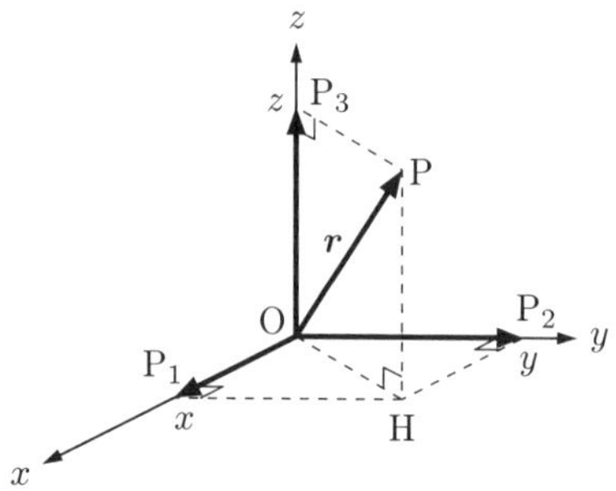

図 1.5

と書き，これを $\boldsymbol{r}$ の**成分表示**という．

いま，$\mathrm{P}_1(x, 0, 0)$，$\mathrm{P}_2(0, y, 0)$，$\mathrm{P}_3(0, 0, z)$，$\mathrm{H}(x, y, 0)$ とすれば（図 1.5），

$$\boldsymbol{r} = \overrightarrow{\mathrm{OP}} = \overrightarrow{\mathrm{OH}} + \overrightarrow{\mathrm{HP}} = \left(\overrightarrow{\mathrm{OP}_1} + \overrightarrow{\mathrm{OP}_2}\right) + \overrightarrow{\mathrm{OP}_3} = x\boldsymbol{i} + y\boldsymbol{j} + z\boldsymbol{k}.$$

したがって，

$$\boldsymbol{r} = \begin{pmatrix} x \\ y \\ z \end{pmatrix} = x\boldsymbol{i} + y\boldsymbol{j} + z\boldsymbol{k}.$$

例 1.6　基本ベクトル $\boldsymbol{i}, \boldsymbol{j}, \boldsymbol{k}$ の成分表示は次のとおりである．

$$\boldsymbol{i} = \begin{pmatrix} 1 \\ 0 \\ 0 \end{pmatrix}, \quad \boldsymbol{j} = \begin{pmatrix} 0 \\ 1 \\ 0 \end{pmatrix}, \quad \boldsymbol{k} = \begin{pmatrix} 0 \\ 0 \\ 1 \end{pmatrix}$$

問 1.11　ベクトル $\boldsymbol{a} = \begin{pmatrix} a_1 \\ a_2 \\ a_3 \end{pmatrix}$, $\boldsymbol{b} = \begin{pmatrix} b_1 \\ b_2 \\ b_3 \end{pmatrix}$ について，次の等式を確かめよ．

(1)　$\boldsymbol{a} \pm \boldsymbol{b} = \begin{pmatrix} a_1 \pm b_1 \\ a_2 \pm b_2 \\ a_3 \pm b_3 \end{pmatrix}$（複号同順）　(2)　$-\boldsymbol{a} = \begin{pmatrix} -a_1 \\ -a_2 \\ -a_3 \end{pmatrix}$

(3)　$x\boldsymbol{a} = \begin{pmatrix} xa_1 \\ xa_2 \\ xa_3 \end{pmatrix}$（$x \in \mathbb{R}$）　(4)　$|\boldsymbol{a}| = \sqrt{{a_1}^2 + {a_2}^2 + {a_3}^2}$

問 1.12 A(a_1, a_2, a_3), B(b_1, b_2, b_3), $\boldsymbol{a}=\overrightarrow{\mathrm{OA}}$, $\boldsymbol{b}=\overrightarrow{\mathrm{OB}}$ のとき，次の等式を確かめよ．

$$\overrightarrow{\mathrm{AB}}=\boldsymbol{b}-\boldsymbol{a}=\begin{pmatrix} b_1-a_1 \\ b_2-a_2 \\ b_3-a_3 \end{pmatrix}$$

ベクトル $\boldsymbol{a}=\begin{pmatrix} a_1 \\ a_2 \\ a_3 \end{pmatrix}$, $\boldsymbol{b}=\begin{pmatrix} b_1 \\ b_2 \\ b_3 \end{pmatrix}$ について，

$$\boldsymbol{a}\cdot\boldsymbol{b}=a_1b_1+a_2b_2+a_3b_3$$

と書き，これを $\boldsymbol{a}$ と $\boldsymbol{b}$ の**内積**（**スカラー積**）という．

問 1.13 ベクトル $\boldsymbol{a}, \boldsymbol{b}, \boldsymbol{c}$ について，次の等式を確かめよ．

(1) $\boldsymbol{a}\cdot\boldsymbol{b}=\boldsymbol{b}\cdot\boldsymbol{a}$　　(2) $\boldsymbol{a}\cdot(\boldsymbol{b}+\boldsymbol{c})=\boldsymbol{a}\cdot\boldsymbol{b}+\boldsymbol{a}\cdot\boldsymbol{c}$

(3) $x(\boldsymbol{a}\cdot\boldsymbol{b})=(x\boldsymbol{a})\cdot\boldsymbol{b}$ （$x\in\mathbb{R}$）　　(4) $\boldsymbol{a}\cdot\boldsymbol{a}=|\boldsymbol{a}|^2$

問 1.14 ベクトル $\boldsymbol{a}, \boldsymbol{b}$ について，次の等式を証明せよ．

$$|\boldsymbol{a}\pm\boldsymbol{b}|^2=|\boldsymbol{a}|^2\pm2\,\boldsymbol{a}\cdot\boldsymbol{b}+|\boldsymbol{b}|^2 \quad \text{（複号同順）}$$

問 1.15 $\boldsymbol{a}=\overrightarrow{\mathrm{OA}}\neq\boldsymbol{0}$, $\boldsymbol{b}=\overrightarrow{\mathrm{OB}}\neq\boldsymbol{0}$, $\angle\mathrm{AOB}=\theta$ （$0\leqq\theta\leqq\pi$）[注2] のとき，次のことを証明せよ．

(1) $\boldsymbol{a}\cdot\boldsymbol{b}=|\boldsymbol{a}||\boldsymbol{b}|\cos\theta$　　(2) $\boldsymbol{a}\cdot\boldsymbol{b}=0 \Leftrightarrow \boldsymbol{a}\perp\boldsymbol{b}$

注2 この θ を $\boldsymbol{a}$ と $\boldsymbol{b}$ の**なす角**という．$\theta=\dfrac{\pi}{2}$ のとき，$\boldsymbol{a}$ と $\boldsymbol{b}$ は**直交する**といい，$\boldsymbol{a}\perp\boldsymbol{b}$ と書く．

1.4　外積

空間のベクトル $\boldsymbol{a}=\begin{pmatrix} a_1 \\ a_2 \\ a_3 \end{pmatrix}$，$\boldsymbol{b}=\begin{pmatrix} b_1 \\ b_2 \\ b_3 \end{pmatrix}$ について，

$$\begin{aligned}\boldsymbol{a}\times\boldsymbol{b} &= \begin{vmatrix} \boldsymbol{i} & a_1 & b_1 \\ \boldsymbol{j} & a_2 & b_2 \\ \boldsymbol{k} & a_3 & b_3 \end{vmatrix} \\ &= \begin{vmatrix} a_2 & b_2 \\ a_3 & b_3 \end{vmatrix}\boldsymbol{i} - \begin{vmatrix} a_1 & b_1 \\ a_3 & b_3 \end{vmatrix}\boldsymbol{j} + \begin{vmatrix} a_1 & b_1 \\ a_2 & b_2 \end{vmatrix}\boldsymbol{k}\end{aligned}$$

と書き，これを $\boldsymbol{a}$ と $\boldsymbol{b}$ の外積（**ベクトル積**）という．

例 1.7　ベクトル $\boldsymbol{a}=\begin{pmatrix} 1 \\ 2 \\ 3 \end{pmatrix}$，$\boldsymbol{b}=\begin{pmatrix} -4 \\ 3 \\ 2 \end{pmatrix}$ に対して，

$$\begin{aligned}\boldsymbol{a}\times\boldsymbol{b} &= \begin{vmatrix} \boldsymbol{i} & 1 & -4 \\ \boldsymbol{j} & 2 & 3 \\ \boldsymbol{k} & 3 & 2 \end{vmatrix} = \begin{vmatrix} 2 & 3 \\ 3 & 2 \end{vmatrix}\boldsymbol{i} - \begin{vmatrix} 1 & -4 \\ 3 & 2 \end{vmatrix}\boldsymbol{j} + \begin{vmatrix} 1 & -4 \\ 2 & 3 \end{vmatrix}\boldsymbol{k} \\ &= -5\boldsymbol{i} - 14\boldsymbol{j} + 11\boldsymbol{k} = \begin{pmatrix} -5 \\ -14 \\ 11 \end{pmatrix}.\end{aligned}$$

問 1.16　$\boldsymbol{a}=\begin{pmatrix} 1 \\ 2 \\ 2 \end{pmatrix}$，$\boldsymbol{b}=\begin{pmatrix} 3 \\ 1 \\ 2 \end{pmatrix}$ のとき，外積 $\boldsymbol{a}\times\boldsymbol{b}$ を求めよ．

問 1.17　ベクトル $\boldsymbol{a}, \boldsymbol{b}, \boldsymbol{c}$ について，次の等式を確かめよ．

(1)　$\boldsymbol{a}\times\boldsymbol{b} = -\boldsymbol{b}\times\boldsymbol{a}$　　(2)　$\boldsymbol{a}\times(\boldsymbol{b}+\boldsymbol{c}) = \boldsymbol{a}\times\boldsymbol{c}+\boldsymbol{b}\times\boldsymbol{c}$

(3)　$x(\boldsymbol{a}\times\boldsymbol{b}) = (x\boldsymbol{a})\times\boldsymbol{b} = \boldsymbol{a}\times(x\boldsymbol{b})$　$(x\in\mathbb{R})$

問 1.18　$\boldsymbol{a}\neq\boldsymbol{0}$，$\boldsymbol{b}\neq\boldsymbol{0}$ のとき，次のことを証明せよ．

$$\boldsymbol{a}\,/\!/\,\boldsymbol{b} \quad\Leftrightarrow\quad \boldsymbol{a}\times\boldsymbol{b}=\boldsymbol{0}$$

ベクトル $\boldsymbol{a} = \begin{pmatrix} a_1 \\ a_2 \\ a_3 \end{pmatrix}$, $\boldsymbol{b} = \begin{pmatrix} b_1 \\ b_2 \\ b_3 \end{pmatrix}$, $\boldsymbol{c} = \begin{pmatrix} c_1 \\ c_2 \\ c_3 \end{pmatrix}$ を用いて，3 次行列式を

$$\det(\boldsymbol{a}\ \boldsymbol{b}\ \boldsymbol{c}) = \begin{vmatrix} a_1 & b_1 & c_1 \\ a_2 & b_2 & c_2 \\ a_3 & b_3 & c_3 \end{vmatrix}$$

と書く．ベクトル $\boldsymbol{a}, \boldsymbol{b}, \boldsymbol{c}$ について，

$$\det(\boldsymbol{a}\ \boldsymbol{b}\ \boldsymbol{c}) > 0 \ \left[\det(\boldsymbol{a}\ \boldsymbol{b}\ \boldsymbol{c}) < 0\right]$$

のとき，$\boldsymbol{a}, \boldsymbol{b}, \boldsymbol{c}$ はこの順に**右手系**［**左手系**］をなすという．

例 **1.8**　基本ベクトル $\boldsymbol{i}, \boldsymbol{j}, \boldsymbol{k}$ について，

$$\det\left(\boldsymbol{i}\ \boldsymbol{j}\ \boldsymbol{k}\right) = \begin{vmatrix} 1 & 0 & 0 \\ 0 & 1 & 0 \\ 0 & 0 & 1 \end{vmatrix} = 1 > 0$$

なので，$\boldsymbol{i}, \boldsymbol{j}, \boldsymbol{k}$ はこの順に右手系をなす．

定理 1.4　$\boldsymbol{a}, \boldsymbol{b}$ を空間のベクトルとする．$\boldsymbol{a} \neq \boldsymbol{0}$，$\boldsymbol{b} \neq \boldsymbol{0}$，$\boldsymbol{a} \not\parallel \boldsymbol{b}$ のとき，外積 $\boldsymbol{c} = \boldsymbol{a} \times \boldsymbol{b}$ について，次のことが成り立つ（図 1.6）．

- $\boldsymbol{a}, \boldsymbol{b}, \boldsymbol{c}$ はこの順に右手系をなす．
- $|\boldsymbol{c}|$ は $\boldsymbol{a}, \boldsymbol{b}$ を隣り合う 2 辺とする平行四辺形の面積に等しい．
- $\boldsymbol{a} \perp \boldsymbol{c}$，$\boldsymbol{b} \perp \boldsymbol{c}$．

証明　$\boldsymbol{a} = \begin{pmatrix} a_1 \\ a_2 \\ a_3 \end{pmatrix}$, $\boldsymbol{b} = \begin{pmatrix} b_1 \\ b_2 \\ b_3 \end{pmatrix}$, $\boldsymbol{c} = \begin{pmatrix} c_1 \\ c_2 \\ c_3 \end{pmatrix}$ と書くとき，

$$c_1 = \begin{vmatrix} a_2 & b_2 \\ a_3 & b_3 \end{vmatrix}, \quad c_2 = -\begin{vmatrix} a_1 & b_1 \\ a_3 & b_3 \end{vmatrix}, \quad c_3 = \begin{vmatrix} a_1 & b_1 \\ a_2 & b_2 \end{vmatrix}.$$

$\boldsymbol{a} \neq \boldsymbol{0}$，$\boldsymbol{b} \neq \boldsymbol{0}$，$\boldsymbol{a} \not\parallel \boldsymbol{b}$ なので，問 1.18 より，$\boldsymbol{c} \neq \boldsymbol{0}$ であり，

$$\det(\boldsymbol{a}\ \boldsymbol{b}\ \boldsymbol{c}) = \begin{vmatrix} a_1 & b_1 & c_1 \\ a_2 & b_2 & c_2 \\ a_3 & b_3 & c_3 \end{vmatrix}$$

$$
\begin{aligned}
&= a_1 b_2 c_3 - a_1 b_3 c_2 - a_2 b_1 c_3 + a_2 b_3 c_1 + a_3 b_1 c_2 - a_3 b_2 c_1 \\
&= c_1 (a_2 b_3 - a_3 b_2) - c_2 (a_1 b_3 - a_3 b_1) + c_3 (a_1 b_2 - a_2 b_1) \\
&= c_1 \begin{vmatrix} a_2 & b_2 \\ a_3 & b_3 \end{vmatrix} - c_2 \begin{vmatrix} a_1 & b_1 \\ a_3 & b_3 \end{vmatrix} + c_3 \begin{vmatrix} a_1 & b_1 \\ a_2 & b_2 \end{vmatrix} \\
&= {c_1}^2 + {c_2}^2 + {c_3}^2 = |\boldsymbol{c}|^2 > 0.
\end{aligned}
$$

ゆえに, $\boldsymbol{a}, \boldsymbol{b}, \boldsymbol{c}$ はこの順に右手系をなす．次に, $\mathrm{A}(a_1, a_2, a_3)$, $\mathrm{B}(b_1, b_2, b_3)$, $\angle\mathrm{AOB} = \theta$ とすれば，$\boldsymbol{a} = \overrightarrow{\mathrm{OA}}$，$\boldsymbol{b} = \overrightarrow{\mathrm{OB}}$ であり，$\boldsymbol{a}, \boldsymbol{b}$ を隣り合う 2 辺とする平行四辺形の面積 S は,

$$
S = 2\triangle\mathrm{OAB} = 2 \cdot \frac{1}{2} |\boldsymbol{a}| |\boldsymbol{b}| \sin\theta = |\boldsymbol{a}| |\boldsymbol{b}| \sin\theta.
$$

ゆえに,

$$
\begin{aligned}
S^2 &= |\boldsymbol{a}|^2 |\boldsymbol{b}|^2 \sin^2\theta = |\boldsymbol{a}|^2 |\boldsymbol{b}|^2 \left(1 - \cos^2\theta\right) = |\boldsymbol{a}|^2 |\boldsymbol{b}|^2 - (|\boldsymbol{a}| |\boldsymbol{b}| \cos\theta)^2 \\
&= |\boldsymbol{a}|^2 |\boldsymbol{b}|^2 - (\boldsymbol{a} \cdot \boldsymbol{b})^2 \\
&= \left({a_1}^2 + {a_2}^2 + {a_3}^2\right)\left({b_1}^2 + {b_2}^2 + {b_3}^2\right) - (a_1 b_1 + a_2 b_2 + a_3 b_3)^2 \\
&= \cancel{{a_1}^2 {b_1}^2} + {a_1}^2 {b_2}^2 + {a_1}^2 {b_3}^2 + {a_2}^2 {b_1}^2 + \cancel{{a_2}^2 {b_2}^2} + {a_2}^2 {b_3}^2 + {a_3}^2 {b_1}^2 + {a_3}^2 {b_2}^2 \\
&\quad + \cancel{{a_3}^2 {b_3}^2} - \left(\cancel{{a_1}^2 {b_1}^2} + \cancel{{a_2}^2 {b_2}^2} + \cancel{{a_3}^2 {b_3}^2} + 2 a_1 b_1 a_2 b_2 + 2 a_1 b_1 a_3 b_3 + 2 a_2 b_2 a_3 b_3\right) \\
&= \left({a_2}^2 {b_3}^2 - 2 a_2 b_2 a_3 b_3 + {a_3}^2 {b_2}^2\right) + \left({a_1}^2 {b_3}^2 - 2 a_1 b_1 a_3 b_3 + {a_3}^2 {b_1}^2\right) \\
&\quad + \left({a_1}^2 {b_2}^2 - 2 a_1 b_1 a_2 b_2 + {a_2}^2 {b_1}^2\right) \\
&= (a_2 b_3 - a_3 b_2)^2 + (a_1 b_3 - a_3 b_1)^2 + (a_1 b_2 - a_2 b_1)^2 \\
&= \begin{vmatrix} a_2 & b_2 \\ a_3 & b_3 \end{vmatrix}^2 + \begin{vmatrix} a_1 & b_1 \\ a_3 & b_3 \end{vmatrix}^2 + \begin{vmatrix} a_1 & b_1 \\ a_2 & b_2 \end{vmatrix}^2 \\
&= {c_1}^2 + {c_2}^2 + {c_3}^2 = |\boldsymbol{c}|^2.
\end{aligned}
$$

ゆえに，$|\boldsymbol{c}| = S$．さらに,

$$
\begin{aligned}
\boldsymbol{a} \cdot \boldsymbol{c} &= a_1 c_1 + a_2 c_2 + a_3 c_3 \\
&= a_1 (a_2 b_3 - b_2 a_3) - a_2 (a_1 b_3 - b_1 a_3) + a_3 (a_1 b_2 - b_1 a_2) \\
&= a_1 a_2 b_3 - a_1 b_2 a_3 - a_1 a_2 b_3 + b_1 a_2 a_3 + a_1 b_2 a_3 - b_1 a_2 a_3 = 0
\end{aligned}
$$

より，$\boldsymbol{a} \perp \boldsymbol{c}$．同様にして，$\boldsymbol{b} \perp \boldsymbol{c}$． □

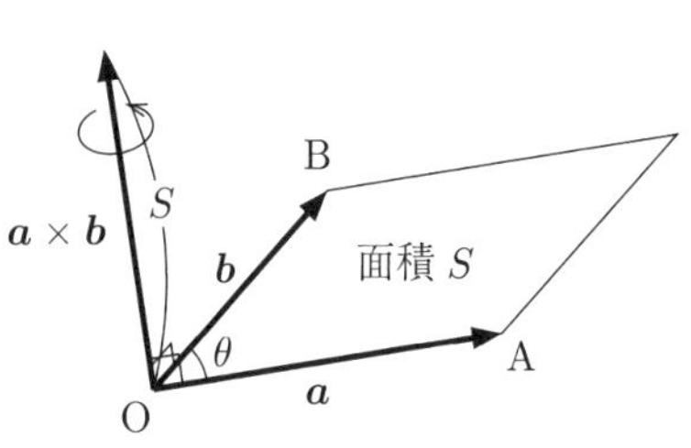

図 1.6

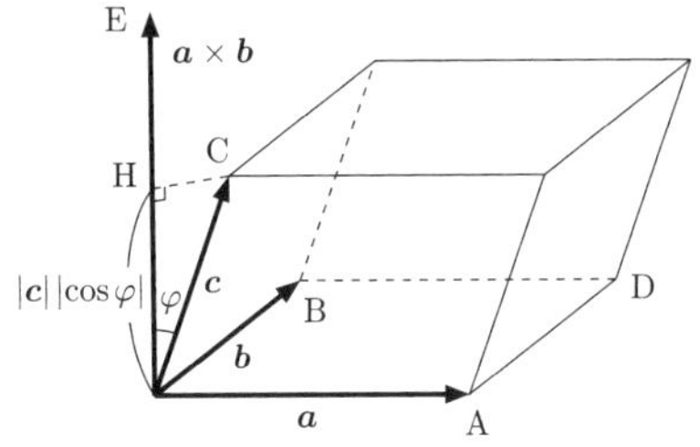

図 1.7

例 1.9　ベクトル $\boldsymbol{a} = \begin{pmatrix} 1 \\ 2 \\ 3 \end{pmatrix}$，$\boldsymbol{b} = \begin{pmatrix} -4 \\ 3 \\ 2 \end{pmatrix}$ を隣り合う 2 辺とする平行四辺形の面積は，例 1.7 より，

$$|\boldsymbol{a} \times \boldsymbol{b}| = \sqrt{(-5)^2 + (-14)^2 + 11^2} = 3\sqrt{38}.$$

問 1.19　ベクトル $\boldsymbol{a} = \begin{pmatrix} 1 \\ 2 \\ 2 \end{pmatrix}$，$\boldsymbol{b} = \begin{pmatrix} 3 \\ 2 \\ 1 \end{pmatrix}$ を隣り合う 2 辺とする平行四辺形の面積を求めよ．

問 1.20　ベクトル $\boldsymbol{a}, \boldsymbol{b}, \boldsymbol{c}$ を隣り合う 3 辺とする平行六面体の体積を V とするとき，次の等式を証明せよ（図 1.7）．

(1)　$(\boldsymbol{a} \times \boldsymbol{b}) \cdot \boldsymbol{c} = \det(\boldsymbol{a}\ \boldsymbol{b}\ \boldsymbol{c})$　　(2)　$V = |\det(\boldsymbol{a}\ \boldsymbol{b}\ \boldsymbol{c})|$

問 1.21　問 1.20 (2) を用いて，次のベクトル $\boldsymbol{a}, \boldsymbol{b}, \boldsymbol{c}$ を隣り合う 3 辺とする平行六面体の体積を求めよ．

(1)　$\boldsymbol{a} = \begin{pmatrix} 1 \\ 2 \\ 1 \end{pmatrix}$，$\boldsymbol{b} = \begin{pmatrix} 4 \\ -2 \\ 3 \end{pmatrix}$，$\boldsymbol{c} = \begin{pmatrix} 3 \\ 4 \\ -2 \end{pmatrix}$

(2)　$\boldsymbol{a} = \begin{pmatrix} 3 \\ 2 \\ 1 \end{pmatrix}$，$\boldsymbol{b} = \begin{pmatrix} -1 \\ 1 \\ -2 \end{pmatrix}$，$\boldsymbol{c} = \begin{pmatrix} 2 \\ -1 \\ 2 \end{pmatrix}$

1.5　空間図形

空間において，点 $\mathrm{A}(a_1, a_2, a_3)$ を通り，ベクトル $\boldsymbol{v} = \begin{pmatrix} v_1 \\ v_2 \\ v_3 \end{pmatrix}$（$\neq \mathbf{0}$）に平行な直線を L とする（図 1.8）[注3]．直線 L 上の任意の点 $\mathrm{P}(x, y, z)$ に対し $\overrightarrow{\mathrm{AP}} \parallel \boldsymbol{v}$ [注4] なので，

$$\overrightarrow{\mathrm{AP}} = t\boldsymbol{v} \quad (t \in \mathbb{R})$$

あるいは

$$\boldsymbol{v} \times \overrightarrow{\mathrm{AP}} = \mathbf{0}$$

と書ける．ここで，$\boldsymbol{r} = \overrightarrow{\mathrm{OP}}$ [注5]，$\boldsymbol{a} = \overrightarrow{\mathrm{OA}}$ とおけば，$\overrightarrow{\mathrm{AP}} = \boldsymbol{r} - \boldsymbol{a}$ なので，

$$\boldsymbol{r} = \boldsymbol{a} + t\boldsymbol{v} \quad (t \in \mathbb{R}) \tag{1.3}$$

あるいは

$$\boldsymbol{v} \times (\boldsymbol{r} - \boldsymbol{a}) = \mathbf{0} \tag{1.4}$$

を得て，これらが直線 L の**ベクトル方程式**である．

このとき，$\boldsymbol{a} = \begin{pmatrix} a_1 \\ a_2 \\ a_3 \end{pmatrix}$，$\boldsymbol{r} = \begin{pmatrix} x \\ y \\ z \end{pmatrix}$ なので，等式 (1.3) より，

$$\begin{pmatrix} x \\ y \\ z \end{pmatrix} = \begin{pmatrix} a_1 \\ a_2 \\ a_3 \end{pmatrix} + t \begin{pmatrix} v_1 \\ v_2 \\ v_3 \end{pmatrix} = \begin{pmatrix} a_1 + tv_1 \\ a_2 + tv_2 \\ a_3 + tv_3 \end{pmatrix},$$

注 3　ベクトル $\boldsymbol{v}$ を直線 L の**方向ベクトル**という．

注 4　ここでは，$\overrightarrow{\mathrm{AP}} = \mathbf{0}$ の場合も含む．

注 5　点 P に対して，ベクトル $\boldsymbol{r} = \overrightarrow{\mathrm{OP}}$ を点 P の**位置ベクトル**という．

すなわち,

$$\begin{cases} x = a_1 + tv_1 \\ y = a_2 + tv_2 \\ z = a_3 + tv_3 \end{cases}$$

を得る．さらに，t を消去することにより，直線 L の方程式は,

$$\frac{x-a_1}{v_1} = \frac{y-a_2}{v_2} = \frac{z-a_3}{v_3}\ ^{注6}.$$

問 1.22 異なる 2 点 $A(a_1, a_2, a_3)$，$B(b_1, b_2, b_3)$ を通る直線の方程式を連比の形で表せ.

問 1.23 次の 2 点 A, B を通る直線の方程式を求めよ.

(1) A(4, 6, −2)，B(−4, 1, 4)　　(2) A(−1, −2, 7)，B(3, 3, 7)

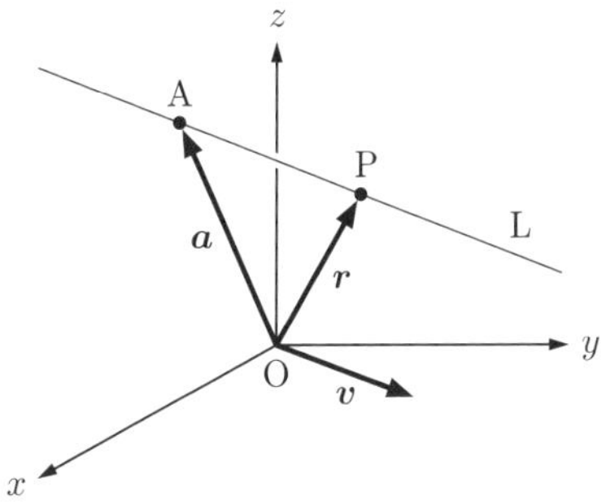

図 1.8

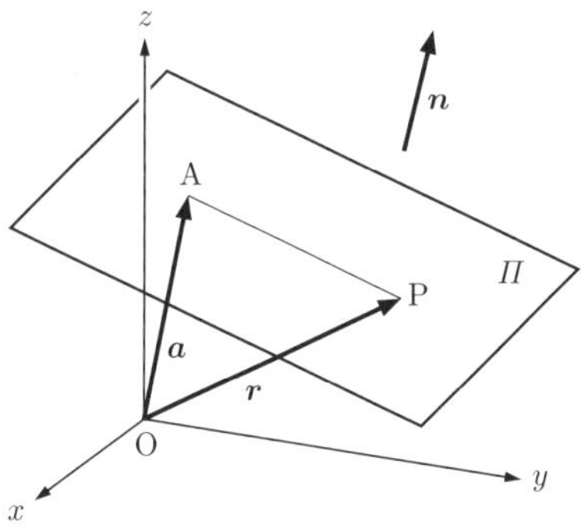

図 1.9

空間において，点 $A(a_1, a_2, a_3)$ を通り，ベクトル $\boldsymbol{n} = \begin{pmatrix} n_1 \\ n_2 \\ n_3 \end{pmatrix}$ $(\neq \boldsymbol{0})$ に垂直な平面を Π とする（図 1.9）[注7]．平面 Π 上の任意の点 $P(x, y, z)$ に対し

注6 この式は連比であり，「分母 = 0」のときは「分子 = 0」と理解する.

注7 ベクトル $\boldsymbol{n}$ を平面 Π の**法線ベクトル**という.

$\overrightarrow{\mathrm{AP}} \perp \boldsymbol{n}$[注8] なので，

$$\boldsymbol{n} \cdot \overrightarrow{\mathrm{AP}} = 0.$$

ここで，$\boldsymbol{r} = \overrightarrow{\mathrm{OP}}$，$\boldsymbol{a} = \overrightarrow{\mathrm{OA}}$ とおけば，$\overrightarrow{\mathrm{AP}} = \boldsymbol{r} - \boldsymbol{a}$ なので，

$$\boldsymbol{n} \cdot (\boldsymbol{r} - \boldsymbol{a}) = 0$$

を得て，これが平面 Π の**ベクトル方程式**である．

このとき，$\boldsymbol{r} - \boldsymbol{a} = \begin{pmatrix} x - a_1 \\ y - a_2 \\ z - a_3 \end{pmatrix}$ なので，平面 Π の方程式は，

$$n_1 (x - a_1) + n_2 (y - a_2) + n_3 (z - a_3) = 0.$$

さらに，$a = n_1$，$b = n_2$，$c = n_3$，$d = -(n_1 a_1 + n_2 a_2 + n_3 a_3)$ とおけば，

$$ax + by + cz + d = 0.$$

問 1.24　同一直線上にない 3 点 $\mathrm{A}(a_1, a_2, a_3)$，$\mathrm{B}(b_1, b_2, b_3)$，$\mathrm{C}(c_1, c_2, c_3)$ を通る平面の方程式を求めよ．

問 1.25　次の 3 点 A, B, C を通る平面の方程式を求めよ．

(1) $\mathrm{A}(-1, 1, 3)$，$\mathrm{B}(1, 1, -3)$，$\mathrm{C}(2, 3, -2)$

(2) $\mathrm{A}(a, 0, 0)$，$\mathrm{B}(0, b, 0)$，$\mathrm{C}(0, 0, c)$（$abc \neq 0$）

問 1.26　次の 2 平面の交線の方程式を連比の形で書け．

(1) $x - y + 3z + 5 = 0$，　$x + y - z - 13 = 0$

(2) $4x + 6y + z + 12 = 0$，　$x - 3y - 11z - 15 = 0$

問 1.27　空間において，次の 2 平面のなす鋭角を求めよ[注9]．

(1) $x - 4y + z + 9 = 0$，$x + 2y - 2z + 5 = 0$

(2) $3\sqrt{2}x - 3y + 3z + 2 = 0$，$2\sqrt{2}x - 2y - 2z - 1 = 0$

注 8　ここでは，$\overrightarrow{\mathrm{AP}} = \boldsymbol{0}$ の場合も含む．

注 9　2 平面の法線ベクトルのなす角をこれらの 2 平面の**なす角**という．

1.6 線形変換

座標系 O-xy の定められた平面において，$\boldsymbol{r} = \overrightarrow{\mathrm{OP}}$ のとき，点 P(x, y) の座標 x, y を用いて，

$$\boldsymbol{r} = \begin{pmatrix} x \\ y \end{pmatrix}$$

と書き，これをベクトル $\boldsymbol{r}$ の**成分表示**という（図 1.10）．

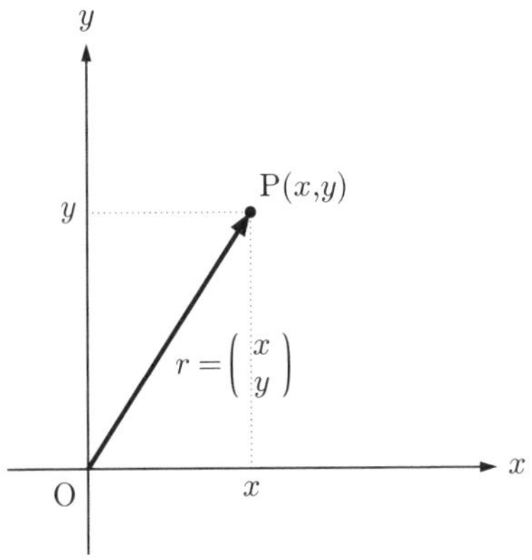

図 1.10

例 1.10 $\mathrm{E}_1(1, 0)$，$\mathrm{E}_2(0, 1)$ として，ベクトル

$$\boldsymbol{i} = \overrightarrow{\mathrm{OE}_1}, \quad \boldsymbol{j} = \overrightarrow{\mathrm{OE}_2}$$

を**基本ベクトル**という．これらの成分表示は次のとおりである．

$$\boldsymbol{i} = \begin{pmatrix} 1 \\ 0 \end{pmatrix}, \quad \boldsymbol{j} = \begin{pmatrix} 0 \\ 1 \end{pmatrix}$$

座標平面上の任意の点 P(x, y) にひとつずつ点 P$'(x', y')$ を対応させる規則 f を**変換**といい，

$$f : (x, y) \mapsto (x', y'), \quad f : \mathrm{P} \mapsto \mathrm{P}', \quad f(x, y) = (x', y'), \quad f(\mathrm{P}) = \mathrm{P}'$$

などと書く．このとき，点 $P'(x', y')$ を変換 f による点 $P(x, y)$ の**像**といい，変換 f は点 $P(x, y)$ を点 $P'(x', y')$ に**うつす**という．

関係 $\boldsymbol{r} = \overrightarrow{OP}$ により，点 $P(x, y)$ とベクトル $\boldsymbol{r} = \begin{pmatrix} x \\ y \end{pmatrix}$ は1対1に対応するので，変換 f による点 $P(x, y)$ の像が点 $P'(x', y')$ であるとき，変換 f によるベクトル $\boldsymbol{r} = \begin{pmatrix} x \\ y \end{pmatrix}$ の像がベクトル $\boldsymbol{r}' = \begin{pmatrix} x' \\ y' \end{pmatrix}$ であると考えて，

$$f : \begin{pmatrix} x \\ y \end{pmatrix} \mapsto \begin{pmatrix} x' \\ y' \end{pmatrix}, \quad f\left(\begin{pmatrix} x \\ y \end{pmatrix}\right) = \begin{pmatrix} x' \\ y' \end{pmatrix}, \quad f : \boldsymbol{r} \mapsto \boldsymbol{r}', \quad f(\boldsymbol{r}) = \boldsymbol{r}'$$

などと書く．

変換 $f : \begin{pmatrix} x \\ y \end{pmatrix} \mapsto \begin{pmatrix} x' \\ y' \end{pmatrix}$ について，定数 $a, b, c, d \in \mathbb{R}$ が存在して，

$$\begin{cases} x' = ax + by \\ y' = cx + dy \end{cases} \tag{1.5}$$

のとき，f を**線形変換**（**1次変換**）という．

線形変換 (1.5) において，x, y の係数 a, b, c, d を正方形状に並べたもの

$$A = \begin{pmatrix} a & b \\ c & d \end{pmatrix}$$

を考え，これを線形変換 f を表す**行列**という．また，f を行列 A の表す**線形変換**という．

例 1.11 平面において，原点 O に関する**対称移動**を f とする．変換 f による点 $P(x, y)$ の像を $P'(x', y')$ とするとき，

$$\begin{cases} x' = -x \\ y' = -y \end{cases}$$

であり（図 1.11），f は行列 $\begin{pmatrix} -1 & 0 \\ 0 & -1 \end{pmatrix}$ の表す線形変換である．

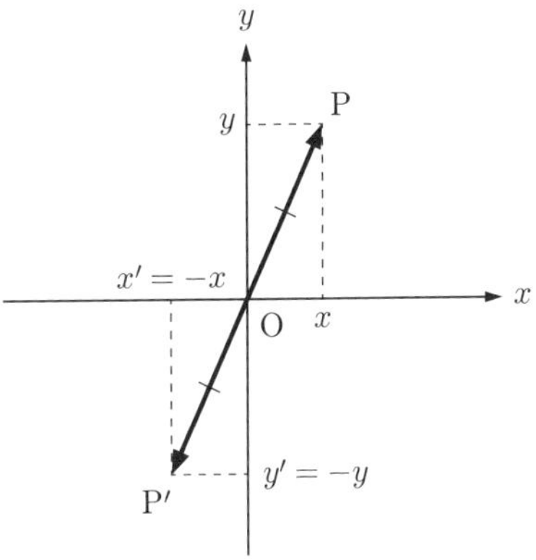

図 1.11

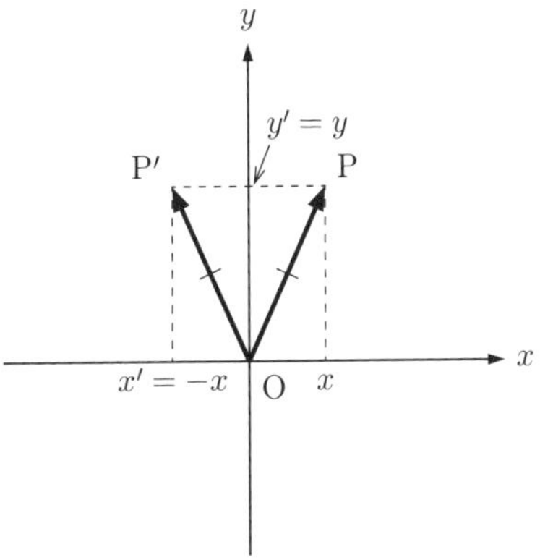

図 1.12

例 1.12 平面において，y 軸に関する**対称移動**を f とする．変換 f による点 $\mathrm{P}(x, y)$ の像を $\mathrm{P}'(x', y')$ とするとき，

$$\begin{cases} x' = -x \\ y' = y \end{cases}$$

であり（図 1.12），f は行列 $\begin{pmatrix} -1 & 0 \\ 0 & 1 \end{pmatrix}$ の表す線形変換である．

例 1.13 行列 $E = \begin{pmatrix} 1 & 0 \\ 0 & 1 \end{pmatrix}$ を**単位行列**といい，単位行列 E の表す線形変換

$$\begin{cases} x' = x \\ y' = y \end{cases}$$

を**恒等変換**という．

行列とベクトルの**積**，およびふたつの行列の**積**を次の式で定義する．

- $\begin{pmatrix} a & b \\ c & d \end{pmatrix}\begin{pmatrix} x \\ y \end{pmatrix} = \begin{pmatrix} ax+by \\ cx+dy \end{pmatrix}$
- $\begin{pmatrix} a & b \\ c & d \end{pmatrix}\begin{pmatrix} p & q \\ r & s \end{pmatrix} = \begin{pmatrix} ap+br & aq+bs \\ cp+dr & cq+ds \end{pmatrix}$

例 1.14

$$\begin{pmatrix} 4 & -6 \\ 3 & 1 \end{pmatrix}\begin{pmatrix} 2 \\ -5 \end{pmatrix} = \begin{pmatrix} 4\cdot 2+(-6)\cdot(-5) \\ 3\cdot 2+1\cdot(-5) \end{pmatrix} = \begin{pmatrix} 38 \\ 1 \end{pmatrix}.$$

問 1.28 次の計算をせよ．

(1) $\begin{pmatrix} 3 & -1 \\ -8 & -3 \end{pmatrix}\begin{pmatrix} -3 \\ 5 \end{pmatrix}$ (2) $\begin{pmatrix} 1 & -3 \\ 5 & 2 \end{pmatrix}\begin{pmatrix} 4 \\ 1 \end{pmatrix}$

行列とベクトルの積を用いて，線形変換 (1.5) は次のように書ける．

$$\begin{pmatrix} x' \\ y' \end{pmatrix} = \begin{pmatrix} a & b \\ c & d \end{pmatrix}\begin{pmatrix} x \\ y \end{pmatrix} \tag{1.6}$$

ゆえに，$\boldsymbol{r} = \begin{pmatrix} x \\ y \end{pmatrix}$，$\boldsymbol{r}' = \begin{pmatrix} x' \\ y' \end{pmatrix}$ とすれば，$f(\boldsymbol{r}) = \boldsymbol{r}'$，$\boldsymbol{r}' = A\boldsymbol{r}$ であるから，

$$f(\boldsymbol{r}) = A\boldsymbol{r}.$$

問 1.29 次の線形変換を (1.6) の形で表せ．

(1) $\begin{cases} x' = 3x - y \\ y' = x + 2y \end{cases}$ (2) $\begin{cases} x' = -x + y \\ y' = -y \end{cases}$

問 1.30 次の線形変換を (1.5) の形で表せ．

(1) $\begin{pmatrix} x' \\ y' \end{pmatrix} = \begin{pmatrix} -3 & 4 \\ 2 & 1 \end{pmatrix}\begin{pmatrix} x \\ y \end{pmatrix}$ (2) $\begin{pmatrix} x' \\ y' \end{pmatrix} = \begin{pmatrix} 0 & 1 \\ 4 & -2 \end{pmatrix}\begin{pmatrix} x \\ y \end{pmatrix}$

問 1.31 $k > 0$ とする．次の線形変換 f を表す行列を求めよ．

$$f : \begin{pmatrix} x \\ y \end{pmatrix} \mapsto k\begin{pmatrix} x \\ y \end{pmatrix}$$ 注 10

問 1.32 平面において，f を線形変換とするとき，次の等式を確かめよ．

$$f(\mathbf{0}) = \mathbf{0}$$ 注 11

注 10 この変換を**相似比** k **の相似変換**といい，$k > 0$ のときは**拡大**，$0 < k < 1$ のときは**縮小**という．$k = 1$ のときは恒等変換である．

注 11 $\mathbf{0} = \begin{pmatrix} 0 \\ 0 \end{pmatrix}$ は**零ベクトル**である．

平面において，ふたつの変換 f, g が与えられたとき，**合成変換** $f \circ g$ を

$$(f \circ g)(\boldsymbol{r}) = f(g(\boldsymbol{r}))$$

により定義する．行列 A, B の表す線形変換をそれぞれ f, g とするとき，任意のベクトル $\boldsymbol{r}$ に対して，

$$f(\boldsymbol{r}) = A\boldsymbol{r}, \quad g(\boldsymbol{r}) = B\boldsymbol{r}$$

であるから，

$$(f \circ g)(\boldsymbol{r}) = f(g(\boldsymbol{r})) = f(B\boldsymbol{r}) = A(B\boldsymbol{r}). \tag{1.7}$$

ここで，$A = \begin{pmatrix} a & b \\ c & d \end{pmatrix}$，$B = \begin{pmatrix} p & q \\ r & s \end{pmatrix}$，$\boldsymbol{r} = \begin{pmatrix} x \\ y \end{pmatrix}$ と書けば，

$$\begin{aligned}
A(B\boldsymbol{r}) &= \begin{pmatrix} a & b \\ c & d \end{pmatrix}\left(\begin{pmatrix} p & q \\ r & s \end{pmatrix}\begin{pmatrix} x \\ y \end{pmatrix}\right) \\
&= \begin{pmatrix} a & b \\ c & d \end{pmatrix}\begin{pmatrix} px+qy \\ rx+sy \end{pmatrix} \\
&= \begin{pmatrix} a(px+qy)+b(rx+sy) \\ c(px+qy)+d(rx+sy) \end{pmatrix} = \begin{pmatrix} (ap+br)x+(aq+bs)y \\ (cp+dr)x+(cq+ds)y \end{pmatrix} \\
&= \begin{pmatrix} ap+br & aq+bs \\ cp+dr & cq+ds \end{pmatrix}\begin{pmatrix} x \\ y \end{pmatrix} \\
&= \left(\begin{pmatrix} a & b \\ c & d \end{pmatrix}\begin{pmatrix} p & q \\ r & s \end{pmatrix}\right)\begin{pmatrix} x \\ y \end{pmatrix} = (AB)\boldsymbol{r}.
\end{aligned} \tag{1.8}$$

したがって，(1.7)，(1.8) より，

$$(f \circ g)(\boldsymbol{r}) = (AB)\boldsymbol{r}$$

を得て，変換 $f \circ g$ は行列 AB の表す線形変換である．

例 1.15　f, g をそれぞれ行列 $A = \begin{pmatrix} 2 & 3 \\ -1 & 2 \end{pmatrix}$，$B = \begin{pmatrix} 5 & -2 \\ 2 & 1 \end{pmatrix}$ の表す線形変換とするとき，変換 $f \circ g$ を表す行列は

$$AB = \begin{pmatrix} 2 & 3 \\ -1 & 2 \end{pmatrix}\begin{pmatrix} 5 & -2 \\ 2 & 1 \end{pmatrix} = \begin{pmatrix} 2\cdot 5+3\cdot 2 & 2\cdot(-2)+3\cdot 1 \\ (-1)\cdot 5+2\cdot 2 & (-1)(-2)+2\cdot 1 \end{pmatrix} = \begin{pmatrix} 16 & -1 \\ -1 & 4 \end{pmatrix}$$

であり，変換 $g\circ f$ を表す行列は

$$BA=\begin{pmatrix}5&-2\\2&1\end{pmatrix}\begin{pmatrix}2&3\\-1&2\end{pmatrix}=\begin{pmatrix}5\cdot2+(-2)(-1)&5\cdot3+(-2)\cdot2\\2\cdot2+1\cdot(-1)&2\cdot3+1\cdot2\end{pmatrix}=\begin{pmatrix}12&11\\3&8\end{pmatrix}.$$

問 1.33 $A=\begin{pmatrix}-1&0\\2&-5\end{pmatrix}$, $B=\begin{pmatrix}-3&1\\-2&-7\end{pmatrix}$ のとき，次の行列を求めよ．

(1)　AB　　　(2)　BA

問 1.34 平面において，任意の変換 f について，次の等式を確かめよ．ただし，恒等変換を $\mathbb{1}$ と書く．

$$f\circ\mathbb{1}=\mathbb{1}\circ f=f$$

問 1.35 $A=\begin{pmatrix}a&b\\c&d\end{pmatrix}$, $\boldsymbol{p}=\begin{pmatrix}p_1\\p_2\end{pmatrix}$, $\boldsymbol{q}=\begin{pmatrix}q_1\\q_2\end{pmatrix}$ のとき，次の等式を確かめよ．

(1)　$A(\boldsymbol{p}+\boldsymbol{q})=A\boldsymbol{p}+A\boldsymbol{q}$　　　(2)　$A(x\boldsymbol{p})=x(A\boldsymbol{p})$　$(x\in\mathbb{R})$

定理 1.5 平面において，変換 f についての次の 2 条件は同値である．

(1) ベクトル $\boldsymbol{p}, \boldsymbol{q}$ と $x\in\mathbb{R}$ に対して，次のことが成り立つ．
- $f(\boldsymbol{p}+\boldsymbol{q})=f(\boldsymbol{p})+f(\boldsymbol{q})$.
- $f(x\boldsymbol{p})=xf(\boldsymbol{p})$

(2) f は線形変換である．

証明 (**1**) → (**2**). $f(\boldsymbol{i})=\begin{pmatrix}a\\c\end{pmatrix}$, $f(\boldsymbol{j})=\begin{pmatrix}b\\d\end{pmatrix}$, $A=\begin{pmatrix}a&b\\c&d\end{pmatrix}$ とおく．任意のベクトル $\boldsymbol{r}=\begin{pmatrix}x\\y\end{pmatrix}$ に対して，

$$\boldsymbol{r}=x\begin{pmatrix}1\\0\end{pmatrix}+y\begin{pmatrix}0\\1\end{pmatrix}=x\boldsymbol{i}+y\boldsymbol{j}$$

であるから，

$$\begin{aligned}f(\boldsymbol{r})&=f(x\boldsymbol{i}+y\boldsymbol{j})=f(x\boldsymbol{i})+f(y\boldsymbol{j})=xf(\boldsymbol{i})+yf(\boldsymbol{j})\\&=x\begin{pmatrix}a\\c\end{pmatrix}+y\begin{pmatrix}b\\d\end{pmatrix}=\begin{pmatrix}ax+by\\cx+dy\end{pmatrix}=\begin{pmatrix}a&b\\c&d\end{pmatrix}\begin{pmatrix}x\\y\end{pmatrix}=A\boldsymbol{r}\end{aligned}$$

を得て，f は行列 A の表す線形変換である．

(2) → **(1)**．線形変換 f を表す行列を A とすれば，問 1.35 より，

$$f(\boldsymbol{p}+\boldsymbol{q}) = A(\boldsymbol{p}+\boldsymbol{q}) = A\boldsymbol{p} + A\boldsymbol{q} = f(\boldsymbol{p}) + f(\boldsymbol{q}),$$
$$f(x\boldsymbol{p}) = A(x\boldsymbol{p}) = x(A\boldsymbol{p}) = xf(\boldsymbol{p}).$$

□

ベクトル $\boldsymbol{a} = \begin{pmatrix} a_1 \\ a_2 \end{pmatrix}$，$\boldsymbol{b} = \begin{pmatrix} b_1 \\ b_2 \end{pmatrix}$ を用いて，行列を

$$(\boldsymbol{a}\ \ \boldsymbol{b}) = \begin{pmatrix} a_1 & b_1 \\ a_2 & b_2 \end{pmatrix}$$

と書く．この表記を用いれば，定理 1.5 の証明より，線形変換 f を表す行列は $\big(f(\boldsymbol{i})\ \ f(\boldsymbol{j})\big)$ である．

問 1.36　平面において，基本ベクトル $\boldsymbol{i}, \boldsymbol{j}$ をそれぞれベクトル $\begin{pmatrix} -3 \\ 8 \end{pmatrix}$，$\begin{pmatrix} 7 \\ 1 \end{pmatrix}$ にうつす線形変換を表す行列を求めよ．

平面の場合と同様に，座標系 O-xyz の定められた空間において，変換

$$f : \begin{pmatrix} x \\ y \\ z \end{pmatrix} \mapsto \begin{pmatrix} x' \\ y' \\ z' \end{pmatrix}, \quad \begin{cases} x' = a_1x + b_1y + c_1z \\ y' = a_2x + b_2y + c_2z \\ z' = a_3x + b_3y + c_3z \end{cases}$$

を**線形変換**（**1 次変換**）という．このとき，x, y, z の係数を正方形状に並べたもの

$$A = \begin{pmatrix} a_1 & b_1 & c_1 \\ a_2 & b_2 & c_2 \\ a_3 & b_3 & c_3 \end{pmatrix}$$

を考え，これを線形変換 f を**表す行列**という．また，f を行列 A の**表す線形変換**という．

1.7　回転

次の定理により，平面において，原点のまわりの回転は線形変換である．

定理 1.6 平面において，原点 O のまわりの角 θ の**回転**は，行列

$$R(\theta) = \begin{pmatrix} \cos\theta & -\sin\theta \\ \sin\theta & \cos\theta \end{pmatrix}$$

の表す線形変換である．

証明 原点 O のまわりの角 θ の回転による点 $\mathrm{P}(x, y)$ の像を $\mathrm{P}'(x', y')$ とする．$\mathrm{OP} = r$，$\angle x\mathrm{OP} = \alpha$[注 12] とすれば，$\mathrm{OP}' = r$，$\angle x\mathrm{OP}' = \alpha + \theta$ であり（図 1.13），

$$x = r\cos\alpha, \quad y = r\sin\alpha, \quad x' = r\cos(\alpha+\theta), \quad y' = r\sin(\alpha+\theta).$$

ゆえに，

$$\begin{aligned} x' &= r(\cos\alpha\cos\theta - \sin\alpha\sin\theta) = r\cos\alpha\cos\theta - r\sin\alpha\sin\theta \\ &= x\cos\theta - y\sin\theta, \\ y' &= r(\sin\alpha\cos\theta + \cos\alpha\sin\theta) = r\sin\alpha\cos\theta + r\cos\alpha\sin\theta \\ &= y\cos\theta + x\sin\theta = x\sin\theta + y\cos\theta \end{aligned}$$

を得て，

$$\begin{pmatrix} x' \\ y' \end{pmatrix} = \begin{pmatrix} x\cos\theta - y\sin\theta \\ x\sin\theta + y\cos\theta \end{pmatrix} = \begin{pmatrix} \cos\theta & -\sin\theta \\ \sin\theta & \cos\theta \end{pmatrix} \begin{pmatrix} x \\ y \end{pmatrix} = R(\theta) \begin{pmatrix} x \\ y \end{pmatrix}.$$

よって，O のまわりの角 θ の回転は行列 $R(\theta)$ の表す線形変換である．□

問 1.37 次の回転を表す行列を求めよ．

(1) 原点のまわりの角 $\dfrac{\pi}{3}$ の回転　　(2) 原点のまわりの角 $-\dfrac{\pi}{4}$ の回転

問 1.38 y 軸に関する対称移動を f，原点のまわりの角 θ の回転を g とするとき，次の線形変換を表す行列を求めよ．

(1) $f \circ g$　　(2) $g \circ f$

[注 12] ここでは，原点 O のまわりの回転により半直線 $\mathrm{O}x$ を線分 OP に重ねるときの角のひとつを $\angle x\mathrm{OP}$ と書く．ただし，$\mathrm{P} = \mathrm{O}$ のときは $\angle x\mathrm{OP}$ は任意とする．

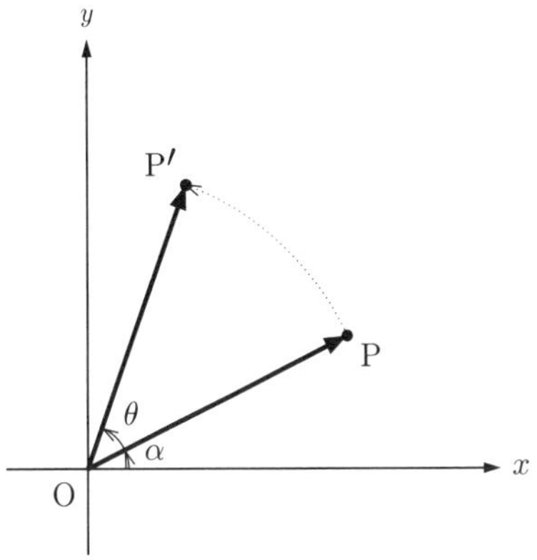

図 1.13

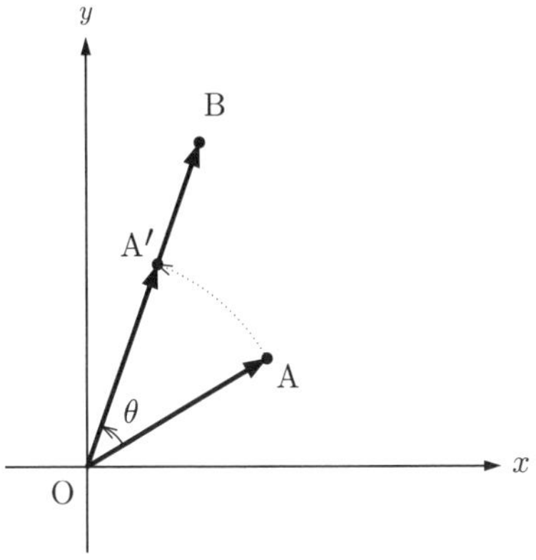

図 1.14

平面において，ベクトル $\boldsymbol{a} = \begin{pmatrix} a_1 \\ a_2 \end{pmatrix}$，$\boldsymbol{b} = \begin{pmatrix} b_1 \\ b_2 \end{pmatrix}$ に対して，

$$\boldsymbol{a} \cdot \boldsymbol{b} = a_1 b_1 + a_2 b_2$$

と書き，これを $\boldsymbol{a}$ と $\boldsymbol{b}$ の**内積**（**スカラー積**）という．また，ベクトル $\boldsymbol{a}, \boldsymbol{b}$ を用いて，2 次行列式を次のように書く．

$$\det(\boldsymbol{a}\ \boldsymbol{b}) = \begin{vmatrix} a_1 & b_1 \\ a_2 & b_2 \end{vmatrix}$$

例題 1.1　平面において，$\boldsymbol{a} \neq \boldsymbol{0}$，$\boldsymbol{b} \neq \boldsymbol{0}$ とし，原点 O のまわりの角 θ の回転による $\boldsymbol{a}$ の像は $\boldsymbol{b}$ と同じ向きであるとする．このとき，次のふたつの等式を証明せよ．

- $\boldsymbol{a} \cdot \boldsymbol{b} = |\boldsymbol{a}||\boldsymbol{b}|\cos\theta$
- $\det(\boldsymbol{a}\ \boldsymbol{b}) = |\boldsymbol{a}||\boldsymbol{b}|\sin\theta$

証明　$\boldsymbol{a} = \overrightarrow{\mathrm{OA}}$，$\boldsymbol{b} = \overrightarrow{\mathrm{OB}}$，$\mathrm{A}(a_1,\ a_2)$，$\mathrm{B}(b_1,\ b_2)$ とし，原点 O のまわりの角 θ の回転によ

る点Aの像をA′とするとき，点A′は半直線OB上にある（図1.14）．定理1.6より，

$$
\begin{aligned}
\boldsymbol{b} = \overrightarrow{\mathrm{OB}} &= \frac{|\boldsymbol{b}|}{|\boldsymbol{a}|}\overrightarrow{\mathrm{OA}'} \\
&= \frac{|\boldsymbol{b}|}{|\boldsymbol{a}|}\begin{pmatrix} \cos\theta & -\sin\theta \\ \sin\theta & \cos\theta \end{pmatrix}\begin{pmatrix} a_1 \\ a_2 \end{pmatrix} = \frac{|\boldsymbol{b}|}{|\boldsymbol{a}|}\begin{pmatrix} a_1\cos\theta - a_2\sin\theta \\ a_1\sin\theta + a_2\cos\theta \end{pmatrix}.
\end{aligned}
$$

ゆえに，

$$
\begin{cases}
b_1 = \dfrac{|\boldsymbol{b}|}{|\boldsymbol{a}|}(a_1\cos\theta - a_2\sin\theta) \\[2ex]
b_2 = \dfrac{|\boldsymbol{b}|}{|\boldsymbol{a}|}(a_1\sin\theta + a_2\cos\theta)
\end{cases}
$$

を得て，

$$
\begin{aligned}
\boldsymbol{a}\cdot\boldsymbol{b} &= a_1b_1 + a_2b_2 \\
&= a_1\cdot\frac{|\boldsymbol{b}|}{|\boldsymbol{a}|}(a_1\cos\theta - a_2\sin\theta) + a_2\cdot\frac{|\boldsymbol{b}|}{|\boldsymbol{a}|}(a_1\sin\theta + a_2\cos\theta) \\
&= \frac{|\boldsymbol{b}|}{|\boldsymbol{a}|}\left(a_1{}^2\cos\theta + a_2{}^2\cos\theta\right) = \frac{|\boldsymbol{b}|}{|\boldsymbol{a}|}\cdot\left(a_1{}^2 + a_2{}^2\right)\cos\theta \\
&= \frac{|\boldsymbol{b}|}{|\boldsymbol{a}|}\cdot|\boldsymbol{a}|^2\cos\theta = |\boldsymbol{a}||\boldsymbol{b}|\cos\theta, \\
\det(\boldsymbol{a}\ \ \boldsymbol{b}) &= a_1b_2 - b_1a_2 \\
&= a_1\cdot\frac{|\boldsymbol{b}|}{|\boldsymbol{a}|}(a_1\sin\theta + a_2\cos\theta) - \frac{|\boldsymbol{b}|}{|\boldsymbol{a}|}(a_1\cos\theta - a_2\sin\theta)\cdot a_2 \\
&= \frac{|\boldsymbol{b}|}{|\boldsymbol{a}|}\left(a_1{}^2\sin\theta + a_2{}^2\sin\theta\right) = \frac{|\boldsymbol{b}|}{|\boldsymbol{a}|}\cdot\left(a_1{}^2 + a_2{}^2\right)\sin\theta \\
&= \frac{|\boldsymbol{b}|}{|\boldsymbol{a}|}\cdot|\boldsymbol{a}|^2\sin\theta = |\boldsymbol{a}||\boldsymbol{b}|\sin\theta.
\end{aligned}
$$

□

ベクトル $\boldsymbol{a}, \boldsymbol{b}$ を隣り合う2辺とする平行四辺形の面積を S とする．例題1.1において，$-\pi < \theta \leqq \pi$ とすれば，$\boldsymbol{a}$ と $\boldsymbol{b}$ のなす角は $|\theta|$ なので，

$$
S = 2\triangle\mathrm{OAB} = 2\cdot\frac{1}{2}|\boldsymbol{a}||\boldsymbol{b}|\sin|\theta| = |\boldsymbol{a}||\boldsymbol{b}|\sin|\theta|.
$$

ゆえに，$0 \leqq \theta \leqq \pi$ のとき，

$$
S = |\boldsymbol{a}||\boldsymbol{b}|\sin\theta = \det(\boldsymbol{a}\ \ \boldsymbol{b})
$$

であり（図1.15），$-\pi < \theta < 0$ のときは，

$$
S = |\boldsymbol{a}||\boldsymbol{b}|\sin(-\theta) = -|\boldsymbol{a}||\boldsymbol{b}|\sin\theta = -\det(\boldsymbol{a}\ \ \boldsymbol{b})
$$

である（図 1.16）．よって，

$$S = |\det(\boldsymbol{a}\ \ \boldsymbol{b})| \tag{1.9}$$

および

$$\det(\boldsymbol{a}\ \ \boldsymbol{b}) = \begin{cases} S & (0 \leqq \theta \leqq \pi \text{ のとき}) \\ -S & (-\pi < \theta < 0 \text{ のとき}) \end{cases}$$

を得て，行列式

$$\det(\boldsymbol{a}\ \ \boldsymbol{b}) = \begin{vmatrix} a_1 & b_1 \\ a_2 & b_2 \end{vmatrix}$$

は $\boldsymbol{a}, \boldsymbol{b}$ を隣り合う 2 辺とする平行四辺形の「符号付きの面積」である．

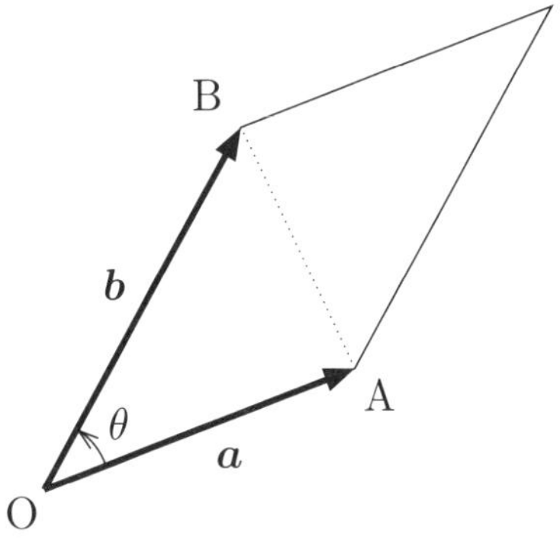

図 1.15

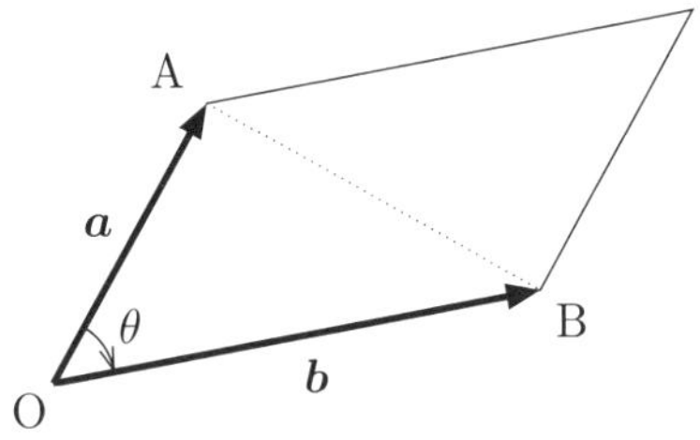

図 1.16

問 1.39　等式 (1.9) を用いて，次のベクトル $\boldsymbol{a}, \boldsymbol{b}$ を隣り合う 2 辺とする平行四辺形の面積 S を求めよ．

(1)　$\boldsymbol{a} = \begin{pmatrix} 5 \\ 1 \end{pmatrix}$, $\boldsymbol{b} = \begin{pmatrix} -\sqrt{3} \\ 1 \end{pmatrix}$　　(2)　$\boldsymbol{a} = \begin{pmatrix} 4 \\ 7 \end{pmatrix}$, $\boldsymbol{b} = \begin{pmatrix} 5 \\ 2 \end{pmatrix}$

問 1.40　平面において，$\boldsymbol{a} \neq \boldsymbol{0}$，$\boldsymbol{b} \neq \boldsymbol{0}$ のとき，次のことを証明せよ．

$$\boldsymbol{a} /\!/ \boldsymbol{b} \quad \Leftrightarrow \quad \det(\boldsymbol{a}\ \ \boldsymbol{b}) = 0$$

演習問題［A］

演 1.1　次の行列式の値を求めよ．

(1) $\begin{vmatrix} -4 & 1 \\ 8 & -2 \end{vmatrix}$　　(2) $\begin{vmatrix} \sqrt{6} & 5 \\ -\sqrt{3} & \sqrt{2} \end{vmatrix}$

(3) $\begin{vmatrix} 1 & -1 & 2 \\ -1 & 3 & 3 \\ 3 & 6 & 7 \end{vmatrix}$　　(4) $\begin{vmatrix} 3 & -1 & 3 \\ 2 & 7 & 2 \\ 5 & -8 & 5 \end{vmatrix}$

演 1.2　次の計算をせよ．

(1) $\begin{pmatrix} 2 & 3 \\ 1 & -2 \end{pmatrix}\begin{pmatrix} 3 \\ 2 \end{pmatrix}$　　(2) $\begin{pmatrix} \frac{\sqrt{3}}{2} & -\frac{1}{2} \\ \frac{1}{2} & \frac{\sqrt{3}}{2} \end{pmatrix}\begin{pmatrix} \frac{1}{2} \\ \frac{\sqrt{3}}{2} \end{pmatrix}$

(3) $\begin{pmatrix} 1 & -4 \\ -2 & 3 \end{pmatrix}\begin{pmatrix} -1 & 8 \\ 5 & 7 \end{pmatrix}$　　(4) $\begin{pmatrix} 3 & 0 \\ 1 & -3 \end{pmatrix}\begin{pmatrix} 1 & 4 \\ 0 & 1 \end{pmatrix}$

演 1.3　空間において，ベクトル $\boldsymbol{a} \neq \boldsymbol{0}$ に平行な単位ベクトルは $\pm\dfrac{\boldsymbol{a}}{|\boldsymbol{a}|}$ に限ることを証明せよ．

演 1.4　空間において，次のベクトルに平行な単位ベクトルを求めよ．

(1) $\begin{pmatrix} 5 \\ 2 \\ 4 \end{pmatrix}$　　(2) $\begin{pmatrix} -1 \\ \sqrt{3} \\ \sqrt{5} \end{pmatrix}$

演 1.5　空間において，A(2, 3, −2)，B(1, 1, −3)，C(−1, 1, 3) のとき，次の問に答えよ．

(1) 外積 $\overrightarrow{AB} \times \overrightarrow{AC}$ を求めよ．

(2) △ABC の面積を求めよ．

演 1.6　平面において，ベクトル $\boldsymbol{a}, \boldsymbol{b}$ のなす角が $\dfrac{\pi}{3}$ であり，これらの長さが $|\boldsymbol{a}| = 4$, $|\boldsymbol{b}| = 3$ であるとき，次の値を求めよ．

(1) $\boldsymbol{a} \cdot \boldsymbol{b}$　　(2) $|\det(\boldsymbol{a}\ \boldsymbol{b})|$

演習問題［B］

演 1.7 $\boldsymbol{a}=\begin{pmatrix}3\\0\\-1\end{pmatrix}$, $\boldsymbol{b}=\begin{pmatrix}1\\-4\\2\end{pmatrix}$ のとき，次の等式をみたすベクトル $\boldsymbol{x}, \boldsymbol{y}$ を求めよ．

(1) $\begin{cases}\boldsymbol{x}-2\boldsymbol{y}=\boldsymbol{a}\\2\boldsymbol{x}+3\boldsymbol{y}=\boldsymbol{b}\end{cases}$　　(2) $\begin{cases}3\boldsymbol{x}+\boldsymbol{y}=7\boldsymbol{a}+2\boldsymbol{b}\\5\boldsymbol{x}+2\boldsymbol{y}=3\boldsymbol{a}+\boldsymbol{b}\end{cases}$

演 1.8 空間において，点 $\mathrm{P}(x_0, y_0, z_0)$ と平面 $ax+by+cz+d=0$ の距離を p とするとき，次の等式を証明せよ．

$$p=\frac{|ax_0+by_0+cz_0+d|}{\sqrt{a^2+b^2+c^2}}$$

演 1.9 平面において，L を異なる 2 点 A, B を通る直線，f を線形変換とする．次のことを証明せよ．

(1) 次の等式は直線 L のベクトル方程式である．

$$\boldsymbol{r}=\boldsymbol{a}+t(\boldsymbol{b}-\boldsymbol{a})\quad (t\in\mathbb{R})$$

ただし，$\boldsymbol{a}=\overrightarrow{\mathrm{OA}}$，$\boldsymbol{b}=\overrightarrow{\mathrm{OB}}$.

(2) $f(\mathrm{A})\neq f(\mathrm{B})$ のとき，f による直線 L の像[注 13]は 2 点 $f(\mathrm{A}), f(\mathrm{B})$ を通る直線である．

(3) $f(\mathrm{A})=f(\mathrm{B})$ のとき，f による直線 L の像は 1 点である．

演 1.10 平面において，行列 $\begin{pmatrix}3&4\\2&3\end{pmatrix}$ の表す線形変換 f による直線 $x+2y=1$ の像を求めよ．

演 1.11 平面において，直線 $y=mx$ に関する対称移動は，行列

$$\begin{pmatrix}\dfrac{1-m^2}{1+m^2} & \dfrac{2m}{1+m^2}\\ \dfrac{2m}{1+m^2} & -\dfrac{1-m^2}{1+m^2}\end{pmatrix}$$

の表す線形変換であることを証明せよ．

注 13 変換 f による図形 G の像とは，図形 $\{f(\mathrm{P})\mid \mathrm{P}\in G\}$ のことである（§6.1 参照）．

第2章

行列

2.1　行列の定義

数を長方形状に並べたものを**行列**という．通常は両側を括弧でくくって行列を表す．行列において，横の並びを**行**，縦の並びを**列**といい，並んでいる個々の数を**成分**という．

例 2.1　次の $A, B, \boldsymbol{r}$ は行列である．このように行列をひとつの文字で表す．

$$A = \begin{pmatrix} 31 & -2 \\ 24 & 0 \end{pmatrix}, \quad B = \begin{pmatrix} 20 & 72 & 3 \\ 2 & -5 & -\frac{5}{2} \\ -18 & \frac{1}{3} & 72 \end{pmatrix}, \quad \boldsymbol{r} = \begin{pmatrix} 3 \\ -\frac{5}{2} \\ 72 \end{pmatrix}.$$

一般に，mn 個の数 a_{ij}（$i = 1, 2, \ldots, m$，$j = 1, 2, \ldots, n$）が与えられたとき，

$$A = \begin{pmatrix} a_{11} & a_{12} & \cdots & a_{1n} \\ a_{21} & a_{22} & \cdots & a_{2n} \\ \vdots & \vdots & & \vdots \\ a_{m1} & a_{m2} & \cdots & a_{mn} \end{pmatrix} \tag{2.1}$$

と書き，これを $m\times n$ 行列という．各 $i=1,2,\dots,m$，$j=1,2,\dots,n$ について，

$$\begin{pmatrix} a_{i1} & a_{i2} & \cdots & a_{in} \end{pmatrix},\quad \begin{pmatrix} a_{1j} \\ a_{2j} \\ \vdots \\ a_{mj} \end{pmatrix},\quad a_{ij}$$

をそれぞれ行列 A の**第 i 行**，**第 j 列**，**(i,j) 成分**という．また，(2.1) の右辺をしばしば $\left(a_{ij}\right)$ と略記する．

例 2.2 例 2.1 において，行列 A の $(1,2)$ 成分は -2，$(2,1)$ 成分は 24 である．また，行列 B の第 3 列は $\boldsymbol{r}$ である．

問 2.1 次の a_{ij} が (i,j) 成分であるような 2×3 行列 $A=\left(a_{ij}\right)$ を求めよ．

(1) $a_{ij}=i-2j-1$ (2) $a_{ij}=(-1)^{i+j}$

$m\times 1$ 行列のことを m 次元**列ベクトル**，$1\times n$ 行列のことを n 次元**行ベクトル**という．また，$n\times n$ 行列のことを n 次**正方行列**という．n 次正方行列

$$A=\begin{pmatrix} a_{11} & a_{12} & \cdots & a_{1n} \\ a_{21} & a_{22} & \cdots & a_{2n} \\ \vdots & \vdots & \ddots & \vdots \\ a_{n1} & a_{n2} & \cdots & a_{nn} \end{pmatrix}$$

について，成分 $a_{11}, a_{22}, \dots, a_{nn}$ を A の**対角成分**という．

例 2.3 行列

$$\boldsymbol{a}=\begin{pmatrix} a_1 \\ a_2 \\ a_3 \end{pmatrix},\quad \boldsymbol{b}=(b_1\ \ b_2\ \ b_3),\quad A=\begin{pmatrix} a_{11} & a_{12} & a_{13} \\ a_{21} & a_{22} & a_{23} \\ a_{31} & a_{32} & a_{33} \end{pmatrix}$$

はそれぞれ 3 次元列ベクトル，3 次元行ベクトル，3 次正方行列である．

ふたつの行列は，行の数が等しく，列の数も等しいとき，**同じ型**であるという．同じ型の行列が**等しい**のは対応するすべての成分が等しいときである．すなわち，$m\times n$ 行列 $A=\left(a_{ij}\right)$，$B=\left(b_{ij}\right)$ について，

$$A=B \quad\Leftrightarrow\quad a_{ij}=b_{ij} \quad (i=1,2,\dots,m,\ \ j=1,2,\dots,n).$$

問 2.2　次の等式をみたす a, b, c, d の値を求めよ．

(1) $\begin{pmatrix} a-1 & b+1 \\ c+1 & d-1 \end{pmatrix} = \begin{pmatrix} 2a & 3b \\ 4c & 5d \end{pmatrix}$　(2) $\begin{pmatrix} 3a+2b & 2a+b \\ 3c+2d & 2c+d \end{pmatrix} = \begin{pmatrix} 2 & -1 \\ 0 & 1 \end{pmatrix}$

$m \times n$ 行列 $A = (a_{ij})$ について，

$$\boldsymbol{a}_j = \begin{pmatrix} a_{1j} \\ a_{2j} \\ \vdots \\ a_{mj} \end{pmatrix} \qquad (j = 1, 2, \ldots, n)$$

は A の各列のつくる m 次元列ベクトルである．このとき，

$$A = (\boldsymbol{a}_1 \ \boldsymbol{a}_2 \ \cdots \ \boldsymbol{a}_n)$$

と書き，これを行列 A の**列ベクトル表示**という．

例 2.4　$\boldsymbol{a}_1 = \begin{pmatrix} 1 \\ 3 \end{pmatrix}$，$\boldsymbol{a}_2 = \begin{pmatrix} 2 \\ 4 \end{pmatrix}$ のとき，$(\boldsymbol{a}_1 \ \boldsymbol{a}_2) = \begin{pmatrix} 1 & 2 \\ 3 & 4 \end{pmatrix}$.

問 2.3　$\boldsymbol{a}_1 = \begin{pmatrix} 1 \\ -2 \end{pmatrix}$，$\boldsymbol{a}_2 = \begin{pmatrix} -3 \\ 4 \end{pmatrix}$，$\boldsymbol{a}_3 = \begin{pmatrix} 5 \\ -6 \end{pmatrix}$ のとき，次の行列を求めよ．

(1) $(\boldsymbol{a}_1 \ \boldsymbol{a}_2 \ \boldsymbol{a}_3)$　　(2) $(\boldsymbol{a}_3 \ \boldsymbol{a}_1 \ \boldsymbol{a}_2)$

2.2　行列の演算（1）

$m \times n$ 行列 $A = (a_{ij})$，$B = (b_{ij})$ に対して，**和** $A+B$，**差** $A-B$ はそれぞれ次の等式で定義される $m \times n$ 行列である．

$$A + B = (a_{ij} + b_{ij})$$
$$A - B = (a_{ij} - b_{ij})$$

例 2.5　$A = \begin{pmatrix} a_{11} & a_{12} & a_{13} \\ a_{21} & a_{22} & a_{23} \end{pmatrix}$，$B = \begin{pmatrix} b_{11} & b_{12} & b_{13} \\ b_{21} & b_{22} & b_{23} \end{pmatrix}$ のとき，

$$A + B = \begin{pmatrix} a_{11}+b_{11} & a_{12}+b_{12} & a_{13}+b_{13} \\ a_{21}+b_{21} & a_{22}+b_{22} & a_{23}+b_{23} \end{pmatrix},$$

$$A-B=\begin{pmatrix} a_{11}-b_{11} & a_{12}-b_{12} & a_{13}-b_{13} \\ a_{21}-b_{21} & a_{22}-b_{22} & a_{23}-b_{23} \end{pmatrix}.$$

$m\times n$ 行列 $A=\left(a_{ij}\right)$ と数 x に対して，x と A の積（A の x 倍）xA は次の等式で定義される $m\times n$ 行列である．

$$xA=\left(xa_{ij}\right)$$

例 2.6　$A=\begin{pmatrix} a_{11} & a_{12} & a_{13} \\ a_{21} & a_{22} & a_{23} \end{pmatrix}$ のとき，$xA=\begin{pmatrix} xa_{11} & xa_{12} & xa_{13} \\ xa_{21} & xa_{22} & xa_{23} \end{pmatrix}$.

問 2.4　次の計算をせよ．

(1)　$\begin{pmatrix} -1 & 2 \\ 17 & 8 \end{pmatrix}+\begin{pmatrix} 3 & -4 \\ 1 & 2 \end{pmatrix}$　　(2)　$\begin{pmatrix} 5 & -1 & 2 \\ 2 & 7 & 9 \end{pmatrix}-\begin{pmatrix} 1 & 2 & -1 \\ -3 & 4 & 6 \end{pmatrix}$

(3)　$4\begin{pmatrix} -\frac{21}{2} & -15 & 3 \\ 2 & 5 & \frac{11}{2} \\ -3 & \frac{5}{4} & 9 \end{pmatrix}$　　(4)　$5\begin{pmatrix} 0 & -11 \\ 3 & 5 \\ -2 & 9 \end{pmatrix}-3\begin{pmatrix} -1 & -6 \\ 3 & 1 \\ -8 & -3 \end{pmatrix}$

$m\times n$ 行列 $A=\left(a_{ij}\right)$ に対して，$-A$ は次の等式で定義される $m\times n$ 行列である．

$$-A=\left(-a_{ij}\right)$$

例 2.7　$A=\begin{pmatrix} a_{11} & a_{12} & a_{13} \\ a_{21} & a_{22} & a_{23} \end{pmatrix}$ のとき，$-A=\begin{pmatrix} -a_{11} & -a_{12} & -a_{13} \\ -a_{21} & -a_{22} & -a_{23} \end{pmatrix}$.

すべての成分が 0 であるような $m\times n$ 行列を $O_{m\times n}$ と書き，零行列という．通常は $O_{m\times n}$ を O と略記する．

定理 2.1（演算法則）　$m\times n$ 行列 A, B, C，数 x, y について，次のことが成り立つ．

(1)　$A+B=B+A$　（交換法則）

(2)　$(A+B)+C=A+(B+C)$ 注1　（結合法則）

(3)　$A+O=A$

(4)　$A+(-A)=O$

(5)　$x(A+B)=xA+xB$　（分配法則）

(6) $(x+y)A = xA + yA$ （分配法則）
(7) $(xy)A = x(yA)$ （結合法則）
(8) $1A = A$

証明　$A=\left(a_{ij}\right)$，$B=\left(b_{ij}\right)$，$C=\left(c_{ij}\right)$ と書く．
(1) すべての $i=1, 2, \ldots, m$，$j=1, 2, \ldots, n$ について，

$$(A+B \text{ の } (i,\ j) \text{ 成分}) = a_{ij}+b_{ij} = b_{ij}+a_{ij} = (B+A \text{ の } (i,\ j) \text{ 成分}).$$

ゆえに，$A+B=B+A$.
(2) すべての $i=1, 2, \ldots, m$，$j=1, 2, \ldots, n$ について，

$$\begin{aligned}((A+B)+C \text{ の } (i,\ j) \text{ 成分}) &= \left(a_{ij}+b_{ij}\right)+c_{ij} = a_{ij}+\left(b_{ij}+c_{ij}\right) \\ &= (A+(B+C) \text{ の } (i,\ j) \text{ 成分}).\end{aligned}$$

ゆえに，$(A+B)+C=A+(B+C)$.
(3) すべての $i=1, 2, \ldots, m$，$j=1, 2, \ldots, n$ について，

$$(A+O \text{ の } (i,\ j) \text{ 成分}) = a_{ij}+0 = a_{ij} = (A \text{ の } (i,\ j) \text{ 成分}).$$

ゆえに，$A+O=A$.
(4) すべての $i=1, 2, \ldots, m$，$j=1, 2, \ldots, n$ について，

$$(A+(-A) \text{ の } (i,\ j) \text{ 成分}) = a_{ij}+\left(-a_{ij}\right) = 0 = (O \text{ の } (i,\ j) \text{ 成分}).$$

ゆえに，$A+(-A)=O$.
(5)，(6)，(7)，(8) も両辺のすべての成分が等しいことを示せばよい（省略）． □

問 2.5　$m \times n$ 行列 A, B に対して，次の等式を証明せよ．

(1) $A+(-B)=A-B$　　(2) $O-A=-A$
(3) $0A=O$　　(4) $(-1)A=-A$

問 2.6　$A=\begin{pmatrix} 1 & 0 & 1 \\ 0 & 1 & 0 \\ 1 & 0 & 0 \end{pmatrix}$，$B=\begin{pmatrix} 1 & -1 & -1 \\ 2 & 1 & 1 \\ 0 & 2 & 3 \end{pmatrix}$ のとき，次の行列を求めよ．

注1　この等式により，$(A+B)+C$ を $A+B+C$ と書いても誤解は生じない．

(1)　$A-B$　　(2)　$2(A+B)+B$

(3)　$(A+3B)-2(A+B)$　　(4)　$-(3A-2B)-(-A+3B)$

例題 2.1　$A=\begin{pmatrix} 1 & 2 & -3 \\ -1 & 3 & 4 \end{pmatrix}$，$B=\begin{pmatrix} 5 & -2 & 0 \\ 3 & 2 & 6 \end{pmatrix}$ のとき，次の等式をみたす行列 X を求めよ．

(1)　$X+A=O$　　(2)　$3(2X-3A)=2X-(A-5B)$

解 (1) $X+A=O$ より，

$$X=-A=-\begin{pmatrix} 1 & 2 & -3 \\ -1 & 3 & 4 \end{pmatrix}=\begin{pmatrix} -1 & -2 & 3 \\ 1 & -3 & -4 \end{pmatrix}.$$

(2) $3(2X-3A)=2X-(A-5B)$ より，$6X-9A=2X-A+5B$．ゆえに，

$$4X=8A+5B$$

を得て，

$$\begin{aligned} X&=\frac{1}{4}(8A+5B)=\frac{1}{4}\left\{8\begin{pmatrix} 1 & 2 & -3 \\ -1 & 3 & 4 \end{pmatrix}+5\begin{pmatrix} 5 & -2 & 0 \\ 3 & 2 & 6 \end{pmatrix}\right\} \\ &=\frac{1}{4}\left\{\begin{pmatrix} 8 & 16 & -24 \\ -8 & 24 & 32 \end{pmatrix}+\begin{pmatrix} 25 & -10 & 0 \\ 15 & 10 & 30 \end{pmatrix}\right\} \\ &=\frac{1}{4}\begin{pmatrix} 33 & 6 & -24 \\ 7 & 34 & 62 \end{pmatrix}=\begin{pmatrix} \frac{33}{4} & \frac{3}{2} & -6 \\ \frac{7}{4} & \frac{17}{2} & \frac{31}{2} \end{pmatrix}. \end{aligned}$$

□

問 2.7　$A=\begin{pmatrix} 2 & 1 \\ 4 & 3 \end{pmatrix}$，$B=\begin{pmatrix} 3 & 1 \\ 0 & 3 \end{pmatrix}$ のとき，次の等式をみたす行列 X を求めよ．

(1)　$X+B=A$　　(2)　$2X=A+B$

(3)　$2A-3X=5B$　　(4)　$\frac{1}{3}(2X+B)=A-\frac{1}{2}X$

2.3　行列の演算（2）

行列 A と行列 B の積 AB は A の列の数と B の行の数が等しいときに限り定義される．$m\times n$ 行列 $A=\left(a_{ij}\right)$，$n\times p$ 行列 $B=\left(b_{ij}\right)$ に対して，積 AB は

次の等式で定義される $m \times p$ 行列である．

$$AB = \left(\sum_{k=1}^{n} a_{ik} b_{kj} \right) \quad (i = 1, 2, \ldots, m, \ \ j = 1, 2, \ldots, p)$$

例 2.8 $A = \begin{pmatrix} a_{11} & a_{12} \\ a_{21} & a_{22} \end{pmatrix}, \ B = \begin{pmatrix} b_{11} & b_{12} \\ b_{21} & b_{22} \end{pmatrix}$ のとき，

$$AB = \begin{pmatrix} a_{11}b_{11} + a_{12}b_{21} & a_{11}b_{12} + a_{12}b_{22} \\ a_{21}b_{11} + a_{22}b_{21} & a_{21}b_{12} + a_{22}b_{22} \end{pmatrix}.$$

例 2.9 $A = \begin{pmatrix} a_{11} & a_{12} & a_{13} \\ a_{21} & a_{22} & a_{23} \\ a_{31} & a_{32} & a_{33} \end{pmatrix}, \ B = \begin{pmatrix} b_{11} & b_{12} \\ b_{21} & b_{22} \\ b_{31} & b_{32} \end{pmatrix}$ のとき，

$$AB = \begin{pmatrix} a_{11}b_{11} + a_{12}b_{21} + a_{13}b_{31} & a_{11}b_{12} + a_{12}b_{22} + a_{13}b_{32} \\ a_{21}b_{11} + a_{22}b_{21} + a_{23}b_{31} & a_{21}b_{12} + a_{22}b_{22} + a_{23}b_{32} \\ a_{31}b_{11} + a_{32}b_{21} + a_{33}b_{31} & a_{31}b_{12} + a_{32}b_{22} + a_{33}b_{32} \end{pmatrix}.$$

例 2.10

$$(a_1 \ \ a_2 \ \ a_3) \begin{pmatrix} b_1 \\ b_2 \\ b_3 \end{pmatrix} = a_1 b_1 + a_2 b_2 + a_3 b_3$$ [注2].

例 2.11 $A = \begin{pmatrix} 2 & 6 \\ 1 & 3 \end{pmatrix}, \ B = \begin{pmatrix} 3 & -3 \\ -1 & 1 \end{pmatrix}$ のとき，

$$\begin{aligned} AB &= \begin{pmatrix} 2 & 6 \\ 1 & 3 \end{pmatrix} \begin{pmatrix} 3 & -3 \\ -1 & 1 \end{pmatrix} = \begin{pmatrix} 2 \cdot 3 + 6 \cdot (-1) & 2 \cdot (-3) + 6 \cdot 1 \\ 1 \cdot 3 + 3 \cdot (-1) & 1 \cdot (-3) + 3 \cdot 1 \end{pmatrix} \\ &= \begin{pmatrix} 0 & 0 \\ 0 & 0 \end{pmatrix} = O, \\ BA &= \begin{pmatrix} 3 & -3 \\ -1 & 1 \end{pmatrix} \begin{pmatrix} 2 & 6 \\ 1 & 3 \end{pmatrix} = \begin{pmatrix} 3 \cdot 2 + (-3) \cdot 1 & 3 \cdot 6 + (-3) \cdot 3 \\ (-1) \cdot 2 + 1 \cdot 1 & (-1) \cdot 6 + 1 \cdot 3 \end{pmatrix} \\ &= \begin{pmatrix} 3 & 9 \\ -1 & -3 \end{pmatrix}. \end{aligned}$$

注2 1×1 行列は数そのものと考える．

例 2.11 からわかるように，行列 A, B が同じ型の正方行列である場合に限定しても，$AB = BA$ とは限らず，行列の積は交換法則をみたさない．また，$AB = O$ であっても $A = O$ または $B = O$ とは限らない[注3]．

問 2.8　次の計算をせよ．

(1)　$(-1\ \ 2)\begin{pmatrix} 3 \\ -4 \end{pmatrix}$　　(2)　$(2\ \ 5)\begin{pmatrix} -3 & 1 \\ 5 & -1 \end{pmatrix}$

(3)　$\begin{pmatrix} -5 & 2 \\ 4 & -1 \end{pmatrix}\begin{pmatrix} 3 & 0 \\ 7 & 1 \end{pmatrix}$　　(4)　$\begin{pmatrix} 2 & 8 \\ -2 & -1 \end{pmatrix}\begin{pmatrix} 1 & 3 & 5 \\ 2 & 4 & 6 \end{pmatrix}$

(5)　$\begin{pmatrix} 2 & 1 & 4 \\ 2 & 5 & 3 \end{pmatrix}\begin{pmatrix} 2 & 1 \\ 7 & -1 \\ -3 & -2 \end{pmatrix}$　　(6)　$\begin{pmatrix} 5 \\ -2 \\ -1 \end{pmatrix}(-1\ \ 2\ \ 9)$

問 2.9　$A = \begin{pmatrix} 1 & 0 & 0 \\ 0 & 1 & 1 \\ -1 & 0 & -1 \end{pmatrix}$，$B = \begin{pmatrix} 1 & 0 & 1 \\ 0 & 1 & 0 \\ -1 & 0 & 1 \end{pmatrix}$ のとき，次の行列を求めよ．

(1)　AB　　(2)　BA

問 2.10　$A = \begin{pmatrix} 1 & -1 \\ 1 & 1 \end{pmatrix}$，$B = \begin{pmatrix} x & 0 \\ y & x \end{pmatrix}$ のとき，$AB = BA$ であるための条件を求めよ．

次の記号 δ_{ij} を**クロネッカーのデルタ**という．

$$\delta_{ij} = \begin{cases} 1 & (i = j \text{ のとき}) \\ 0 & (i \neq j \text{ のとき}) \end{cases}$$

対角成分が 1 で，その他の成分が 0 であるような n 次正方行列

$$E_n = (\delta_{ij}) = \begin{pmatrix} 1 & & & \text{O} \\ & 1 & & \\ & & \ddots & \\ \text{O} & & & 1 \end{pmatrix}$$

注3　行列 A について，$AB = O$ または $BA = O$ をみたす行列 $B \neq O$ が存在するとき，A を零因子という．

を単位行列という．通常は E_n を E と略記する．

例 **2.12**

$$E_1 = 1,\quad E_2 = \begin{pmatrix} 1 & 0 \\ 0 & 1 \end{pmatrix},\quad E_3 = \begin{pmatrix} 1 & 0 & 0 \\ 0 & 1 & 0 \\ 0 & 0 & 1 \end{pmatrix}.$$

定理 2.2（演算法則） $m\times n$ 行列 A, A_1, A_2，$n\times p$ 行列 B, B_1, B_2，$p\times q$ 行列 C，数 x について，次のことが成り立つ．

(1) $x(AB) = (xA)B = A(xB)$

(2) $(AB)C = A(BC)$ [注4] （結合法則）

(3) $A(B_1 + B_2) = AB_1 + AB_2$ （分配法則）

(4) $(A_1 + A_2)B = A_1B + A_2B$ （分配法則）

(5) $AO = O$，$OA = O$ [注5]

(6) $AE = EA = A$ [注6]

証明 $A = \left(a_{ij}\right)$，$B = \left(b_{ij}\right)$，$C = \left(c_{ij}\right)$ と書く．

(1) すべての $i = 1, 2, \ldots, m$，$j = 1, 2, \ldots, p$ について，

$$\begin{aligned}((xA)B\text{ の }(i,j)\text{ 成分}) &= \sum_{k=1}^{n} (xA\text{ の }(i,k)\text{ 成分}) \times b_{kj} = \sum_{k=1}^{n} \left(xa_{ik}\right) b_{kj} \\ &= x\sum_{k=1}^{n} a_{ik}b_{kj} = x \times (AB\text{ の }(i,j)\text{ 成分}) \\ &= (x(AB)\text{ の }(i,j)\text{ 成分}).\end{aligned}$$

ゆえに，$(xA)B = x(AB)$．同様にして，$A(xB) = x(AB)$ も示される．

(2) すべての $i = 1, 2, \ldots, m$，$j = 1, 2, \ldots, q$ について，

$$\begin{aligned}((AB)C\text{ の }(i,j)\text{ 成分}) &= \sum_{\ell=1}^{p} (AB\text{ の }(i,\ell)\text{ 成分}) \times c_{\ell j} = \sum_{\ell=1}^{p} \left(\sum_{k=1}^{n} a_{ik}b_{k\ell}\right) c_{\ell j} \\ &= \sum_{\ell=1}^{p} \left(\sum_{k=1}^{n} a_{ik}b_{k\ell}c_{\ell j}\right) = \sum_{k=1}^{n} \left(\sum_{\ell=1}^{p} a_{ik}b_{k\ell}c_{\ell j}\right)\end{aligned}$$ [注7]

注4 この等式により，$(AB)C$ を ABC と書いても誤解は生じない．

注5 $AO_{n\times p} = O_{m\times p}$，$O_{h\times m}A = O_{h\times n}$．

注6 $AE_n = E_mA = A$．

$$= \sum_{k=1}^{n} a_{ik} \left(\sum_{\ell=1}^{p} b_{k\ell} c_{\ell j} \right) = \sum_{k=1}^{n} a_{ik} \times (BC \text{ の } (k, j) \text{ 成分})$$
$$= (A(BC) \text{ の } (i, j) \text{ 成分}).$$

ゆえに，$(AB)C = A(BC)$.

(3)，(4)，(5)，(6) も両辺のすべての成分が等しいことを示せばよい（省略）．□

注意 2.1　$m \times n$ 行列 $A = \left(a_{ij}\right)$ が与えられとき，$\sum_{i=1}^{m}\left(\sum_{j=1}^{n} a_{ij}\right)$ と $\sum_{j=1}^{n}\left(\sum_{i=1}^{m} a_{ij}\right)$ はいずれも A のすべての成分 a_{ij} の和 $\sum_{i,j} a_{ij}$ に等しい．したがって，

$$\sum_{i=1}^{m}\left(\sum_{j=1}^{n} a_{ij}\right) = \sum_{j=1}^{n}\left(\sum_{i=1}^{m} a_{ij}\right).$$

	1	2	$\cdots$	n	和
1	a_{11}	a_{12}	$\cdots$	a_{1n}	$\sum_{j=1}^{n} a_{1j}$
2	a_{21}	a_{22}	$\cdots$	a_{2n}	$\sum_{j=1}^{n} a_{2j}$
$\vdots$	$\vdots$	$\vdots$		$\vdots$	$\vdots$
m	a_{m1}	a_{m2}	$\cdots$	a_{mn}	$\sum_{j=1}^{n} a_{mj}$
和	$\sum_{i=1}^{m} a_{i1}$	$\sum_{i=1}^{m} a_{i2}$	$\cdots$	$\sum_{i=1}^{m} a_{in}$	$\sum_{i,j} a_{ij}$

正方行列 A と $N \in \mathbb{N}$ に対して，累乗 A^N が

$$A^1 = A, \quad A^N = A^{N-1}A \quad (N \geqq 2)$$

により帰納的に定義される．

問 2.11　$A = \begin{pmatrix} 0 & x & y \\ 0 & 0 & z \\ 0 & 0 & 0 \end{pmatrix}$ のとき，次の行列を求めよ．

(1)　A^2　　　(2)　A^3

注7　注意 2.1 より，ふたつの和の記号は交換できる．

問 2.12　$A=\begin{pmatrix} 3 & 4 \\ -1 & -2 \end{pmatrix}$，$B=\begin{pmatrix} 0 & 1 \\ 2 & 3 \end{pmatrix}$ のとき，次の行列を求めよ．

(1)　A^2-B^2　　(2)　$(A+B)(A-B)$

(3)　$A^2+2AB+B^2$　　(4)　$(A+B)^2$

問 2.13　n 次正方行列 A, B について，次の 2 条件は同値であることを証明せよ．

(1)　$AB=BA$.

(2)　$A^2-B^2=(A+B)(A-B)$.

問 2.14　$m\times n$ 行列 A と $n\times p$ 行列 $B=\begin{pmatrix}\boldsymbol{b}_1 & \boldsymbol{b}_2 & \cdots & \boldsymbol{b}_p\end{pmatrix}$ について，次の等式を証明せよ．

$$AB=\begin{pmatrix}A\boldsymbol{b}_1 & A\boldsymbol{b}_2 & \cdots & A\boldsymbol{b}_p\end{pmatrix}$$

2.4　転置行列

$m\times n$ 行列 $A=(a_{ij})$ の行と列を交換して得られる $n\times m$ 行列

$$^{t}A=(a_{ji})\quad (i=1,2,\ldots,n,\quad j=1,2,\ldots,m)$$

を A の**転置行列**という．

例 2.13　$A=\begin{pmatrix} a_{11} & a_{12} & a_{13} \\ a_{21} & a_{22} & a_{23} \end{pmatrix}$ のとき，$^{t}A=\begin{pmatrix} a_{11} & a_{21} \\ a_{12} & a_{22} \\ a_{13} & a_{23} \end{pmatrix}$.

問 2.15　次の行列の転置行列を求めよ．

(1)　$\begin{pmatrix} 1 & 4 \\ 2 & 5 \\ 3 & 6 \end{pmatrix}$　　(2)　$\begin{pmatrix} a_1 & a_2 & \cdots & a_n \end{pmatrix}$

定理 2.3　$m\times n$ 行列 A, A_1, A_2，$n\times p$ 行列 B，数 x について，

(1)　$^{t}(^{t}A)=A$

(2)　$^{t}(A_1+A_2)={}^{t}A_1+{}^{t}A_2$

(3)　$^{t}(xA)=x\,{}^{t}A$

(4) ${}^{t}(AB) = {}^{t}B\,{}^{t}A$

証明　$A = \left(a_{ij}\right)$，$B = \left(b_{ij}\right)$ と書く．
(4) すべての $i = 1, 2, \ldots, p$，$j = 1, 2, \ldots, m$ について，

$$
\begin{aligned}
({}^{t}(AB) \text{ の } (i, j) \text{ 成分}) &= (AB \text{ の } (j, i) \text{ 成分}) = \sum_{k=1}^{n} a_{jk} b_{ki} \\
&= \sum_{k=1}^{n} b_{ki} a_{jk} = \sum_{k=1}^{n} (B \text{ の } (k, i) \text{ 成分}) \times (A \text{ の } (j, k) \text{ 成分}) \\
&= \sum_{k=1}^{n} ({}^{t}B \text{ の } (i, k) \text{ 成分}) \times ({}^{t}A \text{ の } (k, j) \text{ 成分}) \\
&= ({}^{t}B\,{}^{t}A \text{ の } (i, j) \text{ 成分}).
\end{aligned}
$$

したがって，${}^{t}(AB) = {}^{t}B\,{}^{t}A$.
(1)，(2)，(3) も両辺のすべての成分が等しいことを示せばよい（省略）．　□

正方行列 A は，条件 $A = {}^{t}A$ をみたすとき**対称行列**，条件 $A = -{}^{t}A$ をみたすとき**交代行列**という．また，対角成分以外のすべての成分が 0 である正方行列を**対角行列**という．

例 2.14　行列 $A = \begin{pmatrix} a & h & g \\ h & b & f \\ g & f & c \end{pmatrix}$，$B = \begin{pmatrix} 0 & h & g \\ -h & 0 & f \\ -g & -f & 0 \end{pmatrix}$，$C = \begin{pmatrix} a & 0 & 0 \\ 0 & b & 0 \\ 0 & 0 & c \end{pmatrix}$ はそれぞれ対称行列，交代行列，対角行列である．

問 2.16　正方行列 A について，次のことを証明せよ．
(1) A が対角行列ならば，A は対称行列である．
(2) A が交代行列ならば，A のすべての対角成分は 0 である．

2.5　逆行列 (1)

n 次正方行列 A に対して，等式

$$AX = XA = E$$

をみたす n 次正方行列 X が存在すれば，この X を A の**逆行列**といい，A^{-1} と書く．逆行列は存在すればただひとつである[注8]．n 次正方行列 A は，その逆行列 A^{-1} が存在するとき，**正則**であるといい，正則な正方行列を**正則行列**という．

例 2.15　単位行列 $E = E_n$ について，$X = E$ とおけば，$EX = EE = E$，$XE = EE = E$ なので，E は正則であり，$E^{-1} = E$.

例 2.16　零行列 $O = O_{n \times n}$ を考える．任意の n 次正方行列 X に対し $OX = O$ であり，決して $OX = E$ となることはないので，O は正則でない．

例題 2.2　n 次正方行列 A, B が正則ならば，AB も正則であって，次の等式が成り立つことを証明せよ．

$$(AB)^{-1} = B^{-1}A^{-1}$$

証明　$X = B^{-1}A^{-1}$ とおけば，

$$(AB)\,X = (AB)\left(B^{-1}A^{-1}\right) = A\left(BB^{-1}\right)A^{-1} = AEA^{-1} = AA^{-1} = E,$$
$$X\,(AB) = \left(B^{-1}A^{-1}\right)(AB) = B^{-1}\left(A^{-1}A\right)B = B^{-1}EB = B^{-1}B = E.$$

したがって，AB は正則であり，$(AB)^{-1} = B^{-1}A^{-1}$.　□

問 2.17　n 次正方行列 A が正則ならば，A^{-1}，${}^{t}A$ も正則であって，次の等式が成り立つことを証明せよ．

(1)　$\left(A^{-1}\right)^{-1} = A$　　(2)　$\left({}^{t}A\right)^{-1} = {}^{t}\left(A^{-1}\right)$ [注9]

例題 2.3　A を正則な n 次正方行列とするとき，次のことを証明せよ．

(1) 行列 B, X について，$AX = B$ ならば $X = A^{-1}B$.

注8　X, Y がいずれも A の逆行列であれば，$AX = XA = E$，$AY = YA = E$ が成り立つので，$X = XE = X(AY) = (XA)Y = EY = Y$.

注9　この等式により，$\left({}^{t}A\right)^{-1}$ を ${}^{t}A^{-1}$ と書いても誤解は生じない．

(2) 行列 B, X について，$XA = B$ ならば $X = BA^{-1}$.

証明 (1) $AX = B$ の両辺に左から A^{-1} を掛けて，$A^{-1}AX = A^{-1}B$．このとき，左辺は $A^{-1}AX = EX = X$ なので，$X = A^{-1}B$.
(2) $XA = B$ の両辺に右から A^{-1} を掛けて，$XAA^{-1} = BA^{-1}$．このとき，左辺は $XAA^{-1} = XE = X$ なので，$X = BA^{-1}$. □

2 次正方行列 $A = \begin{pmatrix} a & b \\ c & d \end{pmatrix}$ に対して，行列

$$\tilde{A} = \begin{pmatrix} d & -b \\ -c & a \end{pmatrix}$$

を A の**余因子行列**という．また，

$$|A| = \begin{vmatrix} a & b \\ c & d \end{vmatrix} = ad - bc$$

と書き，これを A の**行列式**という．

問 2.18　2 次正方行列 A, B について，次の等式を証明せよ[注10].

(1)　$A\tilde{A} = \tilde{A}A = |A|E$　　　(2)　$|AB| = |A||B|$

問 2.19　2 次正方行列 A について，次のことを証明せよ[注11].
(1) $|A| \neq 0$ のとき，$A^{-1} = \dfrac{1}{|A|}\tilde{A}$.
(2) A が正則 $\Leftrightarrow$ $|A| \neq 0$.

例 2.17　行列 $A = \begin{pmatrix} -6 & 9 \\ 2 & -3 \end{pmatrix}$ について，

$$|A| = \begin{vmatrix} -6 & 9 \\ 2 & -3 \end{vmatrix} = (-6)\cdot(-3) - 9\cdot 2 = 0$$

なので，問 2.19 (2) より，A は正則でない．

注 10 (1)，(2) はそれぞれ定理 3.11，3.10 の $n = 2$ の場合である．
注 11 (1)，(2) はそれぞれ定理 3.12，3.13 の $n = 2$ の場合である．

例題 2.4 $A=\begin{pmatrix} 3 & -2 \\ -1 & 2 \end{pmatrix}$, $B=\begin{pmatrix} 2 & 1 \\ 3 & -5 \end{pmatrix}$ のとき，例題 2.3，問 2.19 を用いて，次の等式をみたす行列 X を求めよ．

(1) $AX=B$　　(2) $XA=B$

解 $|A|=3\cdot 2-(-2)\cdot(-1)=4\neq 0$ なので，

$$A^{-1}=\frac{1}{|A|}\tilde{A}=\frac{1}{4}\begin{pmatrix} 2 & 2 \\ 1 & 3 \end{pmatrix}.$$

(1) $X=A^{-1}B=\frac{1}{4}\begin{pmatrix} 2 & 2 \\ 1 & 3 \end{pmatrix}\begin{pmatrix} 2 & 1 \\ 3 & -5 \end{pmatrix}=\frac{1}{4}\begin{pmatrix} 10 & -8 \\ 11 & -14 \end{pmatrix}=\begin{pmatrix} \frac{5}{2} & -2 \\ \frac{11}{4} & -\frac{7}{2} \end{pmatrix}.$

(2) $X=BA^{-1}=\begin{pmatrix} 2 & 1 \\ 3 & -5 \end{pmatrix}\cdot\frac{1}{4}\begin{pmatrix} 2 & 2 \\ 1 & 3 \end{pmatrix}=\frac{1}{4}\begin{pmatrix} 5 & 7 \\ 1 & -9 \end{pmatrix}=\begin{pmatrix} \frac{5}{4} & \frac{7}{4} \\ \frac{1}{4} & -\frac{9}{4} \end{pmatrix}.$

□

問 2.20 次の行列の逆行列を求めよ．

(1) $\begin{pmatrix} 1 & 3 \\ 2 & 4 \end{pmatrix}$　　(2) $\begin{pmatrix} 8 & -7 \\ 6 & -5 \end{pmatrix}$

問 2.21 $A=\begin{pmatrix} 1 & 3 \\ -2 & 1 \end{pmatrix}$, $B=\begin{pmatrix} 1 & 2 \\ -2 & 3 \end{pmatrix}$ のとき，次の等式をみたす行列 X を求めよ．

(1) $AX=B$　　(2) $XA=B$

演習問題［A］

演 2.1 次の計算をせよ．

(1) $3\begin{pmatrix} 3 & -2 \\ -3 & 1 \end{pmatrix} - 2\begin{pmatrix} 2 & 5 \\ 1 & -3 \end{pmatrix}$ (2) $\begin{pmatrix} 1 & -1 & -2 \\ -1 & -2 & -1 \\ -1 & 3 & 2 \end{pmatrix}\begin{pmatrix} -2 & 1 \\ -1 & -3 \\ 4 & -2 \end{pmatrix}$

(3) $\begin{pmatrix} -2 & 0 \\ -1 & 1 \\ 3 & 2 \end{pmatrix}\begin{pmatrix} 3 & -1 & -1 \\ 2 & -5 & -1 \end{pmatrix}$ (4) $\begin{pmatrix} 5 & 0 \\ 6 & 3 \end{pmatrix}\begin{pmatrix} -1 & 3 \\ -3 & 2 \end{pmatrix}\begin{pmatrix} 2 & 1 \\ 7 & 4 \end{pmatrix}$

演 2.2 2 次正方行列 A, B について，

$$A + B = \begin{pmatrix} 3 & -4 \\ 1 & 1 \end{pmatrix}, \quad A - B = \begin{pmatrix} 1 & 2 \\ 1 & 5 \end{pmatrix}$$

のとき，次の問に答えよ．

(1) A, B を求めよ．

(2) $A^2 - B^2$ を求めよ．

演 2.3（**ケーリー・ハミルトンの定理**） 2 次正方行列 $A = \begin{pmatrix} a & b \\ c & d \end{pmatrix}$ に対して，次の等式を証明せよ．

$$A^2 - (a + d)A + |A|E = O$$

演 2.4 次の行列が正則でないとき，x の値を求めよ．

(1) $\begin{pmatrix} x-4 & -x-1 \\ x+8 & 2x+3 \end{pmatrix}$ (2) $\begin{pmatrix} x-1 & -x \\ x-2 & x+1 \end{pmatrix}$

演 2.5 $A = \begin{pmatrix} 4 & -2 \\ 3 & -1 \end{pmatrix}$，$B = (2 \ \ -3)$，$C = \begin{pmatrix} -1 \\ 7 \end{pmatrix}$ のとき，次の問に答えよ．

(1) A^{-1} を求めよ．

(2) $XA = B$ をみたす行列 X を求めよ．

(3) $AY = C$ をみたす行列 Y を求めよ．

演 2.6 次の等式をみたす 2 次正方行列 A を求めよ．

$$A\begin{pmatrix} -2 \\ 1 \end{pmatrix} = \begin{pmatrix} -5 \\ 3 \end{pmatrix}, \quad A\begin{pmatrix} 3 \\ -7 \end{pmatrix} = \begin{pmatrix} 1 \\ -2 \end{pmatrix}$$

演習問題［B］

演 2.7　次の等式をみたす 2 次正方行列 X を求めよ．

(1)　$X^2 = \begin{pmatrix} 2 & 0 \\ 0 & 3 \end{pmatrix}$　　(2)　$X^2 = \begin{pmatrix} 2 & 1 \\ 0 & 3 \end{pmatrix}$

演 2.8　A を n 次正方行列，P を正則な n 次正方行列とするとき，次の等式を証明せよ．

$$\left(P^{-1}AP\right)^N = P^{-1}A^N P \quad (N \in \mathbb{N})$$

演 2.9　次の行列 A について，A^N を求めよ（$N \in \mathbb{N}$）．

(1)　$A = \begin{pmatrix} \alpha & 0 \\ 0 & \beta \end{pmatrix}$　　(2)　$A = \begin{pmatrix} \alpha & 1 \\ 0 & \alpha \end{pmatrix}$

(3)　$A = \begin{pmatrix} \alpha & 0 & 0 \\ 0 & \beta & 0 \\ 0 & 0 & \gamma \end{pmatrix}$　　(4)　$A = \begin{pmatrix} \alpha & 1 & 0 \\ 0 & \alpha & 1 \\ 0 & 0 & \alpha \end{pmatrix}$

(5)　$A = \begin{pmatrix} \alpha & 1 & 0 \\ 0 & \alpha & 0 \\ 0 & 0 & \beta \end{pmatrix}$　　(6)　$A = \begin{pmatrix} \alpha & 0 & 0 \\ 0 & \beta & 1 \\ 0 & 0 & \beta \end{pmatrix}$

演 2.10　任意の正方行列 A に対して，$A = S + T$ をみたす対称行列 S と交代行列 T を求めよ．

演 2.11　$m \times n$ 行列 $A = (\boldsymbol{a}_1\ \boldsymbol{a}_2\ \cdots\ \boldsymbol{a}_n)$ と $n \times p$ 行列 $B = \left(b_{ij}\right)$ について，次の等式を証明せよ．

$$AB = \left(\sum_{k=1}^{n} \boldsymbol{a}_k b_{k1}\ \ \sum_{k=1}^{n} \boldsymbol{a}_k b_{k2}\ \cdots\ \sum_{k=1}^{n} \boldsymbol{a}_k b_{kp}\right)$$

演 2.12　2 次正方行列 A について，次の 2 条件は同値であることを証明せよ．

(1)　A は正則である．

(2)　次の条件をみたす 2 次正方行列 B は存在しない．

$$AB = O, \quad B \neq O$$

第 3 章

行列式

3.1 行列式の定義

n 個の数 1, 2, ..., n をすべて並べて得られる（重複のない）**順列**（**置換**）

$$P = (p_1, p_2, \dots, p_n)$$

全体の集合を S_n と書き，これを n **次対称群**という．このとき，

$$\#S_n = {}_n\mathrm{P}_n = n!\ ^{注1}.$$

特に，小さい数から順に並べて得られる順列 $(1, 2, \dots, n)$ を**基本順列**という．

例 3.1 $S_2 = \{(1, 2), (2, 1)\}$，$\#S_2 = 2$.

順列 $P = (p_1, p_2, \dots, p_n)$ において，ふたつの数を交換することを**互換**という．互換を繰り返して P を基本順列 $(1, 2, \dots, n)$ に変形するときの回数を N として，

$$\varepsilon_P = (-1)^N$$

と書き，これを P の**符号**という．$\varepsilon_P = 1$ $[\varepsilon_P = -1]$，すなわち，N が偶数［奇数］のとき，P を**偶順列**［**奇順列**］という[注2]．符号 ε_P は変形のしかたによ

注 1 有限集合 A の元の個数を $\#A$ と書く．

注 2 基本順列 $(1, 2, \dots, n)$ については，$N = 0$ と考えて，$\varepsilon_{(1,2,\dots,n)} = (-1)^0 = 1$.

らずに確定する（演 3.5 参照）.

例 3.2 数 1, 2, 3, 4, 5 の順列 $P=(3,4,2,5,1)$ について，互換を繰り返して，

$$\begin{aligned}(3,4,2,5,1) &\to (1,4,2,5,3) \to (1,2,4,5,3)\\ &\to (1,2,3,5,4) \to (1,2,3,4,5)\end{aligned}$$

であるから，$\varepsilon_P=(-1)^4=1$．ゆえに，P は偶順列である.

問 3.1 次の順列について，偶順列か奇順列かを調べよ.

(1) (5, 1, 4, 3, 2)　(2) (4, 5, 1, 2, 3)
(3) (4, 3, 6, 1, 2, 5)　(4) (6, 5, 2, 3, 1, 4)
(5) (5, 7, 6, 2, 1, 4, 3)　(6) (3, 4, 1, 6, 5, 7, 2)

n 次正方行列 $A=\left(a_{ij}\right)$ に対して，

$$|A|=\begin{vmatrix} a_{11} & a_{12} & \cdots & a_{1n}\\ a_{21} & a_{22} & \cdots & a_{2n}\\ \vdots & \vdots & & \vdots\\ a_{n1} & a_{n2} & \cdots & a_{nn}\end{vmatrix}=\sum_{P\in S_n}\varepsilon_P a_{1p_1}a_{2p_2}\cdots a_{np_n}$$

と書き，これを A の**行列式**という[注3]．行列式において，**行**・**列**・**成分**などの用語を行列の場合と同様に用いる.

例 3.3 $n=1$ のとき，$S_1=\{(1)\}$，$\varepsilon_{(1)}=1$ なので，$|a_{11}|=a_{11}$.

例 3.4（**2 次行列式**） $n=2$ のとき，

$$S_2=\{(1,2),(2,1)\},\quad \varepsilon_{(1,2)}=1,\quad \varepsilon_{(2,1)}=-1$$

なので，次の等式を得る（図 3.1）.

$$\begin{aligned}\begin{vmatrix} a_{11} & a_{12}\\ a_{21} & a_{22}\end{vmatrix} &= \varepsilon_{(1,2)}a_{11}a_{22}+\varepsilon_{(2,1)}a_{12}a_{21}\\ &= a_{11}a_{22}-a_{12}a_{21}.\end{aligned}$$

問 3.2 次の行列式の値を求めよ.

注3 行列式の記号として，$\det A$，$\det\left(a_{ij}\right)$ も用いる.

(1) $\begin{vmatrix} 3 & 1 \\ 2 & 4 \end{vmatrix}$ (2) $\begin{vmatrix} -7 & 1 \\ -2 & 5 \end{vmatrix}$

例 3.5（**3 次行列式**） $n=3$ のとき，$\#S_3 = 3! = 6$ であり，S_3 に属するすべての順列について，互換を繰り返して基本順列に変形することにより符号を調べよう．

$$\begin{array}{lllllll}
(1,2,3) & & & & & & \varepsilon_{(1,2,3)} = 1 \\
(1,3,2) & \to & (1,2,3) & & & & \varepsilon_{(1,3,2)} = -1 \\
(2,1,3) & \to & (1,2,3) & & & & \varepsilon_{(2,1,3)} = -1 \\
(2,3,1) & \to & (1,3,2) & \to & (1,2,3) & & \varepsilon_{(2,3,1)} = 1 \\
(3,1,2) & \to & (1,3,2) & \to & (1,2,3) & & \varepsilon_{(3,1,2)} = 1 \\
(3,2,1) & \to & (1,2,3) & & & & \varepsilon_{(3,2,1)} = -1
\end{array}$$

したがって，

$$\begin{aligned}
&\begin{vmatrix} a_{11} & a_{12} & a_{13} \\ a_{21} & a_{22} & a_{23} \\ a_{31} & a_{32} & a_{33} \end{vmatrix} \\
&= \varepsilon_{(1,2,3)} a_{11}a_{22}a_{33} + \varepsilon_{(1,3,2)} a_{11}a_{23}a_{32} + \varepsilon_{(2,1,3)} a_{12}a_{21}a_{33} + \varepsilon_{(2,3,1)} a_{12}a_{23}a_{31} \\
&\quad + \varepsilon_{(3,1,2)} a_{13}a_{21}a_{32} + \varepsilon_{(3,2,1)} a_{13}a_{22}a_{31} \\
&= a_{11}a_{22}a_{33} - a_{11}a_{23}a_{32} - a_{12}a_{21}a_{33} + a_{12}a_{23}a_{31} + a_{13}a_{21}a_{32} - a_{13}a_{22}a_{31}.
\end{aligned}$$

図 3.2 はこの式の覚え方である（**サラスの方法**）．

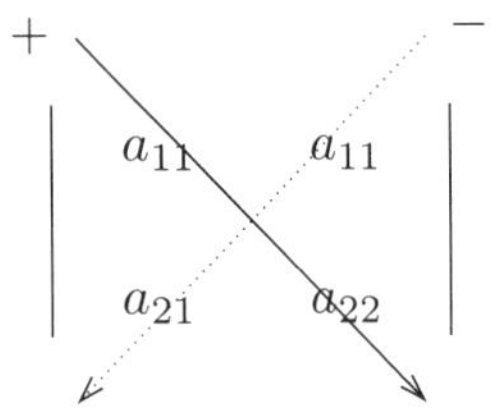

図 3.1

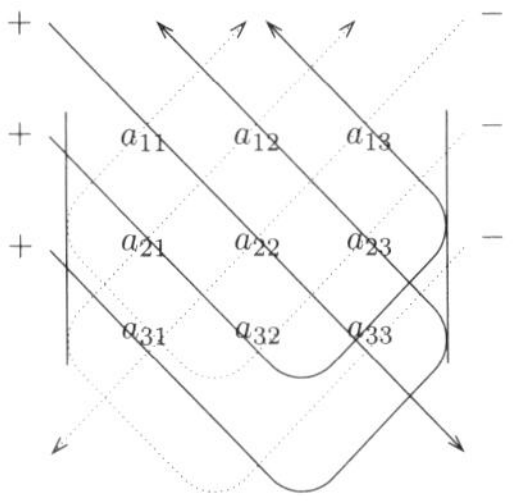

図 3.2

問 3.3（**第 1 行についての展開**） 次の等式を証明せよ．

$$\begin{vmatrix} a_{11} & a_{12} & a_{13} \\ a_{21} & a_{22} & a_{23} \\ a_{31} & a_{32} & a_{33} \end{vmatrix} = a_{11}\begin{vmatrix} a_{22} & a_{23} \\ a_{32} & a_{33} \end{vmatrix} - a_{12}\begin{vmatrix} a_{21} & a_{23} \\ a_{31} & a_{33} \end{vmatrix} + a_{13}\begin{vmatrix} a_{21} & a_{22} \\ a_{31} & a_{32} \end{vmatrix}$$

問 3.4 次の行列式の値を求めよ.

(1) $\begin{vmatrix} 1 & 0 & 1 \\ 3 & 2 & 0 \\ 4 & 3 & 2 \end{vmatrix}$ (2) $\begin{vmatrix} 5 & 7 & 1 \\ 2 & -2 & 3 \\ 1 & 3 & 2 \end{vmatrix}$

補題 3.1

$$\begin{vmatrix} a_{11} & a_{12} & \cdots & a_{1n} \\ 0 & a_{22} & \cdots & a_{2n} \\ \vdots & \vdots & & \vdots \\ 0 & a_{n2} & \cdots & a_{nn} \end{vmatrix} = a_{11} \begin{vmatrix} a_{22} & \cdots & a_{2n} \\ \vdots & & \vdots \\ a_{n2} & \cdots & a_{nn} \end{vmatrix}.$$

証明 左辺は行列式の定義において,

$$a_{21} = a_{31} = \cdots = a_{n1} = 0$$

の場合である. 順列 $P = (p_1, p_2, p_3, \ldots, p_n) \in S_n$ について, $p_1 \neq 1$ のとき, $i \in \{2, 3, \ldots, n\}$ が存在して $p_i = 1$ であるから, $a_{ip_i} = a_{i1} = 0$. ゆえに,

$$\varepsilon_P a_{1p_1} a_{2p_2} a_{3p_3} \cdots a_{np_n} = 0.$$

したがって,

$$\begin{aligned} 左辺 &= \sum_{P \in S_n} \varepsilon_P a_{1p_1} a_{2p_2} a_{3p_3} \cdots a_{np_n} \\ &= \sum \varepsilon_{(1,\, p_2,\, p_3 \ldots,\, p_n)} a_{11} a_{2p_2} a_{3p_3} \cdots a_{np_n} \\ &= a_{11} \sum \varepsilon_{(1,\, p_2,\, p_3,\, \ldots,\, p_n)} a_{2p_2} a_{3p_3} \cdots a_{np_n}. \end{aligned}$$

ここで, $\sum$ は $n-1$ 個の数 $2, 3, \ldots, n$ のすべての順列 $(p_2, p_3, \ldots, p_n)$ についての和を表す. さらに, $\varepsilon_{(1,\, p_2,\, p_3,\, \ldots,\, p_n)} = \varepsilon_{(p_2,\, p_3,\, \ldots,\, p_n)}$ であることに注意して,

$$左辺 = a_{11} \begin{vmatrix} a_{22} & a_{23} & \cdots & a_{2n} \\ a_{32} & a_{33} & \cdots & a_{3n} \\ \vdots & \vdots & & \vdots \\ a_{n2} & a_{n3} & \cdots & a_{nn} \end{vmatrix} = 右辺.$$ □

例 **3.6**

$$\begin{vmatrix} 10 & 258 & -49 & -67 \\ 0 & 4 & -1 & 1 \\ 0 & -3 & 5 & -1 \\ 0 & 1 & 2 & -3 \end{vmatrix} = 10 \begin{vmatrix} 4 & -1 & 1 \\ -3 & 5 & -1 \\ 1 & 2 & -3 \end{vmatrix} = 10\,(-60-6+1-5+8+9)$$

$$= 10 \times (-53) = -530.$$

問 **3.5**　次の行列式の値を求めよ．

(1) $\begin{vmatrix} 3 & -5 & 6 \\ 0 & -2 & -3 \\ 0 & 5 & 11 \end{vmatrix}$　　(2) $\begin{vmatrix} 5 & 1 & 6 & 13 \\ 0 & -1 & -3 & -2 \\ 0 & 0 & -5 & 2 \\ 0 & 0 & 8 & -1 \end{vmatrix}$

問 **3.6**　次の等式を確かめよ[注4]．

$$\begin{vmatrix} a_{11} & a_{12} & \cdots & a_{1n} \\ & a_{22} & \cdots & a_{2n} \\ & & \ddots & \vdots \\ & \text{O} & & a_{nn} \end{vmatrix} = a_{11}a_{22}\cdots a_{nn}$$

3.2　行列式の性質

行列式において，行と列を交換しても値は変わらない．すなわち，次の定理 3.2 が成り立つ．

> **定理 3.2**　n 次正方行列 A に対して，
>
> $$\left|{}^{\mathrm{t}}A\right| - |A|.$$

証明　$A = \left(a_{ij}\right)$，${}^{\mathrm{t}}A = \left(b_{ij}\right)$ とおくとき，

$$b_{ij} = a_{ji} \quad (i,\ j = 1, 2, \ldots, n).$$

注 4　特に，n 次単位行列 E_n について，$|E_n| = 1$．

ゆえに,

$$\left|{}^{\mathrm{t}}A\right| = \sum_{P\in S_n} \varepsilon_P b_{1p_1} b_{2p_2} \cdots b_{np_n} = \sum_{P\in S_n} \varepsilon_P a_{p_1 1} a_{p_2 2} \cdots a_{p_n n}.$$

ここで，積 $a_{p_1 1} a_{p_2 2} \cdots a_{p_n n}$ において，2 個ずつ交換することを繰り返して，行番号の順序が $1, 2, \ldots, n$ になるようにすれば,

$$a_{p_1 1} a_{p_2 2} \cdots a_{p_n n} = a_{1q_1} a_{2q_2} \cdots a_{nq_n}$$

と書けて，この操作における行番号と列番号の変化は次のようになる.

$$\begin{array}{llllll} (p_1, p_2, \ldots, p_n) & \to & \cdots & \to & (1, 2, \ldots, n) & \\ (1, 2, \ldots, n) & \to & \cdots & \to & (q_1, q_2, \ldots, q_n) & \text{注 5} \end{array}$$

したがって，順列 $P = (p_1, p_2, \ldots, p_n)$，$Q = (q_1, q_2, \ldots, q_n)$ について，互換を繰り返して基本順列に変形するときの回数は等しいので，$\varepsilon_P = \varepsilon_Q$．しかも，対応 $P \mapsto Q$ は 1 対 1 であるから,

$$\left|{}^{\mathrm{t}}A\right| = \sum_{Q\in S_n} \varepsilon_Q a_{1q_1} a_{2q_2} \cdots a_{nq_n} = |A|.$$

□

定理 3.2 より，行列式について，行［列］に関する性質が示されれば，それに対応する列［行］についての性質も成り立つ.

補題 3.3

$$\begin{vmatrix} a_{11} & 0 & \cdots & 0 \\ a_{21} & a_{22} & \cdots & a_{2n} \\ \vdots & \vdots & & \vdots \\ a_{n1} & a_{n2} & \cdots & a_{nn} \end{vmatrix} = a_{11} \begin{vmatrix} a_{22} & \cdots & a_{2n} \\ \vdots & & \vdots \\ a_{n2} & \cdots & a_{nn} \end{vmatrix}.$$

証明 定理 3.2，補題 3.1 より,

$$\text{左辺} = \begin{vmatrix} a_{11} & a_{21} & \cdots & a_{n1} \\ 0 & a_{22} & \cdots & a_{n2} \\ \vdots & \vdots & & \vdots \\ 0 & a_{2n} & \cdots & a_{nn} \end{vmatrix} = a_{11} \begin{vmatrix} a_{22} & \cdots & a_{n2} \\ \vdots & & \vdots \\ a_{2n} & \cdots & a_{nn} \end{vmatrix}$$

注 5 逆をたどれば，順列 $Q = (q_1, q_2, \ldots, q_n)$ の互換による基本順列への変形である.

$$= a_{11}\begin{vmatrix} a_{22} & \cdots & a_{2n} \\ \vdots & & \vdots \\ a_{n2} & \cdots & a_{nn} \end{vmatrix} = \text{右辺}. \qquad \square$$

例 3.7

$$\begin{vmatrix} -2 & 0 & 0 \\ 3 & 4 & -5 \\ 6 & -7 & 8 \end{vmatrix} = -2\begin{vmatrix} 4 & -5 \\ -7 & 8 \end{vmatrix} = -2\,(32-35) = -2\times(-3) = 6.$$

定理 3.4（行列式の多重線形性）

(1) 行列式において，第 k 行［第 k 列］がふたつの行ベクトル［列ベクトル］の和であれば，第 k 行［第 k 列］をそれらの行ベクトル［列ベクトル］で置き換えて得られるふたつの行列式の和はもとの行列式に等しい（$k=1,2,\ldots,n$）．行の場合を書けば，

$$\begin{vmatrix} a_{11} & a_{12} & \cdots & a_{1n} \\ \vdots & \vdots & & \vdots \\ a_{k1}+a'_{k1} & a_{k2}+a'_{k2} & \cdots & a_{kn}+a'_{kn} \\ \vdots & \vdots & & \vdots \\ a_{n1} & a_{n2} & \cdots & a_{nn} \end{vmatrix}$$

$$= \begin{vmatrix} a_{11} & a_{12} & \cdots & a_{1n} \\ \vdots & \vdots & & \vdots \\ a_{k1} & a_{k2} & \cdots & a_{kn} \\ \vdots & \vdots & & \vdots \\ a_{n1} & a_{n2} & \cdots & a_{nn} \end{vmatrix} + \begin{vmatrix} a_{11} & a_{12} & \cdots & a_{1n} \\ \vdots & \vdots & & \vdots \\ a'_{k1} & a'_{k2} & \cdots & a'_{kn} \\ \vdots & \vdots & & \vdots \\ a_{n1} & a_{n2} & \cdots & a_{nn} \end{vmatrix}.$$

(2) 行列式において，第 k 行［第 k 列］がある行ベクトル［列ベクトル］の c 倍であれば，第 k 行［第 k 列］をその行ベクトル［列ベクトル］で置き換えて得られる行列式の c 倍はもとの行列式に等しい（$k=1,2,\ldots,n$）．行の場合を書けば，

$$\begin{vmatrix} a_{11} & a_{12} & \cdots & a_{1n} \\ \vdots & \vdots & & \vdots \\ ca_{k1} & ca_{k2} & \cdots & ca_{kn} \\ \vdots & \vdots & & \vdots \\ a_{n1} & a_{n2} & \cdots & a_{nn} \end{vmatrix} = c\begin{vmatrix} a_{11} & a_{12} & \cdots & a_{1n} \\ \vdots & \vdots & & \vdots \\ a_{k1} & a_{k2} & \cdots & a_{kn} \\ \vdots & \vdots & & \vdots \\ a_{n1} & a_{n2} & \cdots & a_{nn} \end{vmatrix}.$$

証明

(1)
$$
\begin{aligned}
\text{左辺} &= \sum_{P\in S_n} \varepsilon_P a_{1p_1}\cdots a_{k-1,\,p_{k-1}}\left(a_{kp_k}+a'_{kp_k}\right)a_{k+1,\,p_{k+1}}\cdots a_{np_n} \\
&= \sum_{P\in S_n} \varepsilon_P a_{1p_1}\cdots a_{k-1,\,p_{k-1}}a_{kp_k}a_{k+1,\,p_{k+1}}\cdots a_{np_n} \\
&\quad + \sum_{P\in S_n} \varepsilon_P a_{1p_1}\cdots a_{k-1,\,p_{k-1}}a'_{kp_k}a_{k+1,\,p_{k+1}}\cdots a_{np_n} \\
&= \text{右辺}.
\end{aligned}
$$

(2)
$$
\begin{aligned}
\text{左辺} &= \sum_{P\in S_n} \varepsilon_P a_{1p_1}\cdots a_{k-1,\,p_{k-1}}\left(ca_{kp_k}\right)a_{k+1,\,p_{k+1}}\cdots a_{np_n} \\
&= c\sum_{P\in S_n} \varepsilon_P a_{1p_1}\cdots a_{k-1,\,p_{k-1}}a_{kp_k}a_{k+1,\,p_{k+1}}\cdots a_{np_n} = \text{右辺}.
\end{aligned}
$$

□

例 **3.8**

$$
\begin{vmatrix} a_{11}+a'_{11} & a_{12}+a'_{12} & a_{13}+a'_{13} \\ a_{21} & a_{22} & a_{23} \\ a_{31} & a_{32} & a_{33} \end{vmatrix} = \begin{vmatrix} a_{11} & a_{12} & a_{13} \\ a_{21} & a_{22} & a_{23} \\ a_{31} & a_{32} & a_{33} \end{vmatrix} + \begin{vmatrix} a'_{11} & a'_{12} & a'_{13} \\ a_{21} & a_{22} & a_{23} \\ a_{31} & a_{32} & a_{33} \end{vmatrix}.
$$

例 **3.9**

$$
\begin{aligned}
\begin{vmatrix} 1 & 7 & 9 \\ -1 & 1 & 3 \\ 2 & 3 & 6 \end{vmatrix} + \begin{vmatrix} 1 & 7 & 9 \\ 1 & 1 & 3 \\ -2 & 3 & 6 \end{vmatrix} &= \begin{vmatrix} 1+1 & 7 & 9 \\ -1+1 & 1 & 3 \\ 2-2 & 3 & 6 \end{vmatrix} = \begin{vmatrix} 2 & 7 & 9 \\ 0 & 1 & 3 \\ 0 & 3 & 6 \end{vmatrix} \\
&= 2\begin{vmatrix} 1 & 3 \\ 3 & 6 \end{vmatrix} = 2\,(6-9) = 2\times(-3) = -6.
\end{aligned}
$$

例 **3.10**

$$
\begin{vmatrix} a_{11} & a_{12} & a_{13} \\ ca_{21} & ca_{22} & ca_{23} \\ a_{31} & a_{32} & a_{33} \end{vmatrix} = c\begin{vmatrix} a_{11} & a_{12} & a_{13} \\ a_{21} & a_{22} & a_{23} \\ a_{31} & a_{32} & a_{33} \end{vmatrix}.
$$

例 **3.11**

$$
\begin{vmatrix} ca_{11} & ca_{12} & ca_{13} \\ ca_{21} & ca_{22} & ca_{23} \\ a_{31} & a_{32} & a_{33} \end{vmatrix} = c\begin{vmatrix} a_{11} & a_{12} & a_{13} \\ ca_{21} & ca_{22} & ca_{23} \\ a_{31} & a_{32} & a_{33} \end{vmatrix} = c^2\begin{vmatrix} a_{11} & a_{12} & a_{13} \\ a_{21} & a_{22} & a_{23} \\ a_{31} & a_{32} & a_{33} \end{vmatrix}.
$$

例 3.12　第 2 列から 100 を括り出すことにより,

$$\begin{vmatrix} -1 & 300 & 0 \\ 3 & 200 & 4 \\ 2 & 400 & 1 \end{vmatrix} = 100 \begin{vmatrix} -1 & 3 & 0 \\ 3 & 2 & 4 \\ 2 & 4 & 1 \end{vmatrix}$$
$$= 100\,(-2+0+24-0+16-9) = 100 \times 29 = 2900.$$

例 3.13　第 3 列から 0 を括り出すことにより,

$$\begin{vmatrix} 8 & 11 & 0 \\ 9 & 12 & 0 \\ 10 & 13 & 0 \end{vmatrix} = 0 \begin{vmatrix} 8 & 11 & 0 \\ 9 & 12 & 0 \\ 10 & 13 & 0 \end{vmatrix} = 0.$$

問 3.7　行列式 $|A|$ において，ある行［列］のすべての成分が 0 ならば，$|A| = 0$ であることを証明せよ.

問 3.8　A を n 次正方行列，c を数とするとき，次の等式を証明せよ.

$$|cA| = c^n\,|A|$$

定理 3.5（行列式の交代性）　行列式において，ふたつの行［列］を交換すれば符号が変わる.

証明　n 次正方行列 $A = \left(a_{ij}\right)$ の第 k 行と第 ℓ 行を交換して得られる行列を $B = \left(b_{ij}\right)$ とする（$1 \leqq k < \ell \leqq n$）. このとき,

$$b_{ij} = \begin{cases} a_{ij} & (i \neq k, \ell \text{ のとき}) \\ a_{\ell j} & (i = k \text{ のとき}) \\ a_{kj} & (i = \ell \text{ のとき}) \end{cases}$$

であるから,

$$\begin{aligned} |B| &= \sum_{P \in S_n} \varepsilon_P b_{1p_1} b_{2p_2} \cdots b_{np_n} \\ &= \sum_{P \in S_n} \varepsilon_P a_{1p_1} \cdots a_{k-1,\, p_{k-1}} a_{\ell p_k} a_{k+1,\, p_{k+1}} \cdots a_{\ell-1,\, p_{\ell-1}} a_{kp_\ell} a_{\ell+1,\, p_{\ell+1}} \cdots a_{np_n} \\ &= \sum_{P \in S_n} \varepsilon_P a_{1q_1} a_{2q_2} \cdots a_{nq_n}, \end{aligned}$$

ただし,

$$Q = \left(q_1, q_2, \ldots, q_n\right) = \left(p_1, \ldots, p_{k-1}, p_\ell, p_{k+1}, \ldots, p_{\ell-1}, p_k, p_{\ell+1}, \ldots, p_n\right).$$

順列 $P=(p_1, p_2, \ldots, p_n)$ は1回の互換により順列 Q に変形されるので，$\varepsilon_P=-\varepsilon_Q$.
しかも，対応 $P\mapsto Q$ は1対1であるから，

$$|B|=\sum_{Q\in S_n}(-\varepsilon_Q)\,a_{1q_1}a_{2q_2}\cdots a_{nq_n}=-\sum_{Q\in S_n}\varepsilon_Q a_{1q_1}a_{2q_2}\cdots a_{nq_n}=-|A|. \qquad \square$$

例 3.14

$$\begin{vmatrix} a_{21} & a_{22} & a_{23} \\ a_{11} & a_{12} & a_{13} \\ a_{31} & a_{32} & a_{33} \end{vmatrix}=-\begin{vmatrix} a_{11} & a_{12} & a_{13} \\ a_{21} & a_{22} & a_{23} \\ a_{31} & a_{32} & a_{33} \end{vmatrix}.$$

例 3.15　第1列と第2列を交換して，

$$\begin{vmatrix} 2 & 1 & 5 \\ 3 & 0 & 6 \\ 4 & 0 & 7 \end{vmatrix}=-\begin{vmatrix} 1 & 2 & 5 \\ 0 & 3 & 6 \\ 0 & 4 & 7 \end{vmatrix}=-\begin{vmatrix} 3 & 6 \\ 4 & 7 \end{vmatrix}=-(21-24)=-(-3)=3.$$

系 3.6　行列式において，ふたつの行［列］が等しいならば，その値は0に等しい．

証明　$k\neq\ell$ として，n 次正方行列 A において，第 k 行と第 ℓ 行が等しいとする．定理3.5により，行列式 $|A|$ の第 k 行と第 ℓ 行を交換すると符号が変わるので，$|A|=-|A|$.
右辺の式を移項して，$2|A|=0$．さらに，両辺を2で割って，$|A|=0$.　$\square$

例 3.16

$$\begin{vmatrix} 6 & 5 & 8 & 7 \\ 1 & 3 & -2 & 4 \\ 3 & \frac{5}{2} & 4 & \frac{7}{2} \\ -1 & 11 & 3 & -2 \end{vmatrix}=\frac{1}{2}\begin{vmatrix} 6 & 5 & 8 & 7 \\ 1 & 3 & -2 & 4 \\ 6 & 5 & 8 & 7 \\ -1 & 11 & 3 & -2 \end{vmatrix}=\frac{1}{2}\times 0=0.$$

問 3.9　次の行列式の値を求めよ．

(1) $\begin{vmatrix} -2 & 7 & 3 & -1 \\ 3 & -1 & 1 & 5 \\ 0 & 0 & 0 & 0 \\ 1 & -1 & 2 & -4 \end{vmatrix}$　　(2) $\begin{vmatrix} -4 & 12 & 5 & 1 \\ 3 & -9 & 6 & -1 \\ 1 & -3 & 7 & 2 \\ -5 & 15 & 1 & -4 \end{vmatrix}$

問 3.10　$A=(\boldsymbol{a}_1\ \boldsymbol{a}_2\ \boldsymbol{a}_3)$ を3次正方行列とするとき，次の行列式を $|A|$ を用いて表せ．

(1) $\det(\boldsymbol{a}_2+\boldsymbol{a}_3\ \ \boldsymbol{a}_1+\boldsymbol{a}_3\ \ \boldsymbol{a}_1+\boldsymbol{a}_2)$　　(2) $\det(2\boldsymbol{a}_1-\boldsymbol{a}_2+4\boldsymbol{a}_3\ \ 3\boldsymbol{a}_2-5\boldsymbol{a}_3\ \ \boldsymbol{a}_1)$

定理 3.7 行列式において，ある行［列］の定数倍を他の行［列］に加えても値は変わらない．

証明 n 次正方行列 $A = \left(a_{ij}\right)$ の第 k 行に第 ℓ 行の c 倍を加えて得られる行列を B と書くとき，定理 3.4，系 3.6 より，

$$
\begin{aligned}
&|B| \\
&= \begin{vmatrix} a_{11} & \cdots & a_{1n} \\ \vdots & & \vdots \\ a_{k1} + ca_{\ell 1} & \cdots & a_{kn} + ca_{\ell n} \\ \vdots & & \vdots \\ a_{\ell 1} & \cdots & a_{\ell n} \\ \vdots & & \vdots \\ a_{n1} & \cdots & a_{nn} \end{vmatrix}
= \begin{vmatrix} a_{11} & \cdots & a_{1n} \\ \vdots & & \vdots \\ a_{k1} & \cdots & a_{kn} \\ \vdots & & \vdots \\ a_{\ell 1} & \cdots & a_{\ell n} \\ \vdots & & \vdots \\ a_{n1} & \cdots & a_{nn} \end{vmatrix}
+ \begin{vmatrix} a_{11} & \cdots & a_{1n} \\ \vdots & & \vdots \\ ca_{\ell 1} & \cdots & ca_{\ell n} \\ \vdots & & \vdots \\ a_{\ell 1} & \cdots & a_{\ell n} \\ \vdots & & \vdots \\ a_{n1} & \cdots & a_{nn} \end{vmatrix} \\
&= \begin{vmatrix} a_{11} & \cdots & a_{1n} \\ \vdots & & \vdots \\ a_{k1} & \cdots & a_{kn} \\ \vdots & & \vdots \\ a_{\ell 1} & \cdots & a_{\ell n} \\ \vdots & & \vdots \\ a_{n1} & \cdots & a_{nn} \end{vmatrix}
+ c \begin{vmatrix} a_{11} & \cdots & a_{1n} \\ \vdots & & \vdots \\ a_{\ell 1} & \cdots & a_{\ell n} \\ \vdots & & \vdots \\ a_{\ell 1} & \cdots & a_{\ell n} \\ \vdots & & \vdots \\ a_{n1} & \cdots & a_{nn} \end{vmatrix}
= |A| + c \cdot 0 = |A|. \qquad \square
\end{aligned}
$$

例 3.17

$$
\begin{aligned}
&\begin{vmatrix} a_{11} & a_{12} & a_{13} \\ a_{21} & a_{22} & a_{23} \\ a_{31} & a_{32} & a_{33} \end{vmatrix} \\
&= \begin{vmatrix} a_{11} & a_{12} & a_{13} \\ a_{21} + c_1 a_{11} & a_{22} + c_1 a_{12} & a_{13} + c_1 a_{13} \\ a_{31} & a_{32} & a_{33} \end{vmatrix} \quad (\text{第 2 行}) + (\text{第 1 行}) \times c_1 \\
&= \begin{vmatrix} a_{11} & a_{12} & a_{13} \\ a_{21} + c_1 a_{11} & a_{22} + c_1 a_{12} & a_{13} + c_1 a_{13} \\ a_{31} + c_2 a_{11} & a_{32} + c_2 a_{12} & a_{33} + c_2 a_{13} \end{vmatrix} \quad (\text{第 3 行}) + (\text{第 1 行}) \times c_2
\end{aligned}
$$

例 3.18

$$\begin{vmatrix} 1 & 7 & -3 & 5 \\ 1 & 3 & -2 & 4 \\ 4 & 13 & -7 & 17 \\ -3 & -5 & 3 & -9 \end{vmatrix}$$

$$= \begin{vmatrix} 1 & 7 & -3 & 5 \\ 0 & -4 & 1 & -1 \\ 0 & -15 & 5 & -3 \\ 0 & 16 & -6 & 6 \end{vmatrix} \quad \begin{array}{l} (\text{第 2 行}) - (\text{第 1 行}) \\ (\text{第 3 行}) - (\text{第 1 行}) \times 4 \\ (\text{第 4 行}) + (\text{第 1 行}) \times 3 \end{array}$$

$$= \begin{vmatrix} -4 & 1 & -1 \\ -15 & 5 & -3 \\ 16 & -6 & 6 \end{vmatrix} = \begin{vmatrix} -4 & 1 & -1 \\ 0 & \frac{5}{4} & \frac{3}{4} \\ 0 & -2 & 2 \end{vmatrix} \quad \begin{array}{l} (\text{第 2 行}) - (\text{第 1 行}) \times \frac{15}{4} \\ (\text{第 3 行}) + (\text{第 1 行}) \times 4 \end{array}$$

$$= -4 \begin{vmatrix} \frac{5}{4} & \frac{3}{4} \\ -2 & 2 \end{vmatrix} = -4\left(\frac{5}{2} + \frac{3}{2}\right) = -4 \times 4 = -16.$$

例題 3.1 次の行列式を因数分解せよ.

$$\begin{vmatrix} 1 & 1 & 1 \\ b+c & c+a & a+b \\ bc & ca & ab \end{vmatrix}$$

解

$$\begin{vmatrix} 1 & 1 & 1 \\ b+c & c+a & a+b \\ bc & ca & ab \end{vmatrix}$$

$$= \begin{vmatrix} 1 & 0 & 0 \\ b+c & a-b & a-c \\ bc & ca-bc & ab-bc \end{vmatrix} \quad \begin{array}{l} (\text{第 2 列}) - (\text{第 1 列}) \\ (\text{第 3 列}) - (\text{第 1 列}) \end{array}$$

$$= \begin{vmatrix} a-b & a-c \\ c(a-b) & b(a-c) \end{vmatrix} = (a-b)(a-c) \begin{vmatrix} 1 & 1 \\ c & b \end{vmatrix}$$

$$= (a-b)(a-c)(b-c) = -(b-c)(c-a)(a-b).$$ □

問 3.11 次の行列式を因数分解せよ.

(1) $\begin{vmatrix} 1 & 1 & 1 \\ a^2 & b^2 & c^2 \\ bc & ca & ab \end{vmatrix}$ (2) $\begin{vmatrix} 1 & a^2 & a^3 \\ 1 & b^2 & b^3 \\ 1 & c^2 & c^3 \end{vmatrix}$

(3) $\begin{vmatrix} a & b & c \\ a-b & b-c & c-a \\ b+c & c+a & a+b \end{vmatrix}$　　(4) $\begin{vmatrix} 2a+b+c & b & c \\ a & a+2b+c & c \\ a & b & a+b+2c \end{vmatrix}$

3.3　行列式の展開

n 次正方行列 $A=\left(a_{ij}\right)$ に対して，$|A|$ の第 i 行と第 j 列を除いて得られる $n-1$ 次行列式

$$D_{ij} = \begin{vmatrix} a_{11} & \cdots & a_{1,j-1} & a_{1j} & a_{1,j+1} & \cdots & a_{1n} \\ \vdots & & \vdots & \vdots & \vdots & & \vdots \\ a_{i-1,1} & \cdots & a_{i-1,j-1} & a_{i-1,j} & a_{i-1,j+1} & \cdots & a_{i-1,n} \\ a_{i1} & \cdots & a_{i,j-1} & a_{ij} & a_{i,j+1} & \cdots & a_{in} \\ a_{i+1,1} & \cdots & a_{i+1,j-1} & a_{i+1,j} & a_{i+1,j+1} & \cdots & a_{i+1,n} \\ \vdots & & \vdots & \vdots & \vdots & & \vdots \\ a_{n1} & \cdots & a_{n,j-1} & a_{nj} & a_{n,j+1} & \cdots & a_{nn} \end{vmatrix}$$

（第 i 行と第 j 列に線が引かれている：i，j）

を A の $(i,\ j)$ 成分の小行列式という．

定理 3.8（展開公式）　n 次正方行列 $A=\left(a_{ij}\right)$ に対して，次の等式が成り立つ．

(1) $|A| = \displaystyle\sum_{k=1}^{n} (-1)^{k+j} a_{kj} D_{kj}$　$(j=1,\ 2,\ \ldots,\ n)$　　（**列についての展開**）

(2) $|A| = \displaystyle\sum_{k=1}^{n} (-1)^{i+k} a_{ik} D_{ik}$　$(i=1,\ 2,\ \ldots,\ n)$　　（**行についての展開**）

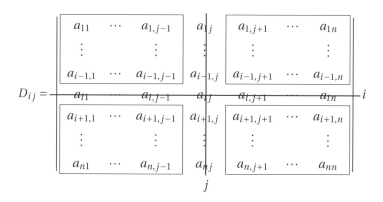

証明 (1) 行列 A の第 j 列は

$$\begin{pmatrix} a_{1j} \\ a_{2j} \\ \vdots \\ a_{nj} \end{pmatrix} = \sum_{k=1}^{n} \begin{pmatrix} 0 \\ \vdots \\ 0 \\ a_{kj} \\ 0 \\ \vdots \\ 0 \end{pmatrix}.$$

ゆえに,

$$|A| = \sum_{k=1}^{n} \begin{vmatrix} a_{11} & \cdots & a_{1,j-1} & 0 & a_{1,j+1} & \cdots & a_{1n} \\ \vdots & & \vdots & \vdots & \vdots & & \vdots \\ a_{k-1,1} & \cdots & a_{k-1,j-1} & 0 & a_{k-1,j+1} & \cdots & a_{k-1,n} \\ a_{k1} & \cdots & a_{k,j-1} & a_{kj} & a_{k,j+1} & \cdots & a_{in} \\ a_{k+1,1} & \cdots & a_{k+1,j-1} & 0 & a_{k+1,j+1} & \cdots & a_{k+1,n} \\ \vdots & & \vdots & \vdots & \vdots & & \vdots \\ a_{n1} & \cdots & a_{n,j-1} & 0 & a_{n,j+1} & \cdots & a_{nn} \end{vmatrix}$$

$$= \sum_{k=1}^{n} (-1)^{k-1} \begin{vmatrix} a_{k1} & \cdots & a_{k,j-1} & a_{kj} & a_{k,j+1} & \cdots & a_{kn} \\ a_{11} & \cdots & a_{1,j-1} & 0 & a_{1,j+1} & \cdots & a_{1n} \\ \vdots & & \vdots & \vdots & \vdots & & \vdots \\ a_{k-1,1} & \cdots & a_{k-1,j-1} & 0 & a_{k-1,j+1} & \cdots & a_{k-1,n} \\ a_{k+1,1} & \cdots & a_{k+1,j-1} & 0 & a_{k+1,j+1} & \cdots & a_{k+1,n} \\ \vdots & & \vdots & \vdots & \vdots & & \vdots \\ a_{n1} & \cdots & a_{n,j-1} & 0 & a_{n,j+1} & \cdots & a_{nn} \end{vmatrix}$$

$$= \sum_{k=1}^{n} (-1)^{k-1} (-1)^{j-1} \begin{vmatrix} a_{kj} & a_{k1} & \cdots & a_{k,j-1} & a_{k,j+1} & \cdots & a_{kn} \\ 0 & a_{11} & \cdots & a_{1,j-1} & a_{1,j+1} & \cdots & a_{1n} \\ \vdots & \vdots & & \vdots & \vdots & & \vdots \\ 0 & a_{k-1,1} & \cdots & a_{k-1,j-1} & a_{k-1,j+1} & \cdots & a_{k-1,n} \\ 0 & a_{k+1,1} & \cdots & a_{k+1,j-1} & a_{k+1,j+1} & \cdots & a_{k+1,n} \\ \vdots & \vdots & & \vdots & \vdots & & \vdots \\ 0 & a_{n1} & \cdots & a_{n,j-1} & a_{n,j+1} & \cdots & a_{nn} \end{vmatrix}$$

$$
= \sum_{k=1}^{n} (-1)^{k+j}\, a_{kj} \left\| \begin{array}{|ccc|ccc|} \hline a_{11} & \cdots & a_{1,\,j-1} & a_{1,\,j+1} & \cdots & a_{1n} \\ \vdots & & \vdots & \vdots & & \vdots \\ a_{k-1,\,1} & \cdots & a_{k-1,\,j-1} & a_{k-1,\,j+1} & \cdots & a_{k-1,\,n} \\ \hline a_{k+1,\,1} & \cdots & a_{k+1,\,j-1} & a_{k+1,\,j+1} & \cdots & a_{k+1,\,n} \\ \vdots & & \vdots & \vdots & & \vdots \\ a_{n1} & \cdots & a_{n,\,j-1} & a_{n,\,j+1} & \cdots & a_{nn} \\ \hline \end{array} \right\|
$$

$$
= \sum_{k=1}^{n} (-1)^{k+j}\, a_{kj} D_{kj}.
$$

(2) 行列 A の第 i 行は

$$
\begin{pmatrix} a_{i1} & a_{i2} & \cdots & a_{in} \end{pmatrix} = \sum_{k=1}^{n} \begin{pmatrix} 0 & \cdots & 0 & a_{ik} & 0 & \cdots & 0 \end{pmatrix}.
$$

行と列の役割を替えて，(1) と同様の計算を行う．　□

例 3.19　行列 $A = \begin{pmatrix} a_{11} & a_{12} & a_{13} \\ a_{21} & a_{22} & a_{23} \\ a_{31} & a_{32} & a_{33} \end{pmatrix}$ の行列式 $|A|$ の第 2 行についての展開は

$$
\begin{aligned}
|A| &= \begin{vmatrix} a_{11} & a_{12} & a_{13} \\ a_{21} & a_{22} & a_{23} \\ a_{31} & a_{32} & a_{33} \end{vmatrix} \\
&= (-1)^{2+1}\, a_{21} D_{21} + (-1)^{2+2}\, a_{22} D_{22} + (-1)^{2+3}\, a_{22} D_{23} \\
&= -a_{21} \begin{vmatrix} a_{12} & a_{13} \\ a_{32} & a_{33} \end{vmatrix} + a_{22} \begin{vmatrix} a_{11} & a_{13} \\ a_{31} & a_{33} \end{vmatrix} - a_{23} \begin{vmatrix} a_{11} & a_{12} \\ a_{31} & a_{32} \end{vmatrix}.
\end{aligned}
$$

例 3.20

$$
\begin{aligned}
\begin{vmatrix} 1 & 5 & -1 \\ 0 & 0 & 3 \\ -2 & 7 & 11 \end{vmatrix} &= -0 \begin{vmatrix} 5 & -1 \\ 7 & 11 \end{vmatrix} + 0 \begin{vmatrix} 1 & -1 \\ -2 & 11 \end{vmatrix} - 3 \begin{vmatrix} 1 & 5 \\ -2 & 7 \end{vmatrix} \\
&= -3 \begin{vmatrix} 1 & 5 \\ -2 & 7 \end{vmatrix} = -3\,(7+10) = -3 \times 17 = -51.
\end{aligned}
$$

問 3.12　第 1 行に関する展開により，次の等式を証明せよ．

$$
\begin{vmatrix} a & -1 & 0 & 0 \\ b & x & -1 & 0 \\ c & 0 & x & -1 \\ d & 0 & 0 & x \end{vmatrix} = ax^3 + bx^2 + cx + d
$$

例題 3.2　次の行列式の値を求めよ.

$$\begin{vmatrix} 5 & 6 & 3 & 2 \\ 6 & 8 & 1 & -3 \\ -13 & -18 & -2 & 8 \\ 3 & 2 & 2 & 1 \end{vmatrix}$$

解

$$\begin{vmatrix} 5 & 6 & 3 & 2 \\ 6 & 8 & 1 & -3 \\ -13 & -18 & -2 & 8 \\ 3 & 2 & 2 & 1 \end{vmatrix}$$

$$= \begin{vmatrix} -13 & -18 & 0 & 11 \\ 6 & 8 & 1 & -3 \\ -1 & -2 & 0 & 2 \\ -9 & -14 & 0 & 7 \end{vmatrix} \quad \begin{matrix} (\text{第 1 行}) - (\text{第 2 行}) \times 3 \\ (\text{第 3 行}) + (\text{第 2 行}) \times 2 \\ (\text{第 4 行}) - (\text{第 2 行}) \times 2 \end{matrix}$$

$$= -\begin{vmatrix} -13 & -18 & 11 \\ -1 & -2 & 2 \\ -9 & -14 & 7 \end{vmatrix} = -\begin{vmatrix} -13 & 8 & -15 \\ -1 & 0 & 0 \\ -9 & 4 & -11 \end{vmatrix} \quad \begin{matrix} (\text{第 2 列}) - (\text{第 1 列}) \times 2 \\ (\text{第 3 列}) + (\text{第 1 列}) \times 2 \end{matrix}$$

$$= -\begin{vmatrix} 8 & -15 \\ 4 & -11 \end{vmatrix} = -(-88+60) = 28.$$

□

問 3.13　次の行列式の値を求めよ.

(1) $\begin{vmatrix} 1 & -1 & 1 & -2 \\ 1 & -2 & -1 & 3 \\ -1 & -1 & 2 & 1 \\ -3 & 0 & 2 & 1 \end{vmatrix}$　(2) $\begin{vmatrix} -2 & 5 & 0 & 1 \\ -1 & 4 & 3 & 2 \\ 1 & -1 & 5 & 1 \\ 2 & -6 & 2 & -3 \end{vmatrix}$

(3) $\begin{vmatrix} 3 & -3 & -5 & -9 \\ -7 & 4 & 13 & 17 \\ -4 & 2 & 6 & 3 \\ -3 & 1 & 7 & 5 \end{vmatrix}$　(4) $\begin{vmatrix} 5 & -1 & 2 & 4 \\ -1 & 2 & 3 & 2 \\ -9 & 3 & -1 & -2 \\ -1 & 1 & -2 & 1 \end{vmatrix}$

(5) $\begin{vmatrix} -6 & -8 & 1 & 2 \\ 5 & 14 & -2 & 4 \\ 10 & 10 & 15 & -5 \\ -3 & -2 & 1 & 5 \end{vmatrix}$　(6) $\begin{vmatrix} 2 & 4 & 2 & 3 \\ 3 & 2 & 5 & 4 \\ 3 & 4 & 3 & 2 \\ 4 & 3 & 3 & 5 \end{vmatrix}$

3.4 行列の積の行列式

ここでは，n 個の数 $1, 2, \dots, n$ の重複を許した順列 $P = \left(p_1, p_2, \dots, p_n\right)$ も考えて，実際に，$p_1, p_2, \dots, p_n$ の中に重複がある場合には $\varepsilon_P = 0$ とおく．次の定理 3.9 は定理 3.5，系 3.6 の一般化である．

定理 3.9（行列式の交代性） $A = \left(a_{ij}\right)$ を n 次正方行列とするとき，数 $1, 2, \dots, n$ の重複を許した任意の順列 $P = \left(p_1, p_2, \dots, p_n\right)$ に対して，

$$\begin{vmatrix} a_{p_1,1} & a_{p_1,2} & \cdots & a_{p_1,n} \\ a_{p_2,1} & a_{p_2,2} & \cdots & a_{p_2,n} \\ \vdots & \vdots & & \vdots \\ a_{p_n,1} & a_{p_n,2} & \cdots & a_{p_n,n} \end{vmatrix} = \varepsilon_P \, |A|.$$

証明 $p_1, p_2, \dots, p_n$ の中に重複があるときは，系 3.6 より，

$$\text{左辺} = \det\left(a_{p_i,j}\right) = 0 = \varepsilon_P \, |A|.$$

そこで，$p_1, p_2, \dots, p_n$ の中に重複がないときを考える．N 回の互換を繰り返して P を基本順列 $(1, 2, \dots, n)$ に変形するとき，$\varepsilon_P = (-1)^N$．$k = 1, 2, \dots, N$ について，k 回目の互換が順列の i_k 番目と j_k 番目を交換する操作であるとき，行列式の第 i_k 行と第 j_k 行を交換するという操作を行えば，定理 3.5 より，そのたびごとに行列式の符号が変わる．したがって，行列式 $\det\left(a_{p_i,j}\right)$ から始めて，この N 回の操作を引き続き行うことにより，

$$\det\left(a_{p_i,j}\right) = (-1)^N \, |A| = \varepsilon_P \, |A|.$$

□

定理 3.10 n 次正方行列 A, B に対して，

$$|AB| = |A|\,|B|.$$

証明 $A=\left(a_{ij}\right)$，$B=\left(b_{ij}\right)$ と書く．$AB=\left(\sum_{k=1}^{n} a_{ik}b_{kj}\right)$ なので，

$$
\begin{aligned}
&|AB| \\
&= \sum_{P\in S_n} \varepsilon_P \left(\sum_{k_1=1}^{n} a_{1,k_1} b_{k_1,p_1}\right)\left(\sum_{k_2=1}^{n} a_{2,k_2} b_{k_2,p_2}\right)\cdots\left(\sum_{k_n=1}^{n} a_{n,k_n} b_{k_n,p_n}\right) \\
&= \sum_{P\in S_n} \sum_{k_1=1}^{n}\sum_{k_2=1}^{n}\cdots\sum_{k_n=1}^{n} \varepsilon_P \left(a_{1,k_1} b_{k_1,p_1}\right)\left(a_{2,k_2} b_{k_2,p_2}\right)\cdots\left(a_{n,k_n} b_{k_n,p_n}\right) \\
&= \sum_{k_1=1}^{n}\sum_{k_2=1}^{n}\cdots\sum_{k_n=1}^{n} a_{1,k_1}a_{2,k_2}\cdots a_{n,k_n} \sum_{P\in S_n} \varepsilon_P b_{k_1,p_1} b_{k_2,p_2}\cdots b_{k_n,p_n} \\
&= \sum_{k_1=1}^{n}\sum_{k_2=1}^{n}\cdots\sum_{k_n=1}^{n} a_{1,k_1}a_{2,k_2}\cdots a_{n,k_n} \begin{vmatrix} b_{k_1,1} & b_{k_1,2} & \cdots & b_{k_1,n} \\ b_{k_2,1} & b_{k_2,2} & \cdots & b_{k_2,n} \\ \vdots & \vdots & & \vdots \\ b_{k_n,1} & b_{k_n,2} & \cdots & b_{k_n,n} \end{vmatrix} \\
&= \sum_{k_1=1}^{n}\sum_{k_2=1}^{n}\cdots\sum_{k_n=1}^{n} a_{1,k_1}a_{2,k_2}\cdots a_{n,k_n}\cdot\varepsilon_K|B| \qquad (\text{ただし，} K=(k_1,k_2,\dots,k_n)) \\
&= \sum_{K\in S_n} a_{1,k_1}a_{2,k_2}\cdots a_{n,k_n}\cdot\varepsilon_K|B| \\
&= |B|\sum_{K\in S_n} \varepsilon_K a_{1,k_1}a_{2,k_2}\cdots a_{n,k_n} = |B||A| = |A||B|.
\end{aligned}
$$

□

例 3.21 $A=\begin{pmatrix} a & -b \\ b & a \end{pmatrix}$，$B=\begin{pmatrix} c & -d \\ d & c \end{pmatrix}$ のとき，

$$
\begin{aligned}
|AB| &= \left|\begin{pmatrix} a & -b \\ b & a \end{pmatrix}\begin{pmatrix} c & -d \\ d & c \end{pmatrix}\right| = \begin{vmatrix} ac-bd & -ad-bc \\ ad+bc & ac-bd \end{vmatrix} \\
&= (ac-bd)^2+(ad+bc)^2.
\end{aligned}
$$

一方，定理 3.10 より，

$$|AB| = |A||B| = \left(a^2+b^2\right)\left(c^2+d^2\right).$$

よって，次の等式を得る．

$$(ac-bd)^2+(ad+bc)^2 = \left(a^2+b^2\right)\left(c^2+d^2\right)$$

問 3.14 次の問に答えよ．

(1) $A=\begin{pmatrix} 0 & a & b \\ a & 0 & c \\ b & c & 0 \end{pmatrix}$ のとき，A^2 を求めよ．

(2) (1) を用いて，次の等式を証明せよ．

$$\begin{vmatrix} a^2+b^2 & bc & ca \\ bc & c^2+a^2 & ab \\ ca & ab & b^2+c^2 \end{vmatrix} = 4a^2b^2c^2$$

3.5　逆行列（2）

n 次正方行列 $A=\left(a_{ij}\right)$ について，A の $(i,\ j)$ 成分の小行列式を D_{ij} と書くとき，

$$A_{ij}=(-1)^{i+j}D_{ij}$$

を A の $(i,\ j)$ **余因子**という．さらに，n 次正方行列

$$\tilde{A}={}^{\mathrm{t}}\left(A_{ij}\right)=\begin{pmatrix} A_{11} & A_{21} & \cdots & A_{n1} \\ A_{12} & A_{22} & \cdots & A_{n2} \\ \vdots & \vdots & \ddots & \vdots \\ A_{1n} & A_{2n} & \cdots & A_{nn} \end{pmatrix}={}^{\mathrm{t}}\left((-1)^{i+j}D_{ij}\right)$$

を A の**余因子行列**という．

例 3.22　2 次正方行列 $A=\begin{pmatrix} a_{11} & a_{12} \\ a_{21} & a_{22} \end{pmatrix}$ に対して，

$$\tilde{A}=\begin{pmatrix} A_{11} & A_{21} \\ A_{12} & A_{22} \end{pmatrix}=\begin{pmatrix} D_{11} & -D_{21} \\ -D_{12} & D_{22} \end{pmatrix}=\begin{pmatrix} a_{22} & -a_{12} \\ -a_{21} & a_{11} \end{pmatrix}.$$

例 3.23　3 次正方行列 $A=\begin{pmatrix} a_{11} & a_{12} & a_{13} \\ a_{21} & a_{22} & a_{23} \\ a_{31} & a_{32} & a_{33} \end{pmatrix}$ に対して，

$$\tilde{A}=\begin{pmatrix} A_{11} & A_{21} & A_{31} \\ A_{12} & A_{22} & A_{32} \\ A_{13} & A_{23} & A_{33} \end{pmatrix}=\begin{pmatrix} D_{11} & -D_{21} & D_{31} \\ -D_{12} & D_{22} & -D_{32} \\ D_{13} & -D_{23} & D_{33} \end{pmatrix}$$

$$
= \begin{pmatrix}
\begin{vmatrix} a_{22} & a_{23} \\ a_{32} & a_{33} \end{vmatrix} & -\begin{vmatrix} a_{12} & a_{13} \\ a_{32} & a_{33} \end{vmatrix} & \begin{vmatrix} a_{12} & a_{13} \\ a_{22} & a_{23} \end{vmatrix} \\
-\begin{vmatrix} a_{21} & a_{23} \\ a_{31} & a_{33} \end{vmatrix} & \begin{vmatrix} a_{11} & a_{13} \\ a_{31} & a_{33} \end{vmatrix} & -\begin{vmatrix} a_{11} & a_{13} \\ a_{21} & a_{23} \end{vmatrix} \\
\begin{vmatrix} a_{21} & a_{22} \\ a_{31} & a_{32} \end{vmatrix} & -\begin{vmatrix} a_{11} & a_{12} \\ a_{31} & a_{32} \end{vmatrix} & \begin{vmatrix} a_{11} & a_{12} \\ a_{21} & a_{22} \end{vmatrix}
\end{pmatrix}.
$$

定理 3.11　n 次正方行列 A に対して,

$$A\tilde{A} = \tilde{A}A = |A|\,E$$

証明　$i, j = 1, 2, \ldots, n$ について,

$$
\begin{aligned}
(A\tilde{A}\text{ の }(i, j)\text{ 成分}) &= \sum_{k=1}^{n} a_{ik} \times (\tilde{A}\text{ の }(k, j)\text{ 成分}) = \sum_{k=1}^{n} a_{ik}A_{jk} \\
&= \sum_{k=1}^{n} (-1)^{j+k} a_{ik}D_{jk} \\
&= \begin{vmatrix} a_{11} & \cdots & a_{1n} \\ \vdots & & \vdots \\ a_{j-1,1} & \cdots & a_{j-1,n} \\ a_{i1} & \cdots & a_{in} \\ a_{j+1,1} & \cdots & a_{j+1,n} \\ \vdots & & \vdots \\ a_{n1} & \cdots & a_{nn} \end{vmatrix} = \begin{cases} |A| & (i = j\text{ のとき}) \\ 0 & (i \neq j\text{ のとき}) \end{cases}
\end{aligned}
$$

であるから,

$$A\tilde{A} = \left(|A|\,\delta_{ij}\right) = |A|\,E.$$

同様の計算により, $\tilde{A}A = |A|\,E$ も確かめられる. □

定理 3.12（逆行列の公式）　n 次正方行列 A について, $|A| \neq 0$ のとき,

$$A^{-1} = \frac{1}{|A|}\tilde{A}.$$

証明 定理 3.11 より $A\tilde{A} = \tilde{A}A = |A|E$ であるから，各辺を $|A|$（$\neq 0$）で割って，

$$A \cdot \left(\frac{1}{|A|}\tilde{A}\right) = \left(\frac{1}{|A|}\tilde{A}\right) \cdot A = E.$$

ゆえに，A は正則であって，$A^{-1} = \dfrac{1}{|A|}\tilde{A}$. □

定理 3.13 n 次正方行列 A に対して，次の 2 条件は同値である．

(1) A は正則である．

(2) $|A| \neq 0$.

証明 (**1**) → (**2**)．A は正則なので，A^{-1} が存在して，$AA^{-1} = E$. 両辺の行列式をとって，

$$\left|AA^{-1}\right| = |E|.$$

定理 3.10 より $\left|AA^{-1}\right| = |A|\left|A^{-1}\right|$，問 3.6 より $|E| = 1$ であるから，

$$|A|\left|A^{-1}\right| = 1. \tag{3.1}$$

仮に $|A| = 0$ とすると，$0 = 1$ を得て，矛盾である．ゆえに，$|A| \neq 0$ でなければならない．

(**2**) → (**1**)．定理 3.12 による． □

問 3.15 A を正則な n 次正方行列とするとき，次の等式を確かめよ．

$$\left|A^{-1}\right| = \frac{1}{|A|}$$

例題 3.3 逆行列の公式を用いて，次の行列の逆行列を求めよ．

$$A = \begin{pmatrix} 1 & -2 & 3 \\ -4 & 5 & -6 \\ -2 & 3 & -1 \end{pmatrix}$$

解

$$|A| = \begin{vmatrix} 1 & -2 & 3 \\ -4 & 5 & -6 \\ -2 & 3 & -1 \end{vmatrix} = \begin{vmatrix} 1 & -2 & 3 \\ 0 & -3 & 6 \\ 0 & -1 & 5 \end{vmatrix} \qquad \begin{array}{l} (\text{第 2 行}) + (\text{第 1 行}) \times 4 \\ (\text{第 3 行}) + (\text{第 1 行}) \times 2 \end{array}$$

$$= \begin{vmatrix} -3 & 6 \\ -1 & 5 \end{vmatrix} = -15+6 = -9 \neq 0.$$

$$A^{-1} = \frac{1}{|A|}\tilde{A} = \frac{1}{-9}\begin{pmatrix} \begin{vmatrix} 5 & -6 \\ 3 & -1 \end{vmatrix} & -\begin{vmatrix} -2 & 3 \\ 3 & -1 \end{vmatrix} & \begin{vmatrix} -2 & 3 \\ 5 & -6 \end{vmatrix} \\ -\begin{vmatrix} -4 & -6 \\ -2 & -1 \end{vmatrix} & \begin{vmatrix} 1 & 3 \\ -2 & -1 \end{vmatrix} & -\begin{vmatrix} 1 & 3 \\ -4 & -6 \end{vmatrix} \\ \begin{vmatrix} -4 & 5 \\ -2 & 3 \end{vmatrix} & -\begin{vmatrix} 1 & -2 \\ -2 & 3 \end{vmatrix} & \begin{vmatrix} 1 & -2 \\ -4 & 5 \end{vmatrix} \end{pmatrix}$$

$$= -\frac{1}{9}\begin{pmatrix} 13 & 7 & -3 \\ 8 & 5 & -6 \\ -2 & 1 & -3 \end{pmatrix} = \begin{pmatrix} -\frac{13}{9} & -\frac{7}{9} & \frac{1}{3} \\ -\frac{8}{9} & -\frac{5}{9} & \frac{2}{3} \\ \frac{2}{9} & -\frac{1}{9} & \frac{1}{3} \end{pmatrix}. \qquad \square$$

問 3.16 逆行列の公式を用いて，次の行列の逆行列を求めよ．

(1) $\begin{pmatrix} -3 & 1 & 0 \\ 0 & 1 & 1 \\ 0 & 0 & 2 \end{pmatrix}$ (2) $\begin{pmatrix} 1 & 2 & 3 \\ 3 & 5 & 6 \\ 2 & 4 & 5 \end{pmatrix}$

(3) $\begin{pmatrix} 3 & -2 & -3 \\ 1 & 2 & 1 \\ -2 & 4 & 5 \end{pmatrix}$ (4) $\begin{pmatrix} \frac{\sqrt{3}}{2} & \frac{1}{2} & 0 \\ -\frac{1}{2} & \frac{\sqrt{3}}{2} & 1 \\ 1 & 0 & -1 \end{pmatrix}$

問 3.17 逆行列の公式を用いて，次の行列の逆行列を求めよ．

(1) $\begin{pmatrix} -1 & 1 & 0 & 0 \\ 0 & -1 & 0 & 0 \\ 0 & 0 & 3 & 0 \\ 0 & 0 & 1 & 3 \end{pmatrix}$ (2) $\begin{pmatrix} 1 & 0 & -1 & 1 \\ 0 & 0 & 0 & 1 \\ 1 & 1 & -1 & 1 \\ 1 & 1 & 1 & 1 \end{pmatrix}$

3.6 クラメルの公式（2）

n 個の等式からなる n 個の未知数 $x_1, x_2, \ldots, x_n$ についての連立 **1** 次方程式

$$\begin{cases} a_{11}x_1 + a_{12}x_2 + \cdots + a_{1n}x_n = b_1 \\ a_{21}x_1 + a_{22}x_2 + \cdots + a_{2n}x_n = b_2 \\ \quad \cdots \\ a_{n1}x_1 + a_{n2}x_2 + \cdots + a_{nn}x_n = b_n \end{cases} \tag{3.2}$$

は

$$A=\begin{pmatrix} a_{11} & a_{12} & \cdots & a_{1n} \\ a_{21} & a_{22} & \cdots & a_{2n} \\ \vdots & \vdots & & \vdots \\ a_{n1} & a_{n2} & \cdots & a_{nn} \end{pmatrix},\quad \boldsymbol{b}=\begin{pmatrix} b_1 \\ b_2 \\ \vdots \\ b_n \end{pmatrix},\quad \boldsymbol{x}=\begin{pmatrix} x_1 \\ x_2 \\ \vdots \\ x_n \end{pmatrix}$$

とおくことにより，

$$A\boldsymbol{x}=\boldsymbol{b}$$

と書ける．このとき，行列 A を連立 1 次方程式 (3.2) の**係数行列**という．

定理 3.14（**クラメルの公式**）　$|A|\neq 0$ のとき，連立 1 次方程式

$$A\boldsymbol{x}=\boldsymbol{b}$$

の解は，行列式 $|A|$ の第 j 列を $\boldsymbol{b}$ で置き換えて得られる行列式を Δ_j と書くとき，

$$x_j=\frac{\Delta_j}{|A|}\quad (j=1,2,\ldots,n).$$

証明　A は正則なので，$A\boldsymbol{x}=\boldsymbol{b}$ の両辺に左から A^{-1} を掛けて，

$$\begin{aligned}\boldsymbol{x}&=A^{-1}\boldsymbol{b}=\frac{1}{|A|}\tilde{A}\boldsymbol{b}\\ &=\frac{1}{|A|}\begin{pmatrix} A_{11} & A_{21} & \cdots & A_{n1} \\ A_{12} & A_{22} & \cdots & A_{n2} \\ \vdots & \vdots & & \vdots \\ A_{1n} & A_{2n} & \cdots & A_{nn} \end{pmatrix}\begin{pmatrix} b_1 \\ b_2 \\ \vdots \\ b_n \end{pmatrix}=\frac{1}{|A|}\begin{pmatrix} \sum_{k=1}^{n} A_{k1}b_k \\ \sum_{k=1}^{n} A_{k2}b_k \\ \vdots \\ \sum_{k=1}^{n} A_{kn}b_k \end{pmatrix}.\end{aligned}$$

ゆえに，$j=1,2,\ldots,n$ について，

$$x_j=\frac{1}{|A|}\sum_{k=1}^{n} b_k A_{kj}=\frac{1}{|A|}\begin{vmatrix} a_{11} & \cdots & a_{1,j-1} & b_1 & a_{1,j+1} & \cdots & a_{1n} \\ a_{21} & \cdots & a_{2,j-1} & b_2 & a_{2,j+1} & \cdots & a_{2n} \\ \vdots & & \vdots & \vdots & & & \vdots \\ a_{n1} & \cdots & a_{n,j-1} & b_n & a_{n,j+1} & \cdots & a_{nn} \end{vmatrix}$$

$$= \frac{\Delta_j}{|A|}.$$ □

例 3.24 $\begin{vmatrix} a_{11} & a_{12} \\ a_{21} & a_{22} \end{vmatrix} \neq 0$ のとき，連立 1 次方程式

$$\begin{cases} a_{11}x_1 + a_{12}x_2 = b_1 \\ a_{21}x_1 + a_{22}x_2 = b_2 \end{cases}$$

の解は

$$x_1 = \frac{\begin{vmatrix} b_1 & a_{12} \\ b_2 & a_{22} \end{vmatrix}}{\begin{vmatrix} a_{11} & a_{12} \\ a_{21} & a_{22} \end{vmatrix}}, \quad x_2 = \frac{\begin{vmatrix} a_{11} & b_1 \\ a_{21} & b_2 \end{vmatrix}}{\begin{vmatrix} a_{11} & a_{12} \\ a_{21} & a_{22} \end{vmatrix}}.$$

例 3.25 $\begin{vmatrix} a_{11} & a_{12} & a_{13} \\ a_{21} & a_{22} & a_{23} \\ a_{31} & a_{32} & a_{33} \end{vmatrix} \neq 0$ のとき，連立 1 次方程式

$$\begin{cases} a_{11}x_1 + a_{12}x_2 + a_{13}x_3 = b_1 \\ a_{21}x_1 + a_{22}x_2 + a_{23}x_3 = b_2 \\ a_{31}x_1 + a_{32}x_2 + a_{33}x_3 = b_3 \end{cases}$$

の解は

$$x_1 = \frac{\begin{vmatrix} b_1 & a_{12} & a_{13} \\ b_2 & a_{22} & a_{23} \\ b_3 & a_{32} & a_{33} \end{vmatrix}}{\begin{vmatrix} a_{11} & a_{12} & a_{13} \\ a_{21} & a_{22} & a_{23} \\ a_{31} & a_{32} & a_{33} \end{vmatrix}}, \quad x_2 = \frac{\begin{vmatrix} a_{11} & b_1 & a_{13} \\ a_{21} & b_2 & a_{23} \\ a_{31} & b_3 & a_{33} \end{vmatrix}}{\begin{vmatrix} a_{11} & a_{12} & a_{13} \\ a_{21} & a_{22} & a_{23} \\ a_{31} & a_{32} & a_{33} \end{vmatrix}}, \quad x_3 = \frac{\begin{vmatrix} a_{11} & a_{12} & b_1 \\ a_{21} & a_{22} & b_2 \\ a_{31} & a_{32} & b_3 \end{vmatrix}}{\begin{vmatrix} a_{11} & a_{12} & a_{13} \\ a_{21} & a_{22} & a_{23} \\ a_{31} & a_{32} & a_{33} \end{vmatrix}}.$$

例題 3.4 クラメルの公式を用いて，次の連立 1 次方程式の解を求めよ．ただし，a, b, c はすべて異なるものとする．

$$\begin{cases} x + y + z = 1 \\ ax + by + cz = 2 \\ a^2x + b^2y + c^2z = 4 \end{cases}$$

解 係数行列を A とする.

$$|A| = \begin{vmatrix} 1 & 1 & 1 \\ a & b & c \\ a^2 & b^2 & c^2 \end{vmatrix} = \begin{vmatrix} 1 & 1 & 1 \\ 0 & b-a & c-a \\ 0 & b^2-a^2 & c^2-a^2 \end{vmatrix} \quad \begin{matrix} (\text{第 2 行}) - (\text{第 1 行}) \times a \\ (\text{第 3 行}) - (\text{第 1 行}) \times a^2 \end{matrix}$$

$$= \begin{vmatrix} b-a & c-a \\ (b-a)(b+a) & (c-a)(c+a) \end{vmatrix} = (b-a)(c-a)\begin{vmatrix} 1 & 1 \\ b+a & c+a \end{vmatrix}$$

$$= (b-a)(c-a)\{(c+a)-(b+a)\} = (b-a)(c-a)(c-b)$$

$$= (b-c)(c-a)(a-b) \neq 0.$$

クラメルの公式より,

$$x = \frac{1}{|A|}\begin{vmatrix} 1 & 1 & 1 \\ 2 & b & c \\ 2^2 & b^2 & c^2 \end{vmatrix} = \frac{(b-c)(c-2)(2-b)}{(b-c)(c-a)(a-b)} = \frac{(c-2)(2-b)}{(c-a)(a-b)},$$

$$y = \frac{1}{|A|}\begin{vmatrix} 1 & 1 & 1 \\ a & 2 & c \\ a^2 & 2^2 & c^2 \end{vmatrix} = \frac{(2-c)(c-a)(a-2)}{(b-c)(c-a)(a-b)} = \frac{(2-c)(a-2)}{(b-c)(a-b)},$$

$$z = \frac{1}{|A|}\begin{vmatrix} 1 & 1 & 1 \\ a & b & 2 \\ a^2 & b^2 & 2^2 \end{vmatrix} = \frac{(b-2)(2-a)(a-b)}{(b-c)(c-a)(a-b)} = \frac{(b-2)(2-a)}{(b-c)(c-a)}.$$ □

問 3.18 クラメルの公式を用いて,次の連立 1 次方程式の解を求めよ.

(1) $\begin{cases} y + z = 2 \\ x + z = -3 \\ x + y = 1 \end{cases}$ (2) $\begin{cases} x - 2y + z = 1 \\ 3x + 2y = 4 \\ y - 2z = 5 \end{cases}$

(3) $\begin{cases} x - 2y + 4z = -7 \\ 2x - 7y - z = 1 \\ -3x + 6y - 3z = 5 \end{cases}$ (4) $\begin{cases} 5x - 7y - 8z = -5 \\ 2x + y + z = 2 \\ 2x + 5y + 3z = 0 \end{cases}$

演習問題［A］

演 3.1 次の等式を確かめよ.

$$
\begin{vmatrix} a_{11} & a_{12} & a_{13} & a_{14} \\ a_{21} & a_{22} & a_{23} & a_{24} \\ a_{31} & a_{32} & a_{33} & a_{34} \\ a_{41} & a_{42} & a_{43} & a_{44} \end{vmatrix}
$$

$$
\begin{aligned}
= \ & a_{11}a_{22}a_{33}a_{44} - a_{11}a_{22}a_{34}a_{43} - a_{11}a_{23}a_{32}a_{44} + a_{11}a_{23}a_{34}a_{42} \\
& + a_{11}a_{24}a_{32}a_{43} - a_{11}a_{24}a_{33}a_{42} - a_{12}a_{21}a_{33}a_{44} + a_{12}a_{21}a_{34}a_{43} \\
& + a_{12}a_{23}a_{31}a_{44} - a_{12}a_{23}a_{34}a_{41} - a_{12}a_{24}a_{31}a_{43} + a_{12}a_{24}a_{33}a_{41} \\
& + a_{13}a_{21}a_{32}a_{44} - a_{13}a_{21}a_{34}a_{42} - a_{13}a_{22}a_{31}a_{44} + a_{13}a_{22}a_{34}a_{41} \\
& + a_{13}a_{24}a_{31}a_{42} - a_{13}a_{24}a_{32}a_{41} - a_{14}a_{21}a_{32}a_{43} + a_{14}a_{21}a_{33}a_{42} \\
& + a_{14}a_{22}a_{31}a_{43} - a_{14}a_{22}a_{33}a_{41} - a_{14}a_{23}a_{31}a_{42} + a_{14}a_{23}a_{32}a_{41}
\end{aligned}
$$

演 3.2 次の行列式を因数分解せよ.

(1) $\begin{vmatrix} a & a & b & a \\ b & b & b & a \\ a & b & a & a \\ a & b & b & b \end{vmatrix}$ (2) $\begin{vmatrix} a & 0 & b & 0 \\ 0 & a & 0 & b \\ c & 0 & d & 0 \\ 0 & c & 0 & d \end{vmatrix}$

(3) $\begin{vmatrix} 1 & a & a^2 & a^3 \\ a & a^2 & a^3 & 1 \\ a^2 & a^3 & 1 & a \\ a^3 & 1 & a & a^2 \end{vmatrix}$ (4) $\begin{vmatrix} 1 & 1 & 1 & 1 \\ a & x & x & x \\ a & b & y & y \\ a & b & c & z \end{vmatrix}$

演 3.3 $A = \begin{pmatrix} 1 & 2 & 3 & 4 \\ 0 & 5 & 6 & 7 \\ 0 & 0 & 8 & 9 \\ 0 & 0 & 0 & 10 \end{pmatrix}$, $B = \begin{pmatrix} 1 & 0 & 0 & 0 \\ 2 & 3 & 0 & 0 \\ 4 & 5 & 6 & 0 \\ 7 & 8 & 9 & 10 \end{pmatrix}$ のとき，次の問に答えよ.

(1) 行列 AB を求めよ.

(2) 行列式 $|AB|$ の値を求めよ.

演 3.4 3 次正方行列 A について，$A^2 = 3A$ のとき，行列式 $|A|$ の値を求めよ.

演習問題［B］

演 3.5 順列 $P = (p_1, p_2, \ldots, p_n) \in S_n$ に対して，$i < j$ かつ $p_i > p_j$ をみたすすべての対 (i, j) の個数を $r(P)$ と書き，P の**転倒数**という．次のことを証明せよ．

(1) P に対し 1 回の互換を行って得られる順列を Q とするとき，

$$(-1)^{r(Q)} = (-1)^{r(P)+1}.$$

(2) N 回の互換により P を基本順列 $(1, 2, \cdots, n)$ に変形するとき，

$$(-1)^N = (-1)^{r(P)}$$

演 3.6 次の順列の転倒数を求めよ．

(1) (2, 5, 3, 1, 4)　　(2) (4, 1, 5, 3, 2)

演 3.7（**ヴァンデルモンドの行列式**）　$n \geqq 2$ のとき，次の等式を証明せよ[注6]．

$$\begin{vmatrix} 1 & 1 & \cdots & 1 \\ x_1 & x_2 & \cdots & x_n \\ {x_1}^2 & {x_2}^2 & \cdots & {x_n}^2 \\ \vdots & \vdots & & \vdots \\ {x_1}^{n-1} & {x_2}^{n-1} & \cdots & {x_n}^{n-1} \end{vmatrix} = \prod_{1 \leqq i < j \leqq n} \left(x_j - x_i\right)$$

演 3.8 A を $n \times m$ 行列，B を $m \times n$ 行列とする．$m < n$ のとき，$|AB| = 0$ であることを証明せよ．

演 3.9 n 次正方行列 A の余因子行列 $\tilde{A}$ について，次の等式を証明せよ．

$$\left|\tilde{A}\right| = |A|^{n-1}$$

演 3.10 行列 $A = \begin{pmatrix} 1 & -2 & 1 \\ \frac{1}{2} & 3 & 0 \\ -3 & -4 & 5 \end{pmatrix}$, $P = \begin{pmatrix} 0 & 1 & -2 \\ \frac{1}{2} & 3 & \frac{3}{2} \\ 1 & 0 & 0 \end{pmatrix}$ について, 次の問に答えよ.

(1) 逆行列の公式を用いて，P^{-1} を求めよ．

(2) $P^{-1}AP$ を求めよ．

(3) A^N を求めよ（$N \in \mathbb{N}$）．

注 6　$\prod$ は積の記号である．

第 4 章

基本変形

4.1　行基本変形

連立 1 次方程式の解を求めるために，第 3 章まではクラメルの公式を用いたが，この章では別の方法を解説する．

例 4.1　連立 1 次方程式

$$\begin{cases} 3x - 4y = 10 \\ 4x + 7y = \ \ 1 \end{cases} \tag{4.1}$$

の解を求めるために，次の変形を行う．

$$\begin{cases} x - \frac{4}{3}y = \frac{10}{3} \\ 4x + \ 7y = \ 1 \end{cases} \qquad (\text{第 1 式}) \div 3 \tag{4.2}$$

$$\begin{cases} x - \ \frac{4}{3}y = \ \ \frac{10}{3} \\ \qquad \frac{37}{3}y = -\frac{37}{3} \end{cases} \qquad (\text{第 2 式}) - (\text{第 1 式}) \times 4 \tag{4.3}$$

$$\begin{cases} x - \frac{4}{3}y = \frac{10}{3} \\ \qquad y = -1 \end{cases} \qquad (\text{第 2 式}) \div \frac{37}{3} \tag{4.4}$$

$$\begin{cases} x \qquad = \ \ 2 \\ \qquad y = -1 \end{cases} \qquad (\text{第 1 式}) + (\text{第 2 式}) \times \frac{4}{3} \tag{4.5}$$

ゆえに，解は $x = 2$，$y = -1$ である．行列を用いて，(4.1) から (4.5) にいたる変形を次のように表す．

$$\left(\begin{array}{cc|c} 3 & -4 & 10 \\ 4 & 7 & 1 \end{array}\right)$$

$$\to \left(\begin{array}{cc|c} 1 & -\frac{4}{3} & \frac{10}{3} \\ 4 & 7 & 1 \end{array}\right) \qquad (第1行) \div 3$$

$$\to \left(\begin{array}{cc|c} 1 & -\frac{4}{3} & \frac{10}{3} \\ 0 & \frac{37}{3} & -\frac{37}{3} \end{array}\right) \qquad (第2行) - (第1行) \times 4$$

$$\to \left(\begin{array}{cc|c} 1 & -\frac{4}{3} & \frac{10}{3} \\ 0 & 1 & -1 \end{array}\right) \qquad (第2行) \div \frac{37}{3}$$

$$\to \left(\begin{array}{cc|c} 1 & 0 & 2 \\ 0 & 1 & -1 \end{array}\right) \qquad (第1行) + (第2行) \times \frac{4}{3}$$

例 4.2　連立 1 次方程式

$$\begin{cases} 3y = 5 \\ 4x + 7y = 6 \end{cases} \tag{4.6}$$

の解を求めるために，次の変形を行う．

$$\begin{cases} 4x + 7y = 6 \\ 3y = 5 \end{cases} \qquad (第1式)と(第2式)の交換 \tag{4.7}$$

$$\begin{cases} x + \frac{7}{4}y = \frac{3}{2} \\ \phantom{x + \frac{7}{4}} y = \frac{5}{3} \end{cases} \qquad \begin{matrix} (第1式) \div 4 \\ (第2式) \div 3 \end{matrix} \tag{4.8}$$

$$\begin{cases} x = -\frac{17}{12} \\ y = \frac{5}{3} \end{cases} \qquad (第1式) - (第2式) \times \frac{7}{4} \tag{4.9}$$

ゆえに，解は $x = -\dfrac{17}{12}$，$y = \dfrac{5}{3}$ である．行列を用いて，(4.6) から (4.9) にいたる変形を次のように表す．

$$\left(\begin{array}{cc|c} 0 & 3 & 5 \\ 4 & 7 & 6 \end{array}\right)$$

$$\to \left(\begin{array}{cc|c} 4 & 7 & 6 \\ 0 & 3 & 5 \end{array}\right) \qquad (第1行)と(第2行)の交換$$

$$\to \left(\begin{array}{cc|c} 1 & \frac{7}{4} & \frac{3}{2} \\ 0 & 1 & \frac{5}{3} \end{array}\right) \qquad \begin{matrix} (第1行) \div 4 \\ (第2行) \div 3 \end{matrix}$$

$$\to \left(\begin{array}{cc|c} 1 & 0 & -\frac{17}{12} \\ 0 & 1 & \frac{5}{3} \end{array}\right) \qquad (第1行) - (第2行) \times \frac{7}{4}$$

連立 1 次方程式の解を求めるために例 4.1，4.2 のそれぞれの前半で行った変形は次の 3 種類である．

(1) ある式に定数（$\neq 0$）を掛ける．
(2) ある式に他の式の定数倍を加える．
(3) ふたつの式を交換する．

これらの変形は逆をたどることができるので[注 1]，連立 1 次方程式の解の集合は変わらない．これらの連立 1 次方程式の変形に対応する行列の変形は次の 3 種類である．

(1) ある行に定数（$\neq 0$）を掛ける．
(2) ある行に他の行の定数倍を加える．
(3) ふたつの行を交換する．

これらの変形を行列の**行基本変形**（**行**についての**基本変形**）という．行列 A に対して，有限回の行基本変形を行って行列 B が得られるとき，

$$A \to B$$

と書く．行列に対する行基本変形を用いて連立 1 次方程式の解を求める方法を**消去法**（**掃出し法**）という．

連立 1 次方程式

$$\begin{cases} a_{11}x_1 + a_{12}x_2 + \cdots + a_{1n}x_n = b_1 \\ a_{21}x_1 + a_{22}x_2 + \cdots + a_{2n}x_n = b_2 \\ \quad \cdots \\ a_{n1}x_1 + a_{n2}x_2 + \cdots + a_{nn}x_n = b_n \end{cases}$$

について，

$$A = \begin{pmatrix} a_{11} & a_{12} & \cdots & a_{1n} \\ a_{21} & a_{22} & \cdots & a_{2n} \\ \vdots & \vdots & & \vdots \\ a_{n1} & a_{n2} & \cdots & a_{nn} \end{pmatrix}, \quad \boldsymbol{b} = \begin{pmatrix} b_1 \\ b_2 \\ \vdots \\ b_n \end{pmatrix}, \quad \boldsymbol{x} = \begin{pmatrix} x_1 \\ x_2 \\ \vdots \\ x_n \end{pmatrix}$$

注 1　例えば，(4.2) から (4.1) に戻るためには (4.2) の第 1 式を 3 倍し，(4.3) から (4.2) に戻るためには，(4.3) の第 2 式に第 1 式の 4 倍を加える．

と書くとき，行列 $(A\,|\,\boldsymbol{b})$ に対し行基本変形を繰り返して行列 $(E\,|\,\boldsymbol{c})$ が得られるならば，解は $\boldsymbol{x}=\boldsymbol{c}$ である[注 2].

例題 4.1　消去法により，次の連立 1 次方程式の解を求めよ．

(1) $\begin{cases} 2x+5y+2z=7 \\ -x+4y+z=5 \\ 5x+y+3z=-2 \end{cases}$　　(2) $\begin{cases} 4y+3z=-5 \\ -x+3y+z=1 \\ 3x-y+2z=-2 \end{cases}$

解

(1)

$$\left(\begin{array}{ccc|c} 2 & 5 & 2 & 7 \\ -1 & 4 & 1 & 5 \\ 5 & 1 & 3 & -2 \end{array}\right)$$

$$\to \left(\begin{array}{ccc|c} 1 & \frac{5}{2} & 1 & \frac{7}{2} \\ -1 & 4 & 1 & 5 \\ 5 & 1 & 3 & -2 \end{array}\right) \qquad (\text{第 1 行}) \div 2$$

$$\to \left(\begin{array}{ccc|c} 1 & \frac{5}{2} & 1 & \frac{7}{2} \\ 0 & \frac{13}{2} & 2 & \frac{17}{2} \\ 0 & -\frac{23}{2} & -2 & -\frac{39}{2} \end{array}\right) \qquad \begin{array}{l} (\text{第 2 行}) + (\text{第 1 行}) \\ (\text{第 3 行}) - (\text{第 1 行}) \times 5 \end{array}$$

$$\to \left(\begin{array}{ccc|c} 1 & \frac{5}{2} & 1 & \frac{7}{2} \\ 0 & 1 & \frac{4}{13} & \frac{17}{13} \\ 0 & -\frac{23}{2} & -2 & -\frac{39}{2} \end{array}\right) \qquad (\text{第 2 行}) \div \frac{13}{2}$$

$$\to \left(\begin{array}{ccc|c} 1 & 0 & \frac{3}{13} & \frac{3}{13} \\ 0 & 1 & \frac{4}{13} & \frac{17}{13} \\ 0 & 0 & \frac{20}{13} & -\frac{58}{13} \end{array}\right) \qquad \begin{array}{l} (\text{第 1 行}) - (\text{第 2 行}) \times \frac{5}{2} \\ (\text{第 3 行}) + (\text{第 2 行}) \times \frac{23}{2} \end{array}$$

$$\to \left(\begin{array}{ccc|c} 1 & 0 & \frac{3}{13} & \frac{3}{13} \\ 0 & 1 & \frac{4}{13} & \frac{17}{13} \\ 0 & 0 & 1 & -\frac{29}{10} \end{array}\right) \qquad (\text{第 3 行}) \div \frac{20}{13}$$

$$\to \left(\begin{array}{ccc|c} 1 & 0 & 0 & \frac{9}{10} \\ 0 & 1 & 0 & \frac{11}{5} \\ 0 & 0 & 1 & -\frac{29}{10} \end{array}\right) \qquad \begin{array}{l} (\text{第 1 行}) - (\text{第 3 行}) \times \frac{3}{13} \\ (\text{第 2 行}) - (\text{第 3 行}) \times \frac{4}{13} \end{array}$$

注 2　行列 $(A\,|\,\boldsymbol{b})$ に対し行基本変形を繰り返して行列 $(E\,|\,\boldsymbol{c})$ が得られるということは，連立 1 次方程式 $A\boldsymbol{x}=\boldsymbol{b}$ に対し同値な変形を繰り返して $E\boldsymbol{x}=\boldsymbol{c}$，すなわち，$\boldsymbol{x}=\boldsymbol{c}$ が得られることを意味する．

ゆえに,

$$\begin{cases} x = \frac{9}{10} \\ y = \frac{11}{5} \\ z = -\frac{29}{10} . \end{cases}$$

(2)

$$\left(\begin{array}{ccc|c} 0 & 4 & 3 & -5 \\ -1 & 3 & 1 & 1 \\ 3 & -1 & 2 & -2 \end{array}\right)$$

$$\to \left(\begin{array}{ccc|c} -1 & 3 & 1 & 1 \\ 0 & 4 & 3 & -5 \\ 3 & -1 & 2 & -2 \end{array}\right) \quad \text{（第1行）と（第2行）の交換}$$

$$\to \left(\begin{array}{ccc|c} 1 & -3 & -1 & -1 \\ 0 & 4 & 3 & -5 \\ 3 & -1 & 2 & -2 \end{array}\right) \quad \text{（第1行）} \times (-1)$$

$$\to \left(\begin{array}{ccc|c} 1 & -3 & -1 & -1 \\ 0 & 4 & 3 & -5 \\ 0 & 8 & 5 & 1 \end{array}\right) \quad \text{（第3行）} - \text{（第1行）} \times 3$$

$$\to \left(\begin{array}{ccc|c} 1 & -3 & -1 & -1 \\ 0 & 1 & \frac{3}{4} & -\frac{5}{4} \\ 0 & 8 & 5 & 1 \end{array}\right) \quad \text{（第2行）} \div 4$$

$$\to \left(\begin{array}{ccc|c} 1 & 0 & \frac{5}{4} & -\frac{19}{4} \\ 0 & 1 & \frac{3}{4} & -\frac{5}{4} \\ 0 & 0 & -1 & 11 \end{array}\right) \quad \begin{array}{l} \text{（第1行）} + \text{（第2行）} \times 3 \\ \text{（第3行）} - \text{（第2行）} \times 8 \end{array}$$

$$\to \left(\begin{array}{ccc|c} 1 & 0 & \frac{5}{4} & -\frac{19}{4} \\ 0 & 1 & \frac{3}{4} & -\frac{5}{4} \\ 0 & 0 & 1 & -11 \end{array}\right) \quad \text{（第3行）} \times (-1)$$

$$\to \left(\begin{array}{ccc|c} 1 & 0 & 0 & 9 \\ 0 & 1 & 0 & 7 \\ 0 & 0 & 1 & -11 \end{array}\right) \quad \begin{array}{l} \text{（第1行）} - \text{（第3行）} \times \frac{5}{4} \\ \text{（第2行）} - \text{（第3行）} \times \frac{3}{4} \end{array}$$

ゆえに,

$$\begin{cases} x = 9 \\ y = 7 \\ z = -11 . \end{cases}$$

□

問 4.1 消去法により，次の連立1次方程式の解を求めよ．

(1) $\begin{cases} x + 5y + 2z = 1 \\ -x + 4y + z = 0 \\ 5x + y + 3z = 3 \end{cases}$　　(2) $\begin{cases} 5y + 2z = 3 \\ y - z = 2 \\ x + y + 3z = -5 \end{cases}$

(3) $\begin{cases} 2x + 3y + z = 6 \\ 4x + 9y + 3z = 10 \\ 3x + 8y - 2z = 2 \end{cases}$　　(4) $\begin{cases} \frac{1}{3}x + y - \phantom{\frac{1}{2}}z = 1 \\ 2x - 2y + \phantom{\frac{1}{2}}z = \frac{1}{2} \\ 3x - y - \frac{1}{2}z = 2 \end{cases}$

4.2　行列の階数（1）

次の形の $m \times n$ 行列 $P = (p_{ij})$ を階数が r の階段行列という．

$$P = \begin{pmatrix} 0 & \cdots & 0 & \vline\; p_{1,J(1)} & & & * & \\ \cline{4-4} & & & & p_{2,J(2)} & & & \\ & & & & & \ddots & & \\ & & O & & & & p_{r,J(r)} & \\ & & & & & & & \end{pmatrix} \tag{4.10}$$

ただし，

$$0 \leqq r \leqq \min\{m,\ n\}^{\text{注}3}, \quad 1 \leqq J(1) < J(2) < \cdots < J(r) \leqq n,$$

$$p_{1,J(1)} \neq 0, \quad p_{2,J(2)} \neq 0, \quad \ldots, \quad p_{r,J(r)} \neq 0^{\text{注}4}.$$

特に，各 $i = 1, 2, \ldots, r$ に対して，

$$p_{ij} = \begin{cases} 1 & (j = J(i) \text{ のとき}) \\ 0 & (j \neq J(i) \text{ のとき}) \end{cases}$$

のとき，すなわち，

$$P = \begin{pmatrix} 0 & \cdots & 0 & \overset{J(1)}{\overset{\downarrow}{1}} & * & \cdots & * & \overset{J(2)}{\overset{\downarrow}{0}} & & \overset{J(r)}{\overset{\downarrow}{0}} & \\ & & & & & & & 1 & * & \vdots & * \\ & & & & & & & & \ddots & 0 & \\ & & & O & & & & & & 1 & \\ & & & & & & & & & & \end{pmatrix} \tag{4.11}$$

注3 数 m, n のうち，大きくないほうの数を $\min\{m,\ n\}$ と書く．

注4 行列において，$(0\ 0\ \cdots\ 0)$ でない行の 0 でない最初の成分をその行の主成分という．階段行列 P において，$p_{i,J(i)}$ は第 i 行の主成分である（$i = 1, 2, \ldots, r$）．

の形の階段行列 P を**簡約行列**という．零行列 $O = O_{m\times n}$ は階数が 0 の階段行列・簡約行列と考える．

一般に，$m \times n$ 行列 A は，有限回の行基本変形により，階段行列 P に変形することができる．しかも，P の階数 r は基本変形のしかたによらずに確定するので[注5]，

$$\mathrm{rank}\, A = r$$

と書き，これを A の**階数**という．

例題 4.2　次の行列の階数を求めよ．

$$A = \begin{pmatrix} 0 & -7 & 3 & -11 \\ 1 & 2 & -1 & 5 \\ -2 & 3 & -1 & 1 \end{pmatrix}$$

解

$$A = \begin{pmatrix} 0 & -7 & 3 & -11 \\ 1 & 2 & -1 & 5 \\ -2 & 3 & -1 & 1 \end{pmatrix}$$

$$\to \begin{pmatrix} 1 & 2 & -1 & 5 \\ 0 & -7 & 3 & -11 \\ -2 & 3 & -1 & 1 \end{pmatrix} \quad \text{（第 1 行）と（第 2 行）の交換}$$

$$\to \begin{pmatrix} 1 & 2 & -1 & 5 \\ 0 & -7 & 3 & -11 \\ 0 & 7 & -3 & 11 \end{pmatrix} \quad \text{（第 3 行）+（第 1 行）×2}$$

$$\to \begin{pmatrix} 1 & 2 & -1 & 5 \\ 0 & -7 & 3 & -11 \\ 0 & 0 & 0 & 0 \end{pmatrix} \quad \text{（第 3 行）+（第 2 行）}$$

ゆえに，$\mathrm{rank}\, A = 2$.　□

問 4.2　次の行列の階数を求めよ．

[注5] このことは定理 6.9 からわかる．

(1) $\begin{pmatrix} 2 & 1 & -9 & -5 \\ 2 & 1 & 0 & -2 \\ 4 & 2 & 21 & 3 \end{pmatrix}$ (2) $\begin{pmatrix} 3 & 2 & -5 & -2 \\ 6 & 4 & -10 & -4 \\ -\frac{3}{2} & -1 & \frac{5}{2} & 1 \end{pmatrix}$

(3) $\begin{pmatrix} 0 & -1 & 1 & -5 \\ 0 & 2 & 5 & 3 \\ 1 & 3 & 1 & 5 \end{pmatrix}$ (4) $\begin{pmatrix} 0 & 0 & 2 & 3 \\ 0 & 2 & -1 & 3 \\ 0 & 4 & -4 & 3 \end{pmatrix}$

階数が r の階段行列 (4.10) は，行基本変形により，さらに階数が r の簡約行列になるまで変形することができる．したがって，任意の $m \times n$ 行列 A は，行基本変形により，階数が $\mathrm{rank}\, A$ の簡約行列に変形することができる．このようにして得られた簡約行列を A の**簡約化**といい，行基本変形により簡約行列に変形することを**簡約化する**という．

問 4.3 例題 4.2 の行列 A を簡約化せよ．

問 4.4 次の行列を簡約化せよ．

(1) $\begin{pmatrix} 2 & 1 & 5 & -4 \\ -3 & -1 & -6 & 5 \\ 7 & 3 & 16 & -13 \end{pmatrix}$ (2) $\begin{pmatrix} 0 & 6 & -2 & 2 \\ 0 & 12 & -4 & 4 \\ 0 & -3 & 1 & -1 \end{pmatrix}$

(3) $\begin{pmatrix} 1 & -2 & 3 & -5 \\ 1 & -2 & 0 & 2 \\ 2 & -4 & 2 & 2 \end{pmatrix}$ (4) $\begin{pmatrix} 0 & 0 & -4 & -5 \\ 0 & 0 & 0 & 2 \\ 0 & 0 & 1 & -3 \end{pmatrix}$

定理 4.1 n 次正方行列 A に対して，次の 2 条件は同値である．

(1) $\mathrm{rank}\, A = n$.

(2) A の簡約化は単位行列 E である．

証明 **(1)** → **(2)**．簡約行列 (4.11) において，$r = m = n$ となるのは $P = E$ の場合に限る．

(2) → **(1)**．$\mathrm{rank}\, A = \mathrm{rank}\, E = n$. □

4.3　連立1次方程式

m 個の等式からなる n 個の未知数 $x_1, x_2, \ldots, x_n$ についての**連立1次方程式**

$$\begin{cases} a_{11}x_1 + a_{12}x_2 + \cdots + a_{1n}x_n = b_1 \\ a_{21}x_1 + a_{22}x_2 + \cdots + a_{2n}x_n = b_2 \\ \cdots \\ a_{m1}x_1 + a_{m2}x_2 + \cdots + a_{mn}x_n = b_m \end{cases} \tag{4.12}$$

は

$$A = \begin{pmatrix} a_{11} & a_{12} & \cdots & a_{1n} \\ a_{21} & a_{22} & \cdots & a_{2n} \\ \vdots & \vdots & & \vdots \\ a_{m1} & a_{m2} & \cdots & a_{mn} \end{pmatrix}, \quad \boldsymbol{b} = \begin{pmatrix} b_1 \\ b_2 \\ \vdots \\ b_m \end{pmatrix}, \quad \boldsymbol{x} = \begin{pmatrix} x_1 \\ x_2 \\ \vdots \\ x_n \end{pmatrix}$$

とおくことにより，

$$A\boldsymbol{x} = \boldsymbol{b} \tag{4.13}$$

と書ける．ここで，$m \times n$ 行列 A を**係数行列**，$m \times (n+1)$ 行列 $(A \mid \boldsymbol{b})$ を**拡大係数行列**という．

連立1次方程式の解は，行基本変形により拡大係数行列を階段行列・簡約行列に変形して求められる．

$$(A \mid \boldsymbol{b}) = \left(\begin{array}{cccc|c} a_{11} & a_{12} & \cdots & a_{1n} & b_1 \\ a_{21} & a_{22} & \cdots & a_{2n} & b_2 \\ \vdots & \vdots & & \vdots & \vdots \\ a_{m1} & a_{m2} & \cdots & a_{mn} & b_m \end{array}\right)$$

$$
\to \quad (P\mid \boldsymbol{d}) = \left(\begin{array}{ccccccc|c}
0 & \cdots & 0 & p_{1,J(1)} & & & & d_1 \\
 & & & & p_{2,J(2)} & & * & d_2 \\
 & & & & & \ddots & & \vdots \\
 & & & & & & p_{r,J(r)} & d_r \\
 & & & & & & & d_{r+1} \\
 & & & O & & & & 0 \\
 & & & & & & & \vdots \\
 & & & & & & & 0
\end{array}\right)
$$

ただし，

$$
0 \leqq r \leqq \min\{m, n\}, \quad 1 \leqq J(1) < J(2) < \cdots < J(r) \leqq n,
$$
$$
p_{1,J(1)} \neq 0, \quad p_{2,J(2)} \neq 0, \quad \ldots, \quad p_{r,J(r)} \neq 0.
$$

このとき，$\operatorname{rank} A = r$ であり，(4.12) は次の (4.14) と同値である．

$$
\left\{\begin{array}{lcl}
p_{1,J(1)}x_{J(1)} + \cdots & = & d_1 \\
\qquad p_{2,J(2)}x_{J(2)} + \cdots & = & d_2 \\
\qquad \cdots & & \\
\qquad\qquad p_{r,J(r)}x_{J(r)} + \cdots & = & d_r \\
\qquad\qquad\qquad 0 & = & d_{r+1}
\end{array}\right. \tag{4.14}
$$

したがって，解は次のようになる．

- $d_{r+1} = 0$ の場合．
  $x_{J(1)}, x_{J(2)}, \ldots, x_{J(r)}$ 以外のすべての x_k を $c_1, c_2, \ldots, c_{n-r}$ とおき，(4.14) の r 番目の式から始めて，$x_{J(1)}, x_{J(2)}, \ldots, x_{J(r)}$ をこの逆の順序で求めることにより，$x_1, x_2, \ldots, x_n$ は $n-r$ 個のパラメータ $c_1, c_2, \ldots, c_{n-r}$ の高々 1 次式である．実際の計算（手計算の場合）では，P が簡約行列になるまで変形するのがよい．すなわち，最後の $(P\mid \boldsymbol{d})$ が次の形になるまで変形する．

$$
(P \mid \boldsymbol{d}) = \left(\begin{array}{cccccccccc|c}
0 & \cdots & 0 & \overset{J(1)}{\overset{\downarrow}{1}} & * & \cdots & * & \overset{J(2)}{\overset{\downarrow}{0}} & & \overset{J(r)}{\overset{\downarrow}{0}} & d_1 \\
 & & & & & & & 1 & \ast & \vdots & d_2 \\
 & & & & & & & & \ddots & 0 \quad \ast & \vdots \\
 & & & & & & & & & 1 & d_r \\ \hdashline
 & & & & & & & & & & d_{r+1} \\ \hdashline
 & & & & & O & & & & & 0 \\
 & & & & & & & & & & \vdots \\
 & & & & & & & & & & 0
\end{array}\right)
$$

- $d_{r+1} \neq 0$ の場合．
  (4.14) の最後の等式が成り立たないので，解はない．

さらに，

$$
\begin{aligned}
d_{r+1} = 0 \quad &\Leftrightarrow \quad \operatorname{rank}(A \mid \boldsymbol{b}) = r \\
d_{r+1} \neq 0 \quad &\Leftrightarrow \quad \operatorname{rank}(A \mid \boldsymbol{b}) = r + 1
\end{aligned}
$$

に注意して，次の定理を得る．

定理 4.2　A を $m \times n$ 行列，$\boldsymbol{b}$ を m 次元列ベクトルとするとき，連立 1 次方程式

$$A\boldsymbol{x} = \boldsymbol{b}$$

の解について，次のことが成り立つ．

- $\operatorname{rank} A = \operatorname{rank}(A \mid \boldsymbol{b}) = r$ のとき，$x_1, x_2, \ldots, x_n$ は $n - r$ 個のパラメータの高々 1 次式の形に書ける．
- $\operatorname{rank} A \neq \operatorname{rank}(A \mid \boldsymbol{b})$ のとき，解はない．

系 4.3 A を $m \times n$ 行列，$\boldsymbol{b}$ を m 次元列ベクトルとするとき，次の 2 条件は同値である．

(1) 連立 1 次方程式 $A\boldsymbol{x} = \boldsymbol{b}$ は解をもつ．

(2) $\operatorname{rank} A = \operatorname{rank}(A \mid \boldsymbol{b})$．

系 4.4 A を $m \times n$ 行列，$\boldsymbol{b}$ を m 次元列ベクトルとするとき，次の 2 条件は同値である．

(1) 連立 1 次方程式 $A\boldsymbol{x} = \boldsymbol{b}$ はただひとつの解をもつ．

(2) $\operatorname{rank} A = \operatorname{rank}(A \mid \boldsymbol{b}) = n$．

例題 4.3 消去法により，次の連立 1 次方程式の解を求めよ．

(1) $\begin{cases} 2x + 3y + z = 2 \\ 5x + 6y + 4z = -1 \\ 8x + 9y + 7z = -4 \end{cases}$　　(2) $\begin{cases} x + 7y + 4z = 3 \\ 2x + 4y + 3z = 2 \\ 8x + 10y + 9z = 1 \end{cases}$

解

(1)

$$\left(\begin{array}{ccc|c} 2 & 3 & 1 & 2 \\ 5 & 6 & 4 & -1 \\ 8 & 9 & 7 & -4 \end{array}\right)$$

$$\to \left(\begin{array}{ccc|c} 1 & \frac{3}{2} & \frac{1}{2} & 1 \\ 5 & 6 & 4 & -1 \\ 8 & 9 & 7 & -4 \end{array}\right) \qquad (\text{第 1 行}) \div 2$$

$$\to \left(\begin{array}{ccc|c} 1 & \frac{3}{2} & \frac{1}{2} & 1 \\ 0 & -\frac{3}{2} & \frac{3}{2} & -6 \\ 0 & -3 & 3 & -12 \end{array}\right) \qquad \begin{array}{l} (\text{第 2 行}) - (\text{第 1 行}) \times 5 \\ (\text{第 3 行}) - (\text{第 1 行}) \times 8 \end{array}$$

$$\to \left(\begin{array}{ccc|c} 1 & \frac{3}{2} & \frac{1}{2} & 1 \\ 0 & 1 & -1 & 4 \\ 0 & -3 & 3 & -12 \end{array}\right) \qquad (\text{第 2 行}) \div \left(-\frac{3}{2}\right)$$

$$\to \left(\begin{array}{ccc|c} 1 & 0 & 2 & -5 \\ 0 & 1 & -1 & 4 \\ 0 & 0 & 0 & 0 \end{array}\right) \quad \begin{array}{l} (\text{第 1 行}) - (\text{第 2 行}) \times \frac{3}{2} \\ (\text{第 3 行}) + (\text{第 2 行}) \times 3 \end{array}$$

ゆえに，

$$\begin{cases} x \phantom{{}+y} + 2z = -5 \\ \phantom{x+{}} y - z = 4 \end{cases}$$

を得て，$z=c$ とおけば，$x=-5-2c$，$y=4+c$．したがって，

$$\begin{pmatrix} x \\ y \\ z \end{pmatrix} = \begin{pmatrix} -5-2c \\ 4+c \\ c \end{pmatrix}$$
$$= \begin{pmatrix} -5 \\ 4 \\ 0 \end{pmatrix} + c\begin{pmatrix} -2 \\ 1 \\ 1 \end{pmatrix} \quad (c \text{ は任意}).$$

(2)

$$\left(\begin{array}{ccc|c} 1 & 7 & 4 & 3 \\ 2 & 4 & 3 & 2 \\ 8 & 10 & 9 & 1 \end{array}\right)$$

$$\to \left(\begin{array}{ccc|c} 1 & 7 & 4 & 2 \\ 0 & -10 & -5 & -4 \\ 0 & -46 & -23 & -23 \end{array}\right) \quad \begin{array}{l} (\text{第 2 行}) - (\text{第 1 行}) \times 2 \\ (\text{第 3 行}) - (\text{第 1 行}) \times 8 \end{array}$$

$$\to \left(\begin{array}{ccc|c} 1 & 7 & 4 & 2 \\ 0 & 1 & \frac{1}{2} & \frac{2}{5} \\ 0 & -46 & -23 & -23 \end{array}\right) \quad (\text{第 2 行}) \div (-10)$$

$$\to \left(\begin{array}{ccc|c} 1 & 7 & 4 & 2 \\ 0 & 1 & \frac{1}{2} & \frac{2}{5} \\ 0 & 0 & 0 & -\frac{23}{5} \end{array}\right) \quad (\text{第 3 行}) + (\text{第 2 行}) \times 46$$

ゆえに，解はない． □

例題 4.4　次の連立 1 次方程式が解をもつような定数 a, b の値を求めよ．また，そのときの解を求めよ．

$$\begin{cases} x_1 + x_2 \phantom{{}+3x_3} + 2x_4 = 2 \\ 2x_1 + 5x_2 + 3x_3 - x_4 = 3 \\ 4x_1 + 7x_2 + 3x_3 + 3x_4 = a \\ 3x_1 + 9x_2 + 6x_3 - 4x_4 = b \end{cases}$$

解

$$
\left(\begin{array}{cccc|c}
1 & 1 & 0 & 2 & 2 \\
2 & 5 & 3 & -1 & 3 \\
4 & 7 & 3 & 3 & a \\
3 & 9 & 6 & -4 & b
\end{array}\right)
$$

$$
\to \left(\begin{array}{cccc|c}
1 & 1 & 0 & 2 & 2 \\
0 & 3 & 3 & -5 & -1 \\
0 & 3 & 3 & -5 & a-8 \\
0 & 6 & 6 & -10 & b-6
\end{array}\right)
\quad
\begin{array}{l}
(\text{第 2 行}) - (\text{第 1 行}) \times 2 \\
(\text{第 3 行}) - (\text{第 1 行}) \times 4 \\
(\text{第 4 行}) - (\text{第 1 行}) \times 3
\end{array}
$$

$$
\to \left(\begin{array}{cccc|c}
1 & 1 & 0 & 2 & 2 \\
0 & 1 & 1 & -\frac{5}{3} & -\frac{1}{3} \\
0 & 3 & 3 & -5 & a-8 \\
0 & 6 & 6 & -10 & b-6
\end{array}\right)
\quad
(\text{第 2 行}) \div 3
$$

$$
\to \left(\begin{array}{cccc|c}
1 & 0 & -1 & \frac{11}{3} & \frac{7}{3} \\
0 & 1 & 1 & -\frac{5}{3} & -\frac{1}{3} \\
0 & 0 & 0 & 0 & a-7 \\
0 & 0 & 0 & 0 & b-4
\end{array}\right)
\quad
\begin{array}{l}
(\text{第 1 行}) - (\text{第 2 行}) \\
(\text{第 3 行}) - (\text{第 2 行}) \times 3 \\
(\text{第 4 行}) - (\text{第 2 行}) \times 6
\end{array}
$$

解を持つための条件は,

$$
a-7=0, \quad b-4=0.
$$

ゆえに, $a=7$, $b=4$. このとき,

$$
\begin{cases}
x_1 \qquad - x_3 + \frac{11}{3}x_4 = \frac{7}{3} \\
\qquad x_2 + x_3 - \frac{5}{3}x_4 = -\frac{1}{3}
\end{cases}
$$

であるから, $x_3 = c_1$, $x_4 = c_2$ とおいて,

$$
\begin{pmatrix} x_1 \\ x_2 \\ x_3 \\ x_4 \end{pmatrix}
= \begin{pmatrix} \frac{7}{3} + c_1 - \frac{11}{3}c_2 \\ -\frac{1}{3} - c_1 + \frac{5}{3}c_2 \\ c_1 \\ c_2 \end{pmatrix}
$$

$$
= \begin{pmatrix} \frac{7}{3} \\ -\frac{1}{3} \\ 0 \\ 0 \end{pmatrix}
+ c_1 \begin{pmatrix} 1 \\ -1 \\ 1 \\ 0 \end{pmatrix}
+ c_2 \begin{pmatrix} -\frac{11}{3} \\ \frac{5}{3} \\ 0 \\ 1 \end{pmatrix}
\quad (c_1, c_2 \text{ は任意}).
$$

□

問 4.5 消去法により, 次の連立 1 次方程式の解を求めよ.

(1) $\begin{cases} 2x + 4y + 3z = 2 \\ x + 2y + 3z = 2 \end{cases}$　　(2) $\begin{cases} x + \frac{2}{5}y - 2z = \frac{1}{2} \\ -5x - 2y + 10z = -1 \end{cases}$

(3) $\begin{cases} x - 2y + 6z = 4 \\ 2x - 3y + 5z = 1 \\ 3x - 4y + 4z = -2 \end{cases}$　　(4) $\begin{cases} 2x + y - z = 2 \\ 4x + 2y - 2z = 4 \\ -2x - y + z = -2 \end{cases}$

(5) $\begin{cases} x + 4y - 2z = -7 \\ x + 17y + 2z = -29 \\ 2x + 3y - 6z = -6 \\ 2x - y - 7z = 1 \end{cases}$　　(6) $\begin{cases} 5y + 2z = -1 \\ x + y - z = -4 \\ 2x + 4y + 2z = 1 \\ 3x - y + z = 2 \end{cases}$

4.4 逆行列 (3)

A を n 次正方行列，$B = \begin{pmatrix} \boldsymbol{b}_1 & \boldsymbol{b}_2 & \cdots & \boldsymbol{b}_p \end{pmatrix}$ を $n \times p$ 行列として，

$$AX = B$$

をみたす $n \times p$ 行列 $X = \begin{pmatrix} \boldsymbol{x}_1 & \boldsymbol{x}_2 & \cdots & \boldsymbol{x}_p \end{pmatrix}$ を求めることを考える．このとき，$AX = \begin{pmatrix} A\boldsymbol{x}_1 & A\boldsymbol{x}_2 & \cdots & A\boldsymbol{x}_p \end{pmatrix}$ なので，

$$AX = B \quad \Leftrightarrow \quad A\boldsymbol{x}_j = \boldsymbol{b}_j \quad (j = 1, 2, \ldots, p).$$

ゆえに，p 組の連立 1 次方程式 $A\boldsymbol{x}_j = \boldsymbol{b}_j$ $(j = 1, 2, \ldots, p)$ の解を求めればよい．いま，行基本変形により，

$$(A \mid B) = \begin{pmatrix} A \mid \boldsymbol{b}_1 & \boldsymbol{b}_2 & \cdots & \boldsymbol{b}_p \end{pmatrix} \quad \rightarrow \quad (E \mid D) = \begin{pmatrix} E \mid \boldsymbol{d}_1 & \boldsymbol{d}_2 & \cdots & \boldsymbol{d}_p \end{pmatrix}$$

の場合を考えよう．このとき，最初の n 列と第 $n + j$ 列を取り出して，

$$\begin{pmatrix} A \mid \boldsymbol{b}_j \end{pmatrix} \quad \rightarrow \quad \begin{pmatrix} E \mid \boldsymbol{d}_j \end{pmatrix} \quad (j = 1, 2, \ldots, p)$$

であるから，

$$\boldsymbol{x}_1 = \boldsymbol{d}_1, \quad \boldsymbol{x}_2 = \boldsymbol{d}_2, \quad \ldots, \quad \boldsymbol{x}_p = \boldsymbol{d}_p$$

を得て，$X = D$ である．

例題 4.5 $A=\begin{pmatrix} 3 & 4 \\ -1 & -2 \end{pmatrix}$, $B=\begin{pmatrix} 0 & 1 \\ 2 & 3 \end{pmatrix}$ のとき，消去法により，次の等式をみたす行列 X を求めよ．

(1) $AX=B$　　(2) $XA=B$

解

(1)
$$\left(\begin{array}{cc|cc} 3 & 4 & 0 & 1 \\ -1 & -2 & 2 & 3 \end{array}\right)$$
$$\to \left(\begin{array}{cc|cc} 1 & \frac{4}{3} & 0 & \frac{1}{3} \\ -1 & -2 & 2 & 3 \end{array}\right) \quad (\text{第 1 行}) \div 3$$
$$\to \left(\begin{array}{cc|cc} 1 & \frac{4}{3} & 0 & \frac{1}{3} \\ 0 & -\frac{2}{3} & 2 & \frac{10}{3} \end{array}\right) \quad (\text{第 2 行}) + (\text{第 1 行})$$
$$\to \left(\begin{array}{cc|cc} 1 & \frac{4}{3} & 0 & \frac{1}{3} \\ 0 & 1 & -3 & -5 \end{array}\right) \quad (\text{第 2 行}) \div \left(-\frac{2}{3}\right)$$
$$\to \left(\begin{array}{cc|cc} 1 & 0 & 4 & 7 \\ 0 & 1 & -3 & -5 \end{array}\right) \quad (\text{第 1 行}) - (\text{第 2 行}) \times \frac{4}{3}$$

ゆえに，$X=\begin{pmatrix} 4 & 7 \\ -3 & -5 \end{pmatrix}$.

(2) $XA=B$ の両辺の転置行列をとって，${}^{t}A\,{}^{t}X={}^{t}B$.

$$\left({}^{t}A \mid {}^{t}B\right)=\left(\begin{array}{cc|cc} 3 & -1 & 0 & 2 \\ 4 & -2 & 1 & 3 \end{array}\right)$$
$$\to \left(\begin{array}{cc|cc} 1 & -\frac{1}{3} & 0 & \frac{2}{3} \\ 4 & -2 & 1 & 3 \end{array}\right) \quad (\text{第 1 行}) \div 3$$
$$\to \left(\begin{array}{cc|cc} 1 & -\frac{1}{3} & 0 & \frac{2}{3} \\ 0 & -\frac{2}{3} & 1 & \frac{1}{3} \end{array}\right) \quad (\text{第 2 行}) - (\text{第 1 行}) \times 4$$
$$\to \left(\begin{array}{cc|cc} 1 & -\frac{1}{3} & 0 & \frac{2}{3} \\ 0 & 1 & -\frac{3}{2} & -\frac{1}{2} \end{array}\right) \quad (\text{第 2 行}) \div \left(-\frac{2}{3}\right)$$
$$\to \left(\begin{array}{cc|cc} 1 & 0 & -\frac{1}{2} & \frac{1}{2} \\ 0 & 1 & -\frac{3}{2} & -\frac{1}{2} \end{array}\right) \quad (\text{第 1 行}) + (\text{第 2 行}) \times \frac{1}{3}$$

ゆえに，${}^{t}X=\begin{pmatrix} -\frac{1}{2} & \frac{1}{2} \\ -\frac{3}{2} & -\frac{1}{2} \end{pmatrix}$ を得て，$X={}^{t}\begin{pmatrix} -\frac{1}{2} & \frac{1}{2} \\ -\frac{3}{2} & -\frac{1}{2} \end{pmatrix}=\begin{pmatrix} -\frac{1}{2} & -\frac{3}{2} \\ \frac{1}{2} & -\frac{1}{2} \end{pmatrix}$. □

問 4.6　$A=\begin{pmatrix} 1 & 3 \\ -2 & 1 \end{pmatrix}$，$B=\begin{pmatrix} 1 & 2 \\ -2 & 3 \end{pmatrix}$のとき，消去法により，次の等式をみたす行列 X を求めよ．

(1)　$AX=B$　　(2)　$XA=B$

定理 4.5　n 次正方行列 A について，次の 3 条件は同値である．

(1) A は正則である．

(2) n 次正方行列 X が存在して，$AX=E$．

(3) n 次正方行列 X が存在して，$XA=E$．

証明　**(1)** → **(2)**，**(1)** → **(3)**．証明すべきことはない．
(2) → **(1)**．$AX=E$ の両辺の行列式をとって，

$$|AX|=|E|.$$

定理 3.10 より $|AX|=|A||X|$，問 3.6 より $|E|=1$ であるから，

$$|A||X|=1.$$

仮に $|A|=0$ とすると，$0=1$ を得て，矛盾である．ゆえに，$|A|\neq 0$ であり，定理 3.13 より，A は正則である．
(3) → **(1)**．同様にして証明できる．□

系 4.6　n 次正方行列 A, B について，$AB=E$ ならば，A, B はいずれも正則であり，$A^{-1}=B$，$B^{-1}=A$．

証明　定理 4.5 より，A, B は正則であり，A^{-1}，B^{-1} が存在する．$AB=E$ の両辺に左から A^{-1} を掛けて，$A^{-1}AB=A^{-1}E$．ゆえに，$B=A^{-1}$．同様に，$AB=E$ の両辺に右から B^{-1} を掛けて，$A=B^{-1}$．□

系 4.6 より，n 次正方行列 A について，

$$AX=E$$

をみたす n 次正方行列 X が求められれば，A は正則であり，$X = A^{-1}$ である．したがって，行基本変形により，

$$(A \mid E) \quad \to \quad (E \mid D) \tag{4.15}$$

のとき，A は正則であり，$A^{-1} = D$ である[注6]．

定理 4.7 n 次正方行列 A に対して，次の 2 条件は同値である．

(**1**) A は正則である．

(**2**) $\operatorname{rank} A = n$.

証明 (**1**) → (**2**)．逆行列 A^{-1} が存在するので，任意の n 次元列ベクトル $\boldsymbol{b}$ に対して，連立 1 次方程式 $A\boldsymbol{x} = \boldsymbol{b}$ の解は，両辺に左から A^{-1} を掛けて，$\boldsymbol{x} = A^{-1}\boldsymbol{b}$ のみである．ゆえに，系 4.4 より，$\operatorname{rank} A = n$.
(**2**) → (**1**)．$\operatorname{rank} A = n$ なので，定理 4.1 より，A の簡約化は E である．行基本変形 (4.15) が可能であり，A は正則である． □

例 4.3 行列 $A = \begin{pmatrix} -6 & 9 \\ 2 & -3 \end{pmatrix}$ について，

$$\begin{aligned}
&\begin{pmatrix} -6 & 9 \\ 2 & -3 \end{pmatrix} \\
\to &\begin{pmatrix} 1 & -\frac{3}{2} \\ 2 & -3 \end{pmatrix} & &(\text{第 1 行}) \div (-6) \\
\to &\begin{pmatrix} 1 & -\frac{3}{2} \\ 0 & 0 \end{pmatrix} & &(\text{第 2 行}) - (\text{第 1 行}) \times 2
\end{aligned}$$

であるから，$\operatorname{rank} A = 1 < 2$．ゆえに，定理 4.7 より，$A$ は正則でない．

注 6 一方，最初の n 列を単位行列 E に変形できない場合は，変形の際に $(0\ 0\ \cdots\ 0 \mid *\ *\ \cdots\ *)$ の形の行が現れる．ゆえに，$\operatorname{rank} A < n$ を得て，定理 4.7 の (**1**) → (**2**) より，A は正則でない．

例題 4.6　消去法により，次の行列の逆行列を求めよ．

$$A = \begin{pmatrix} 1 & -2 & 3 \\ -4 & 5 & -6 \\ -2 & 3 & -1 \end{pmatrix}$$

解

$$\left(\begin{array}{ccc|ccc} 1 & -2 & 3 & 1 & 0 & 0 \\ -4 & 5 & -6 & 0 & 1 & 0 \\ -2 & 3 & -1 & 0 & 0 & 1 \end{array}\right)$$

$$\to \left(\begin{array}{ccc|ccc} 1 & -2 & 3 & 1 & 0 & 0 \\ 0 & -3 & 6 & 4 & 1 & 0 \\ 0 & -1 & 5 & 2 & 0 & 1 \end{array}\right) \quad \begin{matrix} (\text{第 2 行}) + (\text{第 1 行}) \times 4 \\ (\text{第 3 行}) + (\text{第 1 行}) \times 2 \end{matrix}$$

$$\to \left(\begin{array}{ccc|ccc} 1 & -2 & 3 & 1 & 0 & 0 \\ 0 & 1 & -2 & -\frac{4}{3} & -\frac{1}{3} & 0 \\ 0 & -1 & 5 & 2 & 0 & 1 \end{array}\right) \quad (\text{第 2 行}) \div (-3)$$

$$\to \left(\begin{array}{ccc|ccc} 1 & 0 & -1 & -\frac{5}{3} & -\frac{2}{3} & 0 \\ 0 & 1 & -2 & -\frac{4}{3} & -\frac{1}{3} & 0 \\ 0 & 0 & 3 & \frac{2}{3} & -\frac{1}{3} & 1 \end{array}\right) \quad \begin{matrix} (\text{第 1 行}) + (\text{第 2 行}) \times 2 \\ (\text{第 3 行}) + (\text{第 2 行}) \end{matrix}$$

$$\to \left(\begin{array}{ccc|ccc} 1 & 0 & -1 & -\frac{5}{3} & -\frac{2}{3} & 0 \\ 0 & 1 & -2 & -\frac{4}{3} & -\frac{1}{3} & 0 \\ 0 & 0 & 1 & \frac{2}{9} & -\frac{1}{9} & \frac{1}{3} \end{array}\right) \quad (\text{第 3 行}) \div 3$$

$$\to \left(\begin{array}{ccc|ccc} 1 & 0 & 0 & -\frac{13}{9} & -\frac{7}{9} & \frac{1}{3} \\ 0 & 1 & 0 & -\frac{8}{9} & -\frac{5}{9} & \frac{2}{3} \\ 0 & 0 & 1 & \frac{2}{9} & -\frac{1}{9} & \frac{1}{3} \end{array}\right) \quad \begin{matrix} (\text{第 1 行}) + (\text{第 3 行}) \\ (\text{第 2 行}) + (\text{第 3 行}) \times 2 \end{matrix}$$

ゆえに，$A^{-1} = \begin{pmatrix} -\frac{13}{9} & -\frac{7}{9} & \frac{1}{3} \\ -\frac{8}{9} & -\frac{5}{9} & \frac{2}{3} \\ \frac{2}{9} & -\frac{1}{9} & \frac{1}{3} \end{pmatrix}$． □

問 4.7　消去法により，次の行列の逆行列を求めよ．

(1) $\begin{pmatrix} 1 & -2 & 1 \\ 0 & 2 & 5 \\ 0 & 0 & 3 \end{pmatrix}$　　(2) $\begin{pmatrix} 2 & 5 & 3 \\ 1 & 3 & 1 \\ 3 & 8 & 2 \end{pmatrix}$

4.5　同次連立 1 次方程式

すべての成分が 0 の列ベクトルを $\mathbf{0}$ と書き，**零ベクトル**という．連立 1 次方程式 (4.13) において，$\boldsymbol{b}=\mathbf{0}$ の場合，すなわち，

$$A\boldsymbol{x}=\mathbf{0}$$

の形の連立 1 次方程式を**同次連立 1 次方程式**という．同次連立 1 次方程式は必ず $\boldsymbol{x}=\mathbf{0}$ を解としてもつ．

定理 4.8　A を $m \times n$ 行列とするとき，次の 2 条件は同値である．

(1) 連立 1 次方程式 $A\boldsymbol{x}=\mathbf{0}$ の解は $\boldsymbol{x}=\mathbf{0}$ に限る．

(2) $\operatorname{rank} A=n$.

証明　つねに $\operatorname{rank} A=\operatorname{rank}(A\,|\,\mathbf{0})$ なので，条件 **(2)** は $\operatorname{rank} A=\operatorname{rank}(A\,|\,\mathbf{0})=n$ と同値である．したがって，系 4.4 による．　□

系 4.9　A を n 正方行列とするとき，次の 2 条件は同値である．

(1) 連立 1 次方程式 $A\boldsymbol{x}=\mathbf{0}$ の解は $\boldsymbol{x}=\mathbf{0}$ に限る．

(2) $|A| \neq 0$.

証明　定理 3.13，4.7，4.8 による．　□

例題 4.7　次の連立 1 次方程式が $x=y=z=0$ 以外の解をもつような定数 k の値を求めよ．また，そのときの解を求めよ．

$$\begin{cases} x+2y-3z=0 \\ x-5y+kz=0 \\ -2x+4y+3z=0 \end{cases}$$

解　系 4.9 より，係数行列の行列式が 0 になるような k の値を求めればよい．

$$\begin{vmatrix} 1 & 2 & -3 \\ 1 & -5 & k \\ -2 & 4 & 3 \end{vmatrix} = \begin{vmatrix} 1 & 2 & -3 \\ 0 & -7 & k+3 \\ 0 & 8 & -3 \end{vmatrix} \quad \begin{matrix} (\text{第 2 行}) - (\text{第 1 行}) \\ (\text{第 3 行}) + (\text{第 1 行}) \times 2 \end{matrix}$$

$$= \begin{vmatrix} -7 & k+3 \\ 8 & -3 \end{vmatrix} = 21 - 8(k+3) = -8k - 3 = 0.$$

ゆえに，$k = -\dfrac{3}{8}$．このとき，連立 1 次方程式

$$\begin{cases} x + 2y - 3z = 0 \\ x - 5y - \frac{3}{8}z = 0 \\ -2x + 4y + 3z = 0 \end{cases}$$

の解を求める．

$$\begin{pmatrix} 1 & 2 & -3 \\ 1 & -5 & -\frac{3}{8} \\ -2 & 4 & 3 \end{pmatrix} \text{注 7}$$

$$\to \begin{pmatrix} 1 & 2 & -3 \\ 0 & -7 & \frac{21}{8} \\ 0 & 8 & -3 \end{pmatrix} \quad \begin{matrix} (\text{第 2 行}) - (\text{第 1 行}) \\ (\text{第 3 行}) + (\text{第 1 行}) \times 2 \end{matrix}$$

$$\to \begin{pmatrix} 1 & 2 & -3 \\ 0 & 1 & -\frac{3}{8} \\ 0 & 8 & -3 \end{pmatrix} \quad (\text{第 2 行}) \div (-7)$$

$$\to \begin{pmatrix} 1 & 0 & -\frac{9}{4} \\ 0 & 1 & -\frac{3}{8} \\ 0 & 0 & 0 \end{pmatrix} \quad \begin{matrix} (\text{第 1 行}) - (\text{第 2 行}) \times 2 \\ (\text{第 3 行}) - (\text{第 2 行}) \times 8 \end{matrix}$$

ゆえに，

$$\begin{cases} x \qquad - \frac{9}{4}z = 0 \\ \qquad y - \frac{3}{8}z = 0 \end{cases}$$

を得て，$z = c$ とおけば，$x = \dfrac{9}{4}c$，$y = \dfrac{3}{8}c$．したがって，

$$\begin{pmatrix} x \\ y \\ z \end{pmatrix} = \begin{pmatrix} \frac{9}{4}c \\ \frac{3}{8}c \\ c \end{pmatrix} = c \begin{pmatrix} \frac{9}{4} \\ \frac{3}{8} \\ 1 \end{pmatrix} \quad (c\text{ は任意}).$$

注 7　一般に，行列の行基本変形 $A \to B$ において，最後に $\mathbf{0}$ を付け加えれば，行基本変形 $(A \mid \mathbf{0}) \to (B \mid \mathbf{0})$ を得る．ゆえに，消去法により同次連立 1 次方程式 $A\boldsymbol{x} = \mathbf{0}$ の解を求める際は，係数行列 A だけを変形すればよい．

□

問 4.8　次の連立 1 次方程式が $x = y = 0$ 以外の解をもつような定数 k の値を求めよ．また，そのときの解を求めよ．

(1)　$\begin{cases} 3x + ky = 0 \\ x + (1-k)\,y = 0 \end{cases}$　　(2)　$\begin{cases} (1-k)\,x + 2y = 0 \\ 4x + (3-k)\,y = 0 \end{cases}$

4.6　線形従属・線形独立

$K = \mathbb{R}$ または $K = \mathbb{C}$ とする．K の元を成分とする n 次元列ベクトル

$$\boldsymbol{x} = \begin{pmatrix} x_1 \\ x_2 \\ \vdots \\ x_n \end{pmatrix}$$

全体の集合を K^n と書く．すなわち，

$$K^n = \left\{ \begin{pmatrix} x_1 \\ x_2 \\ \vdots \\ x_n \end{pmatrix} \mid x_1, x_2, \ldots, x_n \in K \right\}.$$

例 4.4　実数を成分とする 2 次元列ベクトル $\begin{pmatrix} x \\ y \end{pmatrix}$ を平面のベクトルの成分表示と考えて，

$$\mathbb{R}^2 = \left\{ \begin{pmatrix} x \\ y \end{pmatrix} \mid x, y \in \mathbb{R} \right\}$$

は平面のベクトル全体の集合である．

例 4.5　実数を成分とする 3 次元列ベクトル $\begin{pmatrix} x \\ y \\ z \end{pmatrix}$ を空間のベクトルの成分表示と考えて，集合

$$\mathbb{R}^3 = \left\{ \begin{pmatrix} x \\ y \\ z \end{pmatrix} \mid x, y, z \in \mathbb{R} \right\}$$

は空間のベクトル全体の集合である.

p 個のベクトル $\boldsymbol{a}_1, \boldsymbol{a}_2, \ldots, \boldsymbol{a}_p \in K^n$ について,

$$x_1\boldsymbol{a}_1 + x_2\boldsymbol{a}_2 + \cdots + x_p\boldsymbol{a}_p = \boldsymbol{0}, \quad \begin{pmatrix} x_1 \\ x_2 \\ \vdots \\ x_p \end{pmatrix} \neq \boldsymbol{0}$$

をみたす $x_1, x_2, \ldots, x_p \in K$ が存在するとき, $\boldsymbol{a}_1, \boldsymbol{a}_2, \ldots, \boldsymbol{a}_p$ は**線形従属**（**1 次従属**）であるという. また, $\boldsymbol{a}_1, \boldsymbol{a}_2, \ldots, \boldsymbol{a}_p$ は, 線形従属でないとき, **線形独立**（**1 次独立**）であるという[注 8].

定理 4.10　$\boldsymbol{a}, \boldsymbol{b} \in \mathbb{R}^2$（または $\mathbb{R}^3$）について, 次の 2 条件は同値である.

(1) $\boldsymbol{a}, \boldsymbol{b}$ は線形独立である.

(2) $\boldsymbol{a} \neq \boldsymbol{0}$,　$\boldsymbol{b} \neq \boldsymbol{0}$,　$\boldsymbol{a} \not\parallel \boldsymbol{b}$.

証明　(1) → (2). 仮に $\boldsymbol{a} = \boldsymbol{0}$ とすると, $1 \cdot \boldsymbol{a} + 0 \cdot \boldsymbol{b} = 1 \cdot \boldsymbol{0} + \boldsymbol{0} = \boldsymbol{0}$, $\begin{pmatrix} 1 \\ 0 \end{pmatrix} \neq \begin{pmatrix} 0 \\ 0 \end{pmatrix}$ であるから, $\boldsymbol{a}, \boldsymbol{b}$ は線形従属であり, 仮定に反する. ゆえに, $\boldsymbol{a} \neq \boldsymbol{0}$ でなければならない. 同様にして, $\boldsymbol{b} \neq \boldsymbol{0}$. 仮に $\boldsymbol{a} \parallel \boldsymbol{b}$ とすると, $t \in \mathbb{R}$, $t \neq 0$, が存在して, $\boldsymbol{a} = t\boldsymbol{b}$ と書けるから, $1\boldsymbol{a} + (-t)\boldsymbol{b} = \boldsymbol{a} - t\boldsymbol{b} = \boldsymbol{0}$, $\begin{pmatrix} 1 \\ -t \end{pmatrix} \neq \begin{pmatrix} 0 \\ 0 \end{pmatrix}$ を得て, $\boldsymbol{a}, \boldsymbol{b}$ は線形従属であり, 仮定に反する. ゆえに, $\boldsymbol{a} \not\parallel \boldsymbol{b}$ でなければならない.
(2) → (1). $x\boldsymbol{a} + y\boldsymbol{b} = \boldsymbol{0}$, $x, y \in \mathbb{R}$, とする. 仮に $x \neq 0$ とすると, $\boldsymbol{a} = -\dfrac{y}{x}\boldsymbol{b}$ を得て, $y = 0$ のときは $\boldsymbol{a} = \boldsymbol{0}$, $y \neq 0$ のときは $\boldsymbol{a} \parallel \boldsymbol{b}$ となり, 仮定に反する. ゆえに, $x = 0$ でなければならない. 同様にして, $y = 0$. よって, $x = y = 0$ を得て, $\boldsymbol{a}, \boldsymbol{b}$ は線形独立である. □

注 8　したがって, p 個のベクトル $\boldsymbol{a}_1, \boldsymbol{a}_2, \ldots, \boldsymbol{a}_p \in K^n$ が線形独立であるための条件は, 等式 $x_1\boldsymbol{a}_1 + x_2\boldsymbol{a}_2 + \cdots + x_p\boldsymbol{a}_p = \boldsymbol{0}$ をみたす $x_1, x_2, \ldots, x_p \in K$ が $x_1 = x_2 = \cdots = x_p = 0$ に限ることである.

定理 4.11 $\boldsymbol{a}_1, \boldsymbol{a}_2, \ldots, \boldsymbol{a}_n \in K^m$ のとき，$m \times n$ 行列 $A = (\boldsymbol{a}_1\ \boldsymbol{a}_2\ \cdots\ \boldsymbol{a}_n)$ について，次の 2 条件は同値である．

(1) $\operatorname{rank} A = n$.

(2) $\boldsymbol{a}_1, \boldsymbol{a}_2, \ldots, \boldsymbol{a}_n$ は線形独立である．

証明 $\boldsymbol{x} = \begin{pmatrix} x_1 \\ x_2 \\ \vdots \\ x_n \end{pmatrix} \in K^n$ について，$A\boldsymbol{x} = x_1\boldsymbol{a}_1 + x_2\boldsymbol{a}_2 + \cdots + x_n\boldsymbol{a}_n$ であるから，定理 4.8 より，

$$\begin{aligned} \operatorname{rank} A = n \quad &\Leftrightarrow \quad A\boldsymbol{x} = \boldsymbol{0} \text{ ならば } \boldsymbol{x} = \boldsymbol{0} \\ &\Leftrightarrow \quad x_1\boldsymbol{a}_1 + x_2\boldsymbol{a}_2 + \cdots + x_n\boldsymbol{a}_n = \boldsymbol{0} \text{ ならば } x_1 = x_2 = \cdots = x_n = 0 \\ &\Leftrightarrow \quad \boldsymbol{a}_1, \boldsymbol{a}_2, \ldots, \boldsymbol{a}_n \text{ は線形独立．} \end{aligned}$$

□

問 4.9 $\boldsymbol{a}_1, \boldsymbol{a}_2, \ldots, \boldsymbol{a}_n \in K^m$ のとき，$\boldsymbol{a}_1, \boldsymbol{a}_2, \ldots, \boldsymbol{a}_n$ が線形独立ならば，$n \leqq m$ であることを確かめよ．

定理 4.11 で $m = n$ の場合を考えて，次の系を得る．

系 4.12 $\boldsymbol{a}_1, \boldsymbol{a}_2, \ldots, \boldsymbol{a}_n \in K^n$ のとき，n 次正方行列 $A = (\boldsymbol{a}_1\ \boldsymbol{a}_2\ \cdots\ \boldsymbol{a}_n)$ について，次の 2 条件は同値である．

(1) A は正則である．

(2) $\boldsymbol{a}_1, \boldsymbol{a}_2, \ldots, \boldsymbol{a}_n$ は線形独立である．

証明 定理 4.7，4.11 による． □

例 4.6 n 次単位行列 E_n の列ベクトル表示を

$$E_n = (\boldsymbol{e}_1\ \boldsymbol{e}_2\ \cdots\ \boldsymbol{e}_n)$$

と書き，ベクトル $\boldsymbol{e}_1, \boldsymbol{e}_2, \ldots, \boldsymbol{e}_n$ を K^n の**基本ベクトル**という．E_n は正則なので，系 4.12 より，基本ベクトル $\boldsymbol{e}_1, \boldsymbol{e}_2, \ldots, \boldsymbol{e}_n$ は線形独立である．

問 4.10　任意の $\boldsymbol{x} = \begin{pmatrix} x_1 \\ x_2 \\ \vdots \\ x_n \end{pmatrix} \in K^n$ に対して，次の等式を確かめよ．

$$\boldsymbol{x} = x_1\boldsymbol{e}_1 + x_2\boldsymbol{e}_2 + \cdots + x_n\boldsymbol{e}_n$$

例 4.7　ベクトル $\boldsymbol{a} = \begin{pmatrix} 1 \\ 1 \end{pmatrix}$, $\boldsymbol{b} = \begin{pmatrix} 1 \\ 3 \end{pmatrix} \in \mathbb{R}^2$ について，

$$\det(\boldsymbol{a}\ \ \boldsymbol{b}) = \begin{vmatrix} 1 & 1 \\ 1 & 3 \end{vmatrix} = 3 - 1 = 2 \neq 0$$

なので，定理 3.13 より，行列 $(\boldsymbol{a}\ \ \boldsymbol{b})$ は正則である．よって，系 4.12 より，$\boldsymbol{a}, \boldsymbol{b}$ は線形独立である．

問 4.11　次の $\boldsymbol{a}, \boldsymbol{b}, \boldsymbol{c} \in \mathbb{R}^3$ が線形従属か線形独立かを調べよ．

(1) $\boldsymbol{a} = \begin{pmatrix} 1 \\ -1 \\ 1 \end{pmatrix}$,　$\boldsymbol{b} = \begin{pmatrix} -1 \\ -2 \\ 1 \end{pmatrix}$,　$\boldsymbol{c} = \begin{pmatrix} 5 \\ 1 \\ 1 \end{pmatrix}$

(2) $\boldsymbol{a} = \begin{pmatrix} -2 \\ 1 \\ 8 \end{pmatrix}$,　$\boldsymbol{b} = \begin{pmatrix} 16 \\ -1 \\ -3 \end{pmatrix}$,　$\boldsymbol{c} = \begin{pmatrix} 17 \\ -3 \\ 0 \end{pmatrix}$

問 4.12　次の $\boldsymbol{a}_1, \boldsymbol{a}_2, \boldsymbol{a}_3, \boldsymbol{a}_4 \in \mathbb{R}^4$ が線形従属か線形独立かを調べよ．

(1) $\boldsymbol{a}_1 = \begin{pmatrix} 2 \\ -1 \\ 1 \\ 0 \end{pmatrix}$,　$\boldsymbol{a}_2 = \begin{pmatrix} 0 \\ 2 \\ -1 \\ 1 \end{pmatrix}$,　$\boldsymbol{a}_3 = \begin{pmatrix} -1 \\ 1 \\ 0 \\ 2 \end{pmatrix}$,　$\boldsymbol{a}_4 = \begin{pmatrix} 1 \\ 0 \\ 2 \\ -1 \end{pmatrix}$

(2) $\boldsymbol{a}_1 = \begin{pmatrix} -1 \\ 1 \\ 0 \\ 1 \end{pmatrix}$,　$\boldsymbol{a}_2 = \begin{pmatrix} 0 \\ -3 \\ 1 \\ -1 \end{pmatrix}$,　$\boldsymbol{a}_3 = \begin{pmatrix} 1 \\ -1 \\ 2 \\ 0 \end{pmatrix}$,　$\boldsymbol{a}_4 = \begin{pmatrix} -2 \\ -5 \\ -1 \\ -2 \end{pmatrix}$

演習問題［A］

演 4.1 次の行列 A の簡約化と階数を求めよ．

(1) $A=\begin{pmatrix} 1 & -5 & 3 & 0 & -2 \\ 0 & 0 & 1 & 0 & -2 \\ 1 & -5 & 4 & 1 & -4 \end{pmatrix}$　(2) $A=\begin{pmatrix} 0 & 1 & 0 & 0 & -1 \\ 0 & 0 & 3 & 2 & 1 \\ 0 & 0 & -6 & -4 & -2 \end{pmatrix}$

(3) $A=\begin{pmatrix} 1 & 1 & 2 & 1 & -1 \\ -1 & 1 & 1 & 2 & 5 \\ 4 & 2 & 5 & 1 & 2 \\ 5 & 3 & 7 & 2 & 0 \end{pmatrix}$　(4) $A=\begin{pmatrix} 2 & 6 & -4 & -5 & 5 \\ 1 & 3 & -2 & 2 & 1 \\ -1 & -3 & 2 & 4 & -3 \\ 3 & 9 & -6 & -3 & 6 \end{pmatrix}$

演 4.2 消去法により，次の連立 1 次方程式の解を求めよ．

(1) $\begin{cases} x_1 - x_2 - x_3 + x_4 = 1 \\ x_1 - x_2 + x_3 + x_4 = -1 \\ x_1 + x_2 - x_3 - x_4 = -1 \\ -x_1 + x_2 + x_3 + x_4 = 3 \end{cases}$　(2) $\begin{cases} 2x_1 + x_2 - x_3 - 2x_4 = 0 \\ 2x_1 - x_2 + x_3 + 2x_4 = 1 \\ 3x_1 + 3x_2 - 4x_3 - 4x_4 = -1 \\ 3x_1 - 2x_2 + 3x_3 + 2x_4 = 2 \end{cases}$

(3) $\begin{cases} x_1 + 2x_2 + x_3 + x_4 = 1 \\ x_1 + x_2 - x_3 + 2x_4 = 6 \\ 2x_1 + 5x_2 + 4x_3 + x_4 = -3 \\ 3x_1 + 7x_2 + 5x_3 + 2x_4 = -2 \end{cases}$　(4) $\begin{cases} 5x_1 - 4x_2 + 3x_3 + 2x_4 = 1 \\ -15x_1 + 12x_2 - 9x_3 - 6x_4 = -3 \\ \frac{5}{2}x_1 - 2x_2 + \frac{3}{2}x_3 + x_4 = \frac{1}{2} \\ -10x_1 + 8x_2 - 6x_3 - 4x_4 = -2 \end{cases}$

演 4.3 消去法により，次の等式をみたす行列 X を求めよ．

$$\begin{pmatrix} 1 & 3 & -1 \\ 2 & 1 & -3 \\ 3 & 2 & -4 \end{pmatrix} X = \begin{pmatrix} 1 & 1 & 0 \\ 0 & 1 & 0 \\ 0 & 0 & 2 \end{pmatrix}$$

演 4.4 消去法により，次の行列の逆行列を求めよ．

(1) $\begin{pmatrix} 1 & -2 \\ 0 & 2 \end{pmatrix}$　(2) $\begin{pmatrix} 2 & 5 \\ 3 & 2 \end{pmatrix}$

(3) $\begin{pmatrix} 1 & 2 & 3 \\ 2 & 3 & 4 \\ 3 & 5 & 6 \end{pmatrix}$　(4) $\begin{pmatrix} 3 & -2 & 1 \\ 1 & 2 & 1 \\ -1 & 5 & 1 \end{pmatrix}$

演習問題［B］

演 4.5　2 次正方行列のうち，簡約行列をすべて求めよ．

演 4.6　3 次正方行列のうち，簡約行列をすべて求めよ．

演 4.7　(x, y) を平面の点と考えて，次の連立 1 次方程式の解の集合 S を分類せよ．

$$\begin{cases} ax + by = p \\ cx + dy = q \end{cases}$$

演 4.8　(x, y, z) を空間の点と考えて，次の連立 1 次方程式の解の集合 S を分類せよ．

$$\begin{cases} a_1x + b_1y + c_1z = p_1 \\ a_2x + b_2y + c_2z = p_2 \\ a_3x + b_3y + c_3z = p_3 \end{cases}$$

演 4.9　次の連立 1 次方程式が解をもつような定数 a, b についての条件を求めよ．

(1) $\begin{cases} 2x_1 - 2x_2 - 3x_3 + x_4 = 0 \\ 2x_1 - x_2 + x_3 + x_4 = 1 \\ 3x_1 + 3x_2 - 2x_3 - 4x_4 = a \\ 3x_1 - 7x_2 + x_3 + 7x_4 = b \end{cases}$　　(2) $\begin{cases} x_1 + 2x_2 + 3x_3 + 4x_4 = 1 \\ 2x_1 + 3x_2 - 4x_3 - 2x_4 = -2 \\ 3x_1 + 5x_2 - x_3 + ax_4 = 3 \\ 5x_1 + 7x_2 - 15x_3 + bx_4 = -4 \end{cases}$

演 4.10　消去法により，次の行列の逆行列を求めよ．

(1) $\begin{pmatrix} 1 & 1 & 2 & 3 \\ 1 & 2 & 3 & 5 \\ 2 & 0 & 5 & 0 \\ 3 & 5 & 8 & 12 \end{pmatrix}$　　(2) $\begin{pmatrix} 0 & -1 & 2 & 1 \\ 2 & 0 & -1 & 1 \\ 3 & 0 & -1 & 0 \\ 2 & 0 & 0 & -4 \end{pmatrix}$

演 4.11　n 次正方行列 A について，次の 2 条件は同値であることを証明せよ．

(1)　A は正則である．

(2)　次の条件をみたす n 次正方行列 B は存在しない．

$$AB = O, \quad B \neq O$$

演 4.12　次の 3 個のベクトルが線形従属になるような x の値を求めよ．

(1) $\begin{pmatrix} x \\ 1 \\ 1 \end{pmatrix}, \begin{pmatrix} x \\ 2 \\ 1 \end{pmatrix}, \begin{pmatrix} 2 \\ 3 \\ 1 \end{pmatrix}$　　(2) $\begin{pmatrix} -1 \\ 3 \\ 2 \end{pmatrix}, \begin{pmatrix} 1 \\ -2 \\ 4 \end{pmatrix}, \begin{pmatrix} x \\ x^2 \\ x^3 \end{pmatrix}$

第 5 章

固有値・固有ベクトル

5.1 固有値・固有ベクトル

n 次正方行列 A と数 λ に対して，

$$A\boldsymbol{x} = \lambda\boldsymbol{x}, \quad \boldsymbol{x} \neq \boldsymbol{0}$$

をみたす n 次元列ベクトル $\boldsymbol{x}$ が存在するとき，λ を A の**固有値**，$\boldsymbol{x}$ を固有値 λ に対する**固有ベクトル**という．

定理 5.1 A を n 次正方行列，λ を数とするとき，次の 2 条件は同値である．

(1) λ は A の固有値である．

(2) $|A - \lambda E| = 0$.

証明 n 次元列ベクトル $\boldsymbol{x}$ に対し $A\boldsymbol{x} - \lambda\boldsymbol{x} = A\boldsymbol{x} - \lambda E\boldsymbol{x} = (A - \lambda E)\boldsymbol{x}$ であるから，

$$A\boldsymbol{x} = \lambda\boldsymbol{x} \quad \Leftrightarrow \quad (A - \lambda E)\boldsymbol{x} = \boldsymbol{0}.$$

したがって，系 4.9 より，

$$\begin{aligned} \lambda \text{ が } A \text{ の固有値である} \quad &\Leftrightarrow \quad (A - \lambda E)\boldsymbol{x} = \boldsymbol{0} \text{ をみたす } \boldsymbol{x} \neq \boldsymbol{0} \text{ が存在する} \\ &\Leftrightarrow \quad |A - \lambda E| = 0. \end{aligned}$$

□

n 次正方行列 A に対して，定理 5.1 より，数 λ についての方程式

$$|A-\lambda E|=0 \tag{5.1}$$

の解が A のすべての固有値を与える．方程式 (5.1) を A の**固有方程式**，方程式 (5.1) の左辺を A の**固有多項式**という．

問 5.1 n 次正方行列 A に対して，次の等式を証明せよ．

$$|A-\lambda E|=(-1)^n|\lambda E-A|$$

問 5.2 A を n 次正方行列，P を正則な n 次正方行列とするとき，次の等式を証明せよ[注1]．

$$\left|P^{-1}AP-\lambda E\right|=|A-\lambda E|$$

例題 5.1 次の行列 A の固有値と固有ベクトルを求めよ．

(1) $A=\begin{pmatrix} \frac{3}{2} & -\frac{1}{2} \\ -1 & 1 \end{pmatrix}$ (2) $A=\begin{pmatrix} -1 & 4 \\ -1 & -5 \end{pmatrix}$

解 (1) A の固有多項式は

$$\begin{aligned}|A-\lambda E|&=\begin{vmatrix} \frac{3}{2}-\lambda & -\frac{1}{2} \\ -1 & 1-\lambda \end{vmatrix}=\left(\frac{3}{2}-\lambda\right)(1-\lambda)-\frac{1}{2}\\ &=\lambda^2-\frac{5}{2}\lambda+1=\left(\lambda-\frac{1}{2}\right)(\lambda-2).\end{aligned}$$

ゆえに，$\left(\lambda-\dfrac{1}{2}\right)(\lambda-2)=0$ より，A の固有値は $\lambda=\dfrac{1}{2}, 2$.

- $\lambda=\dfrac{1}{2}$ に対する固有ベクトルを求める．

$$\left(A-\frac{1}{2}E\right)\begin{pmatrix} x \\ y \end{pmatrix}=\begin{pmatrix} 1 & -\frac{1}{2} \\ -1 & \frac{1}{2} \end{pmatrix}\begin{pmatrix} x \\ y \end{pmatrix}=\begin{pmatrix} 0 \\ 0 \end{pmatrix}$$

注1 正方行列 A, B について，正則行列 P が存在して，$P^{-1}AP=B$ が成り立つとき，A と B は**相似**であるという．この問により，相似な行列の固有多項式は等しい．

より，

$$\begin{cases} x - \frac{1}{2}y = 0 \\ -x + \frac{1}{2}y = 0 \end{cases}$$

を得て，

$$x - \frac{1}{2}y = 0.$$

したがって，$y = c_1$ とおいて，

$$\begin{pmatrix} x \\ y \end{pmatrix} = \begin{pmatrix} \frac{1}{2}c_1 \\ c_1 \end{pmatrix} = c_1 \begin{pmatrix} \frac{1}{2} \\ 1 \end{pmatrix} \quad (c_1 \neq 0).$$

- $\lambda = 2$ に対する固有ベクトルを求める．

$$(A - 2E)\begin{pmatrix} x \\ y \end{pmatrix} = \begin{pmatrix} -\frac{1}{2} & -\frac{1}{2} \\ -1 & -1 \end{pmatrix}\begin{pmatrix} x \\ y \end{pmatrix} = \begin{pmatrix} 0 \\ 0 \end{pmatrix}$$

より，

$$\begin{cases} -\frac{1}{2}x - \frac{1}{2}y = 0 \\ -x - y = 0 \end{cases}$$

を得て，

$$x + y = 0.$$

したがって，$y = c_2$ とおいて，

$$\begin{pmatrix} x \\ y \end{pmatrix} = \begin{pmatrix} -c_2 \\ c_2 \end{pmatrix} = c_2 \begin{pmatrix} -1 \\ 1 \end{pmatrix} \quad (c_2 \neq 0).$$

(2) A の固有多項式は

$$|A - \lambda E| = \begin{vmatrix} -1-\lambda & 4 \\ -1 & -5-\lambda \end{vmatrix} = (-1-\lambda)(-5-\lambda) + 4$$
$$= \lambda^2 + 6\lambda + 9 = (\lambda + 3)^2.$$

ゆえに，$(\lambda + 3)^2 = 0$ より，A の固有値は $\lambda = -3$（2 重解）．
$\lambda = -3$ に対する固有ベクトルを求める．

$$(A + 3E)\begin{pmatrix} x \\ y \end{pmatrix} = \begin{pmatrix} 2 & 4 \\ -1 & -2 \end{pmatrix}\begin{pmatrix} x \\ y \end{pmatrix} = \begin{pmatrix} 0 \\ 0 \end{pmatrix}$$

より，

$$\begin{cases} 2x + 4y = 0 \\ -x - 2y = 0 \end{cases}$$

を得て，

$$x+2y=0.$$

$y=c$ とおいて，$x=-2c$．したがって，

$$\begin{pmatrix} x \\ y \end{pmatrix} = \begin{pmatrix} -2c \\ c \end{pmatrix} = c\begin{pmatrix} -2 \\ 1 \end{pmatrix} \quad (c \neq 0).$$

□

問 5.3 次の行列 A の固有値と固有ベクトルを求めよ．

(1) $A=\begin{pmatrix} 2 & -3 \\ 4 & -5 \end{pmatrix}$ (2) $A=\begin{pmatrix} 1 & 5 \\ 1 & -3 \end{pmatrix}$

例 5.1 $\theta \in \mathbb{R}$ のとき，行列 $R(\theta)=\begin{pmatrix} \cos\theta & -\sin\theta \\ \sin\theta & \cos\theta \end{pmatrix}$ の固有値を求めよう．固有多項式は

$$|R(\theta)-\lambda E| = \begin{vmatrix} \cos\theta-\lambda & -\sin\theta \\ \sin\theta & \cos\theta-\lambda \end{vmatrix} = (\cos\theta-\lambda)^2+\sin^2\theta.$$

ゆえに，$R(\theta)$ の固有値は

$$(\cos\theta-\lambda)^2+\sin^2\theta=0$$

より

$$\lambda=\cos\theta \pm \mathrm{i}\sin\theta.$$

したがって，行列 $R(\theta)$ の固有値は，$\theta \neq n\pi$，$n \in \mathbb{Z}$，のとき，ふたつとも虚数である．このように，実行列[注2]であっても，その固有値は虚数になることがある．

[注2] 成分の取り得る値の範囲が集合 $\mathbb{R}$ であるような行列を**実行列**といい，成分の取り得る値の範囲が集合 $\mathbb{C}$ であるような行列を**複素行列**という．

5.2 固有多項式の展開

n 次正方行列 $A=(a_{ij})$ に対して，A のすべての対角成分の和を A の**トレース**といい，$\mathrm{tr}\,A$ と書く．すなわち，

$$\mathrm{tr}\,A=\sum_{k=1}^{n}a_{kk}=a_{11}+a_{22}+\cdots+a_{nn}.$$

問 5.4 2 次正方行列 $A=\begin{pmatrix} a_{11} & a_{12} \\ a_{21} & a_{22} \end{pmatrix}$ について，次の等式を証明せよ．

$$|A-\lambda E|=\lambda^2-(\mathrm{tr}\,A)\,\lambda+|A|.$$

例 5.2 行列 $A=\begin{pmatrix} 1 & 2 \\ 3 & 4 \end{pmatrix}$ について，

$$\mathrm{tr}\,A=1+4=5,\qquad |A|=\begin{vmatrix} 1 & 2 \\ 3 & 4 \end{vmatrix}=4-6=-2$$

なので，A の固有多項式は，

$$|A-\lambda E|=\lambda^2-5\lambda-2.$$

A の固有値は，$\lambda^2-5\lambda-2=0$ より，$\lambda=\dfrac{5\pm\sqrt{33}}{2}$.

例題 5.2 3 次正方行列 $A=\begin{pmatrix} a_{11} & a_{12} & a_{13} \\ a_{21} & a_{22} & a_{23} \\ a_{31} & a_{32} & a_{33} \end{pmatrix}$ について，次の等式を証明せよ．

$$|A-\lambda E|=(-1)^3\left\{\lambda^3-(\mathrm{tr}\,A)\,\lambda^2+(D_{11}+D_{22}+D_{33})\,\lambda-|A|\right\}$$

証明

$$|A-\lambda E|$$

$$
\begin{aligned}
&= \begin{vmatrix} a_{11}-\lambda & a_{12} & a_{13} \\ a_{21} & a_{22}-\lambda & a_{23} \\ a_{31} & a_{32} & a_{33}-\lambda \end{vmatrix} \\
&= \begin{vmatrix} a_{11} & a_{12} & a_{13} \\ a_{21} & a_{22} & a_{23} \\ a_{31} & a_{32} & a_{33} \end{vmatrix} + \begin{vmatrix} a_{11} & a_{12} & 0 \\ a_{21} & a_{22} & 0 \\ a_{31} & a_{32} & -\lambda \end{vmatrix} + \begin{vmatrix} a_{11} & 0 & a_{13} \\ a_{21} & -\lambda & a_{23} \\ a_{31} & 0 & a_{33} \end{vmatrix} \\
&\quad + \begin{vmatrix} a_{11} & 0 & 0 \\ a_{21} & -\lambda & 0 \\ a_{31} & 0 & -\lambda \end{vmatrix} + \begin{vmatrix} -\lambda & a_{12} & a_{13} \\ 0 & a_{22} & a_{23} \\ 0 & a_{32} & a_{33} \end{vmatrix} + \begin{vmatrix} -\lambda & a_{12} & 0 \\ 0 & a_{22} & 0 \\ 0 & a_{32} & -\lambda \end{vmatrix} \\
&\quad + \begin{vmatrix} -\lambda & 0 & a_{13} \\ 0 & -\lambda & a_{23} \\ 0 & 0 & a_{33} \end{vmatrix} + \begin{vmatrix} -\lambda & 0 & 0 \\ 0 & -\lambda & 0 \\ 0 & 0 & -\lambda \end{vmatrix} \\
&= |A| - \lambda \begin{vmatrix} a_{11} & a_{12} \\ a_{21} & a_{22} \end{vmatrix} - \lambda \begin{vmatrix} a_{11} & a_{13} \\ a_{31} & a_{33} \end{vmatrix} + a_{11}\lambda^2 - \lambda \begin{vmatrix} a_{22} & a_{23} \\ a_{32} & a_{33} \end{vmatrix} \\
&\quad + a_{22}\lambda^2 + a_{33}\lambda^2 - \lambda^3 \\
&= -\lambda^3 + (a_{11}+a_{22}+a_{33})\,\lambda^2 - \left(\begin{vmatrix} a_{22} & a_{23} \\ a_{32} & a_{33} \end{vmatrix} + \begin{vmatrix} a_{11} & a_{13} \\ a_{31} & a_{33} \end{vmatrix} + \begin{vmatrix} a_{11} & a_{12} \\ a_{21} & a_{22} \end{vmatrix} \right) \lambda \\
&\quad + |A| \\
&= -\lambda^3 + (\mathrm{tr}\,A)\,\lambda^2 - (D_{11}+D_{22}+D_{33})\,\lambda + |A| \\
&= (-1)^3 \left\{ \lambda^3 - (\mathrm{tr}\,A)\,\lambda^2 + (D_{11}+D_{22}+D_{33})\,\lambda - |A| \right\}.
\end{aligned}
$$

□

例題 5.3 次の行列の固有値と固有ベクトルを求めよ.

$$
A = \begin{pmatrix} 3 & 1 & 1 \\ 1 & 2 & 0 \\ 1 & 0 & 2 \end{pmatrix}
$$

解 A の固有多項式は

$$
\begin{aligned}
|A-\lambda E| &= \begin{vmatrix} 3-\lambda & 1 & 1 \\ 1 & 2-\lambda & 0 \\ 1 & 0 & 2-\lambda \end{vmatrix} \\
&= -\left\{ \lambda^3 - (3+2+2)\,\lambda^2 + \left(\begin{vmatrix} 2 & 0 \\ 0 & 2 \end{vmatrix} + \begin{vmatrix} 3 & 1 \\ 1 & 2 \end{vmatrix} + \begin{vmatrix} 3 & 1 \\ 1 & 2 \end{vmatrix} \right) \lambda - |A| \right\}.
\end{aligned}
$$

ここで，

$$\begin{vmatrix} 2 & 0 \\ 0 & 2 \end{vmatrix} + \begin{vmatrix} 3 & 1 \\ 1 & 2 \end{vmatrix} + \begin{vmatrix} 3 & 1 \\ 1 & 2 \end{vmatrix} = (4-0)+(6-1)+(6-1) = 4+5+5 = 14,$$

$$|A| = \begin{vmatrix} 3 & 1 & 1 \\ 1 & 2 & 0 \\ 1 & 0 & 2 \end{vmatrix} = \begin{vmatrix} 0 & -5 & 1 \\ 1 & 2 & 0 \\ 0 & -2 & 2 \end{vmatrix} = -\begin{vmatrix} -5 & 1 \\ -2 & 2 \end{vmatrix} = -(-10+2) = 8$$

であるから，

$$|A-\lambda E| = -\left(\lambda^3 - 7\lambda^2 + 14\lambda - 8\right) = -(\lambda-1)(\lambda-2)(\lambda-4).$$

ゆえに，A の固有値は $\lambda = 1, 2, 4$.

- $\lambda = 1$ に対する固有ベクトルを求める．

$$(A-E)\begin{pmatrix} x \\ y \\ z \end{pmatrix} = \begin{pmatrix} 2 & 1 & 1 \\ 1 & 1 & 0 \\ 1 & 0 & 1 \end{pmatrix}\begin{pmatrix} x \\ y \\ z \end{pmatrix} = \begin{pmatrix} 0 \\ 0 \\ 0 \end{pmatrix}.$$

$$\begin{pmatrix} 2 & 1 & 1 \\ 1 & 1 & 0 \\ 1 & 0 & 1 \end{pmatrix}$$

$$\to \begin{pmatrix} 1 & \frac{1}{2} & \frac{1}{2} \\ 1 & 1 & 0 \\ 1 & 0 & 1 \end{pmatrix} \qquad (\text{第 1 行}) \div 2$$

$$\to \begin{pmatrix} 1 & \frac{1}{2} & \frac{1}{2} \\ 0 & \frac{1}{2} & -\frac{1}{2} \\ 0 & -\frac{1}{2} & \frac{1}{2} \end{pmatrix} \qquad \begin{matrix} (\text{第 2 行}) - (\text{第 1 行}) \\ (\text{第 3 行}) - (\text{第 1 行}) \end{matrix}$$

$$\to \begin{pmatrix} 1 & \frac{1}{2} & \frac{1}{2} \\ 0 & 1 & -1 \\ 0 & -\frac{1}{2} & \frac{1}{2} \end{pmatrix} \qquad (\text{第 2 行}) \times 2$$

$$\to \begin{pmatrix} 1 & 0 & 1 \\ 0 & 1 & -1 \\ 0 & 0 & 0 \end{pmatrix} \qquad \begin{matrix} (\text{第 1 行}) - (\text{第 2 行}) \times \frac{1}{2} \\ (\text{第 3 行}) + (\text{第 2 行}) \times \frac{1}{2} \end{matrix}$$

ゆえに，

$$\begin{cases} x \quad + z = 0 \\ \quad y - z = 0 \end{cases}$$

を得て，$z=c_1$ とおけば，$x=-c_1$，$y=c_1$．したがって，

$$\begin{pmatrix} x \\ y \\ z \end{pmatrix} = \begin{pmatrix} -c_1 \\ c_1 \\ c_1 \end{pmatrix} = c_1 \begin{pmatrix} -1 \\ 1 \\ 1 \end{pmatrix} \quad (c_1 \neq 0).$$

- $\lambda=2$ に対する固有ベクトルを求める．

$$(A-2E)\begin{pmatrix} x \\ y \\ z \end{pmatrix} = \begin{pmatrix} 1 & 1 & 1 \\ 1 & 0 & 0 \\ 1 & 0 & 0 \end{pmatrix}\begin{pmatrix} x \\ y \\ z \end{pmatrix} = \begin{pmatrix} 0 \\ 0 \\ 0 \end{pmatrix}.$$

$$\begin{pmatrix} 1 & 1 & 1 \\ 1 & 0 & 0 \\ 1 & 0 & 0 \end{pmatrix}$$

$$\to \begin{pmatrix} 1 & 1 & 1 \\ 0 & -1 & -1 \\ 0 & -1 & -1 \end{pmatrix} \quad \begin{matrix} (\text{第 2 行})-(\text{第 1 行}) \\ (\text{第 3 行})-(\text{第 1 行}) \end{matrix}$$

$$\to \begin{pmatrix} 1 & 1 & 1 \\ 0 & 1 & 1 \\ 0 & -1 & -1 \end{pmatrix} \quad (\text{第 2 行})\times(-1)$$

$$\to \begin{pmatrix} 1 & 0 & 0 \\ 0 & 1 & 1 \\ 0 & 0 & 0 \end{pmatrix} \quad \begin{matrix} (\text{第 1 行})-(\text{第 2 行}) \\ (\text{第 3 行})+(\text{第 2 行}) \end{matrix}$$

ゆえに，

$$\begin{cases} x = 0 \\ y + z = 0 \end{cases}$$

を得て，$z=c_2$ とおけば，$x=0$，$y=-c_2$．したがって，

$$\begin{pmatrix} x \\ y \\ z \end{pmatrix} = \begin{pmatrix} 0 \\ -c_2 \\ c_2 \end{pmatrix} = c_2 \begin{pmatrix} 0 \\ -1 \\ 1 \end{pmatrix} \quad (c_2 \neq 0).$$

- $\lambda=4$ に対する固有値を求める．

$$(A-4E)\begin{pmatrix} x \\ y \\ z \end{pmatrix} = \begin{pmatrix} -1 & 1 & 1 \\ 1 & -2 & 0 \\ 1 & 0 & -2 \end{pmatrix}\begin{pmatrix} x \\ y \\ z \end{pmatrix} = \begin{pmatrix} 0 \\ 0 \\ 0 \end{pmatrix}.$$

$$\begin{pmatrix} -1 & 1 & 1 \\ 1 & -2 & 0 \\ 1 & 0 & -2 \end{pmatrix}$$

$$\to \begin{pmatrix} 1 & -1 & -1 \\ 1 & -2 & 0 \\ 1 & 0 & -2 \end{pmatrix} \qquad (\text{第 1 行}) \times (-1)$$

$$\to \begin{pmatrix} 1 & -1 & -1 \\ 0 & -1 & 1 \\ 0 & 1 & -1 \end{pmatrix} \qquad \begin{matrix} (\text{第 2 行}) - (\text{第 1 行}) \\ (\text{第 3 行}) - (\text{第 1 行}) \end{matrix}$$

$$\to \begin{pmatrix} 1 & -1 & -1 \\ 0 & 1 & -1 \\ 0 & 1 & -1 \end{pmatrix} \qquad (\text{第 2 行}) \times (-1)$$

$$\to \begin{pmatrix} 1 & 0 & -2 \\ 0 & 1 & -1 \\ 0 & 0 & 0 \end{pmatrix} \qquad \begin{matrix} (\text{第 1 行}) + (\text{第 2 行}) \\ (\text{第 3 行}) - (\text{第 2 行}) \end{matrix}$$

ゆえに,

$$\begin{cases} x \qquad - 2z = 0 \\ \qquad y - \ z = 0 \end{cases}$$

を得て, $z = c_3$ とおいて, $x = 2c_3$, $y = c_3$. したがって,

$$\begin{pmatrix} x \\ y \\ z \end{pmatrix} = \begin{pmatrix} 2c_3 \\ c_3 \\ c_3 \end{pmatrix} = c_3 \begin{pmatrix} 2 \\ 1 \\ 1 \end{pmatrix} \quad (c_3 \neq 0).$$

□

定理 5.2 n 次正方行列 A の固有多項式は, 次の形の n 次多項式である.

$$|A - \lambda E| = (-1)^n \left\{ \lambda^n - (\mathrm{tr}\, A)\, \lambda^{n-1} + \cdots + (-1)^n |A| \right\}$$

証明 $A = \left(a_{ij} \right)$, $\Phi_A(\lambda) = |A - \lambda E|$ と書くとき,

$$\Phi_A(\lambda) = \begin{vmatrix} a_{11} - \lambda & a_{12} & \cdots & a_{1n} \\ a_{21} & a_{22} - \lambda & \cdots & a_{2n} \\ \vdots & \vdots & \ddots & \vdots \\ a_{n1} & a_{n2} & \cdots & a_{nn} - \lambda \end{vmatrix}.$$

行列式の定義を用いて右辺を展開するとき, すべての対角成分の積からなる項以外の項はいずれも高々 $n-2$ 次の多項式であるから,

$$\Phi_A(\lambda) = (a_{11} - \lambda)(a_{22} - \lambda) \cdots (a_{nn} - \lambda) + (\text{高々 } n-2 \text{ 次式})$$

$$= \left\{(-\lambda)^n + (a_{11} + a_{22} + \cdots + a_{nn})(-\lambda)^{n-1} + (\text{高々 } n-2 \text{ 次式})\right\}$$
$$+ (\text{高々 } n-2 \text{ 次式})$$
$$= (-1)^n \lambda^n + (-1)^{n-1} (\operatorname{tr} A) \lambda^{n-1} + (\text{高々 } n-2 \text{ 次式})$$
$$= (-1)^n \lambda^n + (-1)^{n-1} (\operatorname{tr} A) \lambda^{n-1} + \cdots + \Phi_A(0)$$
$$= (-1)^n \left\{\lambda^n - (\operatorname{tr} A) \lambda^{n-1} + \cdots + (-1)^n \Phi_A(0)\right\}.$$

また，$\Phi_A(\lambda)$ の定数項は $\Phi_A(0) = |A|$．したがって，証明すべき式を得る． □

問 5.5 n 次正方行列 A の固有方程式 $|A - \lambda E| = 0$ の解を $\lambda_1, \lambda_2, \ldots, \lambda_n$ とするとき，次の等式を証明せよ[注3]．

(1) $\operatorname{tr} A = \lambda_1 + \lambda_2 + \cdots + \lambda_n$ (2) $|A| = \lambda_1 \lambda_2 \cdots \lambda_n$

5.3 行列の対角化

n 次正方行列 A に対して，正則な n 次正方行列 P が存在して，行列 $P^{-1}AP$ が対角行列になるとき，A は**対角化可能**（**半単純**）であるという．このとき，対角行列 $P^{-1}AP$ を A の**対角化**といい，このようなひとつの P と $P^{-1}AP$ を求めることを A を P により**対角化する**という．

定理 5.3 A を n 次正方行列，$\boldsymbol{x}_1, \boldsymbol{x}_2, \ldots, \boldsymbol{x}_n$ を n 次元列ベクトルとして，次の条件を仮定する．

- 各 $k = 1, 2, \ldots, n$ について，$\boldsymbol{x}_k$ は A の固有値 λ_k[注4] に対する固有ベクトルである．
- $\boldsymbol{x}_1, \boldsymbol{x}_2, \ldots, \boldsymbol{x}_n$ は線形独立である．

このとき，n 次正方行列 $P = (\boldsymbol{x}_1\ \boldsymbol{x}_2\ \cdots\ \boldsymbol{x}_n)$ は正則であって，次の等式

注3 **代数学の基本定理**により，n 次方程式

$$a_0 x^n + a_1 x^{n-1} + \cdots + a_{n-1} x + a_n = 0 \quad (a_0, a_1, \ldots, a_n \in \mathbb{C},\ a_0 \neq 0)$$

は $\mathbb{C}$ において重複を許して n 個の解をもつ（例えば，梶原［4］参照）．

が成り立つ．

$$P^{-1}AP = \begin{pmatrix} \lambda_1 & & & O \\ & \lambda_2 & & \\ & & \ddots & \\ O & & & \lambda_n \end{pmatrix}$$

証明 $\boldsymbol{x}_k$ は A の固有値 λ_k に対する固有ベクトルなので，

$$A\boldsymbol{x}_k = \lambda_k \boldsymbol{x}_k \quad (k = 1, 2, \ldots, n).$$

したがって，問 2.14，演 2.11 を用いて，

$$\begin{aligned} AP &= A(\boldsymbol{x}_1\ \boldsymbol{x}_2\ \cdots\ \boldsymbol{x}_n) = (A\boldsymbol{x}_1\ A\boldsymbol{x}_2\ \cdots\ A\boldsymbol{x}_n) \\ &= (\lambda_1\boldsymbol{x}_1\ \lambda_2\boldsymbol{x}_2\ \cdots\ \lambda_n\boldsymbol{x}_n) \\ &= (\boldsymbol{x}_1\ \boldsymbol{x}_2\ \cdots\ \boldsymbol{x}_n)\begin{pmatrix} \lambda_1 & & & O \\ & \lambda_2 & & \\ & & \ddots & \\ O & & & \lambda_n \end{pmatrix} = P\begin{pmatrix} \lambda_1 & & & O \\ & \lambda_2 & & \\ & & \ddots & \\ O & & & \lambda_n \end{pmatrix}. \end{aligned}$$

ベクトル $\boldsymbol{x}_1, \boldsymbol{x}_2, \ldots, \boldsymbol{x}_n$ は線形独立なので，系 4.12 より，P は正則であり，

$$P^{-1}AP = \begin{pmatrix} \lambda_1 & & & O \\ & \lambda_2 & & \\ & & \ddots & \\ O & & & \lambda_n \end{pmatrix}.$$

□

定理 5.4 n 次正方行列 A に対して，次の 2 条件は同値である．

(1) A は線形独立な n 個の固有ベクトルをもつ．

(2) A は対角化可能である．

注 4 固有値 $\lambda_1, \lambda_2, \ldots, \lambda_n$ には重複があってもよい．

証明 (**1**) → (**2**).定理 5.3 による.

(**2**) → (**1**).A は対角化可能なので,正則な n 次正方行列 $P = (\boldsymbol{x}_1\ \boldsymbol{x}_2\ \cdots\ \boldsymbol{x}_n)$ と数 $\lambda_1, \lambda_2, \dots, \lambda_n$ が存在して,

$$P^{-1}AP = \begin{pmatrix} \lambda_1 & & & \text{O} \\ & \lambda_2 & & \\ & & \ddots & \\ \text{O} & & & \lambda_n \end{pmatrix}$$

が成り立つので,

$$AP = P\begin{pmatrix} \lambda_1 & & & \text{O} \\ & \lambda_2 & & \\ & & \ddots & \\ \text{O} & & & \lambda_n \end{pmatrix}.$$

ここで,問 2.14,演 2.11 を用いて,

$$\text{左辺} = A(\boldsymbol{x}_1\ \boldsymbol{x}_2\ \cdots\ \boldsymbol{x}_n) = (A\boldsymbol{x}_1\ A\boldsymbol{x}_2\ \cdots\ A\boldsymbol{x}_n),$$

$$\text{右辺} = (\boldsymbol{x}_1\ \boldsymbol{x}_2\ \cdots\ \boldsymbol{x}_n)\begin{pmatrix} \lambda_1 & & & \text{O} \\ & \lambda_2 & & \\ & & \ddots & \\ \text{O} & & & \lambda_n \end{pmatrix} = (\lambda_1\boldsymbol{x}_1\ \lambda_2\boldsymbol{x}_2\ \cdots\ \lambda_n\boldsymbol{x}_n).$$

ゆえに,各列を比較して,

$$A\boldsymbol{x}_k = \lambda_k\boldsymbol{x}_k \quad (k = 1, 2, \dots, n). \tag{5.2}$$

P は正則なので,系 4.12 より,$\boldsymbol{x}_1, \boldsymbol{x}_2, \dots, \boldsymbol{x}_n$ は線形独立である.このとき,$\boldsymbol{x}_k \neq \boldsymbol{0}$ であることにも注意して,(5.2) より λ_k は A の固有値であり,$\boldsymbol{x}_k$ は λ_k に対する A の固有ベクトルのひとつである.したがって,$\boldsymbol{x}_1, \boldsymbol{x}_2, \dots, \boldsymbol{x}_n$ は A の線形独立な n 個の固有ベクトルである. □

定理 5.5 正方行列 A の異なる固有値に対する固有ベクトルは線形独立である.

証明 $\lambda_1, \lambda_2, \dots, \lambda_p$ を A の異なる固有値とし，$\boldsymbol{x}_k$ を λ_k に対する固有ベクトルとする（$k=1, 2, \dots, p$）．数 $c_1, c_2, \dots, c_p$ に対して，等式

$$c_1\boldsymbol{x}_1 + c_2\boldsymbol{x}_2 + \cdots + c_p\boldsymbol{x}_p = \boldsymbol{0}$$

が成り立つとしよう．両辺に左から A を掛けて，

$$c_1 A\boldsymbol{x}_1 + c_2 A\boldsymbol{x}_2 + \cdots + c_p A\boldsymbol{x}_p = \boldsymbol{0}.$$

このとき，$A\boldsymbol{x}_k = \lambda_k\boldsymbol{x}_k$（$k=1, 2, \dots, p$）であるから，

$$c_1\lambda_1\boldsymbol{x}_1 + c_2\lambda_2\boldsymbol{x}_2 + \cdots + c_p\lambda_p\boldsymbol{x}_p = \boldsymbol{0}.$$

このように，両辺に左から A を掛けることを繰り返して，

$$c_1{\lambda_1}^{\ell-1}\boldsymbol{x}_1 + c_2{\lambda_2}^{\ell-1}\boldsymbol{x}_2 + \cdots + c_p{\lambda_p}^{\ell-1}\boldsymbol{x}_p = \boldsymbol{0} \quad (\ell = 1, 2, \dots, p).$$

したがって，

$$\begin{aligned}
&\begin{pmatrix} c_1\boldsymbol{x}_1 & c_2\boldsymbol{x}_2 & \cdots & c_p\boldsymbol{x}_p \end{pmatrix}\begin{pmatrix} 1 & \lambda_1 & \cdots & {\lambda_1}^{p-1} \\ 1 & \lambda_2 & \cdots & {\lambda_2}^{p-1} \\ \vdots & \vdots & & \vdots \\ 1 & \lambda_p & \cdots & {\lambda_p}^{p-1} \end{pmatrix} \\
&= \bigl(c_1\boldsymbol{x}_1 + c_2\boldsymbol{x}_2 + \cdots + c_p\boldsymbol{x}_p \quad c_1\lambda_1\boldsymbol{x}_1 + c_2\lambda_2\boldsymbol{x}_2 + \cdots + c_p\lambda_p\boldsymbol{x}_p \quad \cdots \\
&\qquad c_1{\lambda_1}^{p-1}\boldsymbol{x}_1 + c_2{\lambda_2}^{p-1}\boldsymbol{x}_2 + \cdots + c_p{\lambda_p}^{p-1}\boldsymbol{x}_p\bigr) \\
&= (\boldsymbol{0} \;\; \boldsymbol{0} \;\; \cdots \;\; \boldsymbol{0}) = O.
\end{aligned} \tag{5.3}$$

ここで，$\lambda_1, \lambda_2, \dots, \lambda_p$ はすべて異なるので，行列 $M = \begin{pmatrix} 1 & \lambda_1 & \cdots & {\lambda_1}^{p-1} \\ 1 & \lambda_2 & \cdots & {\lambda_2}^{p-1} \\ \vdots & \vdots & & \vdots \\ 1 & \lambda_p & \cdots & {\lambda_p}^{p-1} \end{pmatrix}$ について，

$$|M| = \prod_{1 \leqq i < j \leqq p} \left(\lambda_j - \lambda_i\right) \neq 0$$

であり，M は正則である（演 3.7 参照）．ゆえに，(5.3) の両辺に右から M^{-1} を掛けて，

$$\begin{pmatrix} c_1\boldsymbol{x}_1 & c_2\boldsymbol{x}_2 & \cdots & c_p\boldsymbol{x}_p \end{pmatrix} = O.$$

ゆえに，$c_k\boldsymbol{x}_k = \boldsymbol{0}$ であるから，$\boldsymbol{x}_k \neq \boldsymbol{0}$ より $c_k = 0$ を得る（$k=1, 2, \dots, p$）．したがって，ベクトル $\boldsymbol{x}_1, \boldsymbol{x}_2, \dots, \boldsymbol{x}_p$ は線形独立である． □

系 5.6　n 次正方行列 A が異なる n 個の固有値をもつならば，A は対角化可能である．

証明　定理 5.4，5.5 による．□

例 5.3　行列 $A = \begin{pmatrix} \frac{3}{2} & -\frac{1}{2} \\ -1 & 1 \end{pmatrix}$ を対角化しよう．例題 5.1 (1) より，A の固有値は $\lambda = \frac{1}{2}, 2$ であり，それぞれに対する固有ベクトルは

$$c_1 \begin{pmatrix} \frac{1}{2} \\ 1 \end{pmatrix} \quad (c_1 \neq 0), \quad c_2 \begin{pmatrix} -1 \\ 1 \end{pmatrix} \quad (c_2 \neq 0)$$

であるから，例えば，$c_1 = 1$，$c_2 = 1$ とおいて，線形独立な 2 個の固有ベクトルが得られる（図 5.1）．これらを並べて行列 P を定めるとき，

$$P = \begin{pmatrix} \frac{1}{2} & -1 \\ 1 & 1 \end{pmatrix}, \quad P^{-1}AP = \begin{pmatrix} \frac{1}{2} & 0 \\ 0 & 2 \end{pmatrix}.$$

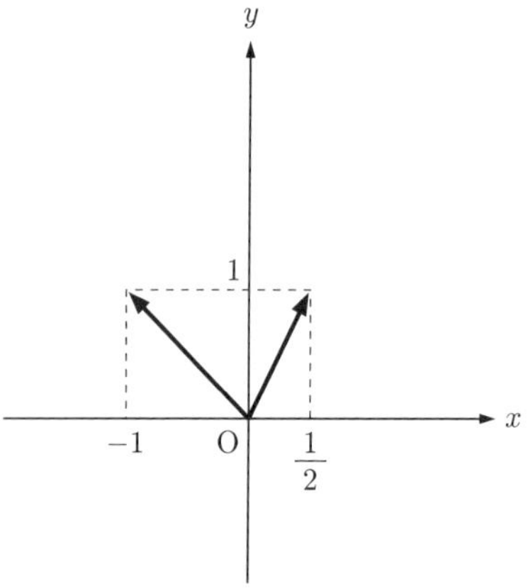

図 5.1

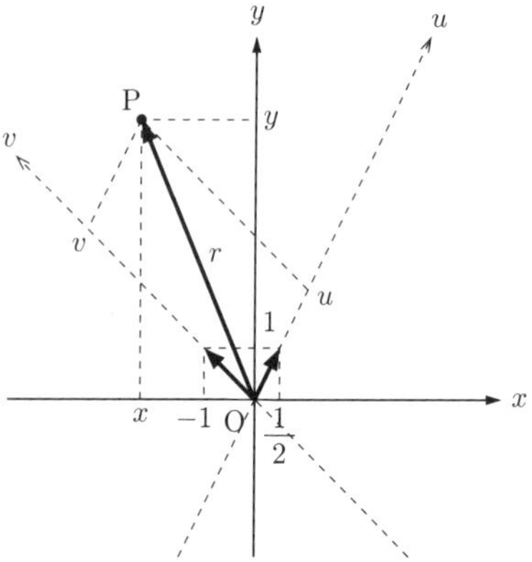

図 5.2

例 5.4　例題 5.1 (2) より，行列 $A=\begin{pmatrix} -1 & 4 \\ -1 & -5 \end{pmatrix}$ の固有ベクトルは

$$c\begin{pmatrix} -2 \\ 1 \end{pmatrix} \quad (c \neq 0)$$

の形のものだけであり，線形独立なふたつの固有ベクトルを選ぶことはできない．したがって，A は対角化可能でない．

問 5.6　次の行列 A を対角化せよ（問 5.3 参照）．

(1)　$A=\begin{pmatrix} 2 & -3 \\ 4 & -5 \end{pmatrix}$　　(2)　$A=\begin{pmatrix} 1 & 5 \\ 1 & -3 \end{pmatrix}$

例 5.5　平面において，行列 $A=\begin{pmatrix} \frac{3}{2} & -\frac{1}{2} \\ -1 & 1 \end{pmatrix}$ の表す線形変換

$$\begin{cases} x' = \frac{3}{2}x - \frac{1}{2}y \\ y' = -x + y \end{cases} \tag{5.4}$$

を考えよう．このとき，$\begin{pmatrix} x' \\ y' \end{pmatrix} = A\begin{pmatrix} x \\ y \end{pmatrix}$ なので，例 5.3 の P を用いて，

$$\begin{pmatrix} x \\ y \end{pmatrix} = P\begin{pmatrix} u \\ v \end{pmatrix}, \quad \begin{pmatrix} x' \\ y' \end{pmatrix} = P\begin{pmatrix} u' \\ v' \end{pmatrix}$$

とおけば，

$$\begin{pmatrix} u' \\ v' \end{pmatrix} = P^{-1}\begin{pmatrix} x' \\ y' \end{pmatrix} = P^{-1}A\begin{pmatrix} x \\ y \end{pmatrix} = P^{-1}AP\begin{pmatrix} u \\ v \end{pmatrix} = \begin{pmatrix} \frac{1}{2} & 0 \\ 0 & 2 \end{pmatrix}\begin{pmatrix} u \\ v \end{pmatrix}.$$

ゆえに，等式

$$\begin{cases} u' = \frac{1}{2}u \\ v' = 2v \end{cases}$$

を得る．ここで，

$$\boldsymbol{p} = \begin{pmatrix} \frac{1}{2} \\ 1 \end{pmatrix}, \quad \boldsymbol{q} = \begin{pmatrix} -1 \\ 1 \end{pmatrix}$$

とおけば，これらはそれぞれ行列 P の第 1 列，第 2 列であり，線形変換 (5.4) によるベクトル

$$\boldsymbol{r} = u\boldsymbol{p} + v\boldsymbol{q}$$

の像 $\boldsymbol{r}' = A\boldsymbol{r}$ は

$$\boldsymbol{r}' = \frac{1}{2}u\boldsymbol{p} + 2v\boldsymbol{q} \tag{5.5}$$

であり，これは，図 5.2 において，$\boldsymbol{r}$ の u 軸方向の成分を $\frac{1}{2}$ 倍し，$\boldsymbol{r}$ の v 軸方向の成分を 2 倍して得られるベクトルである．

問 5.7　例 5.5 において，等式 (5.5) を確かめよ．

問 5.8　行列 $A = \begin{pmatrix} a & b \\ c & d \end{pmatrix}$ について，正則行列 P が存在して，

$$P^{-1}AP = \begin{pmatrix} \alpha & 0 \\ 0 & \beta \end{pmatrix}$$

のとき，行列 A の表す線形変換

$$\begin{cases} x' = ax + by \\ y' = cx + dy \end{cases}$$

について，

$$\begin{pmatrix} x \\ y \end{pmatrix} = P\begin{pmatrix} u \\ v \end{pmatrix}, \quad \begin{pmatrix} x' \\ y' \end{pmatrix} = P\begin{pmatrix} u' \\ v' \end{pmatrix}$$

とおくとき，次の等式を確かめよ．

$$\begin{cases} u' = \alpha u \\ v' = \beta v \end{cases}$$

例題 5.4　行列

$$A = \begin{pmatrix} 1 & -1 & 1 \\ -1 & 1 & 1 \\ -1 & -1 & 3 \end{pmatrix}$$

について，次の問に答えよ．

(1) A の固有値と固有ベクトルを求めよ．
(2) A を対角化せよ．
(3) A^n を求めよ（$n \in \mathbb{N}$）．

解 (1) A の固有多項式は

$$|A-\lambda E| = \begin{vmatrix} 1-\lambda & -1 & 1 \\ -1 & 1-\lambda & 1 \\ -1 & -1 & 3-\lambda \end{vmatrix}$$

$$= -\left\{\lambda^3 - (1+1+3)\lambda^2 + \left(\begin{vmatrix} 1 & 1 \\ -1 & 3 \end{vmatrix} + \begin{vmatrix} 1 & 1 \\ -1 & 3 \end{vmatrix} + \begin{vmatrix} 1 & -1 \\ -1 & 1 \end{vmatrix}\right)\lambda - |A|\right\}.$$

ここで，

$$\begin{vmatrix} 1 & 1 \\ -1 & 3 \end{vmatrix} + \begin{vmatrix} 1 & 1 \\ -1 & 3 \end{vmatrix} + \begin{vmatrix} 1 & -1 \\ -1 & 1 \end{vmatrix} = (3+1)+(3+1)+(1-1) = 4+4+0 = 8,$$

$$|A| = \begin{vmatrix} 1 & -1 & 1 \\ -1 & 1 & 1 \\ -1 & -1 & 3 \end{vmatrix} = \begin{vmatrix} 1 & -1 & 1 \\ 0 & 0 & 2 \\ 0 & -2 & 4 \end{vmatrix} = \begin{vmatrix} 0 & 2 \\ -2 & 4 \end{vmatrix} = 4$$

であるから，

$$|A-\lambda E| = -\left(\lambda^3 - 5\lambda^2 + 8\lambda - 4\right) = -(\lambda-1)(\lambda-2)^2.$$

ゆえに，A の固有値は $\lambda = 1, 2$.

- $\lambda = 1$ に対する固有ベクトルを求める．

$$(A-E)\begin{pmatrix} x \\ y \\ z \end{pmatrix} = \begin{pmatrix} 0 & -1 & 1 \\ -1 & 0 & 1 \\ -1 & -1 & 2 \end{pmatrix}\begin{pmatrix} x \\ y \\ z \end{pmatrix} = \begin{pmatrix} 0 \\ 0 \\ 0 \end{pmatrix}.$$

$$\begin{pmatrix} 0 & -1 & 1 \\ -1 & 0 & 1 \\ -1 & -1 & 2 \end{pmatrix}$$

$$\to \begin{pmatrix} -1 & 0 & 1 \\ 0 & -1 & 1 \\ -1 & -1 & 2 \end{pmatrix} \quad \text{（第 1 行）と（第 2 行）の交換}$$

$$\to \begin{pmatrix} 1 & 0 & -1 \\ 0 & -1 & 1 \\ -1 & -1 & 2 \end{pmatrix} \quad \text{（第 1 行）} \times (-1)$$

$$\to \begin{pmatrix} 1 & 0 & -1 \\ 0 & -1 & 1 \\ 0 & -1 & 1 \end{pmatrix} \quad \text{（第 3 行）+（第 1 行）}$$

$$\to \begin{pmatrix} 1 & 0 & -1 \\ 0 & 1 & -1 \\ 0 & -1 & 1 \end{pmatrix} \quad \text{（第 2 行）} \times (-1)$$

$$\to \begin{pmatrix} 1 & 0 & -1 \\ 0 & 1 & -1 \\ 0 & 0 & 0 \end{pmatrix} \qquad (\text{第 3 行}) + (\text{第 2 行})$$

ゆえに，

$$\begin{cases} x \quad\; - z = 0 \\ \quad y - z = 0 \end{cases}$$

を得て，$z = c_1$ とおけば，$x = c_1$，$y = c_1$．したがって，

$$\begin{pmatrix} x \\ y \\ z \end{pmatrix} = \begin{pmatrix} c_1 \\ c_1 \\ c_1 \end{pmatrix} = c_1 \begin{pmatrix} 1 \\ 1 \\ 1 \end{pmatrix} \quad (c_1 \neq 0).$$

- $\lambda = 2$ に対する固有ベクトルを求める．

$$(A - 2E)\begin{pmatrix} x \\ y \\ z \end{pmatrix} = \begin{pmatrix} -1 & -1 & 1 \\ -1 & -1 & 1 \\ -1 & -1 & 1 \end{pmatrix}\begin{pmatrix} x \\ y \\ z \end{pmatrix} = \begin{pmatrix} 0 \\ 0 \\ 0 \end{pmatrix}.$$

$$\begin{pmatrix} -1 & -1 & 1 \\ -1 & -1 & 1 \\ -1 & -1 & 1 \end{pmatrix}$$

$$\to \begin{pmatrix} 1 & 1 & -1 \\ -1 & -1 & 1 \\ -1 & -1 & 1 \end{pmatrix} \qquad (\text{第 1 行}) \times (-1)$$

$$\to \begin{pmatrix} 1 & 1 & -1 \\ 0 & 0 & 0 \\ 0 & 0 & 0 \end{pmatrix} \qquad \begin{matrix} (\text{第 2 行}) + (\text{第 1 行}) \\ (\text{第 3 行}) + (\text{第 1 行}) \end{matrix}$$

ゆえに，

$$x + y - z = 0$$

を得て，$y = c_2$，$z = c_3$ とおけば，$x = -c_2 + c_3$．したがって，

$$\begin{pmatrix} x \\ y \\ z \end{pmatrix} = \begin{pmatrix} -c_2 + c_3 \\ c_2 \\ c_3 \end{pmatrix} = c_2 \begin{pmatrix} -1 \\ 1 \\ 0 \end{pmatrix} + c_3 \begin{pmatrix} 1 \\ 0 \\ 1 \end{pmatrix} \quad ((c_2, c_3) \neq (0, 0)).$$

(2) $P = \begin{pmatrix} 1 & -1 & 1 \\ 1 & 1 & 0 \\ 1 & 0 & 1 \end{pmatrix}$ とおくとき，$P^{-1}AP = \begin{pmatrix} 1 & 0 & 0 \\ 0 & 2 & 0 \\ 0 & 0 & 2 \end{pmatrix}$.

(3)

$$P^{-1} = \frac{1}{|P|}\tilde{P} = \frac{1}{1}\begin{pmatrix} \begin{vmatrix} 1 & 0 \\ 0 & 1 \end{vmatrix} & -\begin{vmatrix} -1 & 1 \\ 0 & 1 \end{vmatrix} & \begin{vmatrix} -1 & 1 \\ 1 & 0 \end{vmatrix} \\ -\begin{vmatrix} 1 & 0 \\ 1 & 1 \end{vmatrix} & \begin{vmatrix} 1 & 1 \\ 1 & 1 \end{vmatrix} & -\begin{vmatrix} 1 & 1 \\ 1 & 0 \end{vmatrix} \\ \begin{vmatrix} 1 & 1 \\ 1 & 0 \end{vmatrix} & -\begin{vmatrix} 1 & -1 \\ 1 & 0 \end{vmatrix} & \begin{vmatrix} 1 & -1 \\ 1 & 1 \end{vmatrix} \end{pmatrix}$$

$$= \begin{pmatrix} 1 & 1 & -1 \\ -1 & 0 & 1 \\ -1 & -1 & 2 \end{pmatrix}.$$

演 2.8，演 2.9 (3) を用いて，

$$A^n = \left\{ P \begin{pmatrix} 1 & 0 & 0 \\ 0 & 2 & 0 \\ 0 & 0 & 2 \end{pmatrix} P^{-1} \right\}^n = P \begin{pmatrix} 1 & 0 & 0 \\ 0 & 2 & 0 \\ 0 & 0 & 2 \end{pmatrix}^n P^{-1}$$

$$= \begin{pmatrix} 1 & -1 & 1 \\ 1 & 1 & 0 \\ 1 & 0 & 1 \end{pmatrix} \begin{pmatrix} 1 & 0 & 0 \\ 0 & 2^n & 0 \\ 0 & 0 & 2^n \end{pmatrix} \begin{pmatrix} 1 & 1 & -1 \\ -1 & 0 & 1 \\ -1 & -1 & 2 \end{pmatrix}$$

$$= \begin{pmatrix} 1 & -1 & 1 \\ 1 & 1 & 0 \\ 1 & 0 & 1 \end{pmatrix} \begin{pmatrix} 1 & 1 & -1 \\ -2^n & 0 & 2^n \\ -2^n & -2^n & 2^{n+1} \end{pmatrix}$$

$$= \begin{pmatrix} 1 & -2^n+1 & 2^n-1 \\ -2^n+1 & 1 & 2^n-1 \\ -2^n+1 & -2^n+1 & 2^{n+1}-1 \end{pmatrix}.$$

□

問 5.9 次の行列 A の固有値と固有ベクトルを求め，さらに，A を対角化せよ．

(1) $A = \begin{pmatrix} 1 & 1 & 1 \\ 0 & 2 & 2 \\ 0 & 0 & 3 \end{pmatrix}$ (2) $A = \begin{pmatrix} -1 & 6 & 0 \\ -1 & -6 & 0 \\ 1 & 2 & -4 \end{pmatrix}$

5.4 ジョルダン標準形

必ずしも対角化可能でない正方行列の取り扱いに際して，しばしばジョルダン標準形の利用が有効である．

補題 5.7 2次正方行列 N について，$N \neq O$，$N^2 = O$ のとき，連立1次方程式 $N\boldsymbol{x} = \boldsymbol{0}$ の任意の解 $\boldsymbol{p}$ に対して，連立1次方程式 $N\boldsymbol{x} = \boldsymbol{p}$ は解をもつ．

証明 $N \neq O$ より，$\operatorname{rank} N \geqq 1$．一方，$N^2 = O$ より N は正則でないから，$\operatorname{rank} N \leqq 1$．ゆえに，$\operatorname{rank} N = 1$．したがって，ベクトル $\boldsymbol{u} \neq \boldsymbol{0}$ が存在して，連立1次方程式 $N\boldsymbol{x} = \boldsymbol{0}$ の解は $\boldsymbol{x} = c\boldsymbol{u}$（$c \in \mathbb{C}$）[注5]．いま，$\boldsymbol{p}$ は $N\boldsymbol{x} = \boldsymbol{0}$ のひとつの解であるから，$a \in \mathbb{C}$ が存在して，$\boldsymbol{p} = a\boldsymbol{u}$．次に，$\boldsymbol{u}, \boldsymbol{v}$ が線形独立であるようなベクトル $\boldsymbol{v}$ をとる[注6]．このとき，$N(N\boldsymbol{v}) = N^2\boldsymbol{v} = O\boldsymbol{v} = \boldsymbol{0}$ であるから，$N\boldsymbol{v}$ は $N\boldsymbol{x} = \boldsymbol{0}$ の解であり，$b \in \mathbb{C}$ が存在して，$N\boldsymbol{v} = b\boldsymbol{u}$．仮に $b = 0$ とすると，$N\boldsymbol{v} = \boldsymbol{0}$ を得て，$\boldsymbol{v}$ も $N\boldsymbol{x} = \boldsymbol{0}$ の解であるから，$\boldsymbol{v}$ は $\boldsymbol{u}$ の定数倍であり，$\boldsymbol{u}, \boldsymbol{v}$ が線形独立であることに反する．ゆえに，$b \neq 0$ でなければならない．そこで，$\boldsymbol{q} = \dfrac{a}{b}\boldsymbol{v}$ とおくとき，

$$N\boldsymbol{q} = N\left(\frac{a}{b}\boldsymbol{v}\right) = \frac{a}{b}(N\boldsymbol{v}) = \frac{a}{b} \cdot b\boldsymbol{u} = a\boldsymbol{u} = \boldsymbol{p}$$

を得て，$\boldsymbol{q}$ は $N\boldsymbol{x} = \boldsymbol{p}$ のひとつの解である． □

補題 5.8 n 次正方行列 N と n 次元列ベクトル $\boldsymbol{p}, \boldsymbol{q}$ について，

$$\boldsymbol{p} \neq \boldsymbol{0}, \quad N\boldsymbol{p} = \boldsymbol{0}, \quad N\boldsymbol{q} = \boldsymbol{p}$$

のとき，$\boldsymbol{p}, \boldsymbol{q}$ は線形独立である．

証明 $x\boldsymbol{p} + y\boldsymbol{q} = \boldsymbol{0}$，$x, y \in \mathbb{C}$，とする．両辺に左から N を掛けて，$N(x\boldsymbol{p} + y\boldsymbol{q}) = N\boldsymbol{0}$．このとき，左辺 $= xN\boldsymbol{p} + yN\boldsymbol{q} = x\boldsymbol{0} + y\boldsymbol{p} = y\boldsymbol{p}$，右辺 $= \boldsymbol{0}$ であるから，$y\boldsymbol{p} = \boldsymbol{0}$．ゆえに，$\boldsymbol{p} \neq \boldsymbol{0}$ より，$y = 0$．これを最初の式に代入して $x\boldsymbol{p} = \boldsymbol{0}$ を得て，再び，$\boldsymbol{p} \neq \boldsymbol{0}$ より，$x = 0$．したがって，$x = y = 0$ が示されたので，$\boldsymbol{p}, \boldsymbol{q}$ は線形独立である． □

注5 $\operatorname{rank} N = 1$ なので，N の簡約化は $\begin{pmatrix} 1 & k \\ 0 & 0 \end{pmatrix}$（$k \in \mathbb{C}$）または $\begin{pmatrix} 0 & 1 \\ 0 & 0 \end{pmatrix}$ である．$N\boldsymbol{x} = \boldsymbol{0}$ の解は，前者の場合，$\begin{pmatrix} x \\ y \end{pmatrix} = c\begin{pmatrix} -k \\ 1 \end{pmatrix}$（$c \in \mathbb{C}$），後者の場合，$\begin{pmatrix} x \\ y \end{pmatrix} = c\begin{pmatrix} 1 \\ 0 \end{pmatrix}$（$c \in \mathbb{C}$）．

注6 $\boldsymbol{u} = \begin{pmatrix} u_1 \\ u_2 \end{pmatrix}$ として，$\boldsymbol{v} = \begin{pmatrix} -\overline{u_2} \\ \overline{u_1} \end{pmatrix}$ とおけば，$\det(\boldsymbol{u}\ \boldsymbol{v}) = \begin{vmatrix} u_1 & -\overline{u_2} \\ u_2 & \overline{u_1} \end{vmatrix} = |u_1|^2 + |u_2|^2 > 0$ なので，系 4.12 より，$\boldsymbol{u}, \boldsymbol{v}$ は線形独立である．

定理 5.9 2 次正方行列 A が 2 重の固有値 α をもち，かつ $A \neq \alpha E$ ならば，

$$\boldsymbol{p} \neq \boldsymbol{0}, \quad (A-\alpha E)\boldsymbol{p} = \boldsymbol{0}, \quad (A-\alpha E)\boldsymbol{q} = \boldsymbol{p} \tag{5.6}$$

をみたす 2 次元列ベクトル $\boldsymbol{p}, \boldsymbol{q}$ を求めて，$P = \begin{pmatrix} \boldsymbol{p} & \boldsymbol{q} \end{pmatrix}$ とおけば，P は正則であって，

$$P^{-1}AP = \begin{pmatrix} \alpha & 1 \\ 0 & \alpha \end{pmatrix}.$$

証明 補題 5.8 より，$\boldsymbol{p}, \boldsymbol{q}$ は線形独立であるから，系 4.12 より，行列 $P = \begin{pmatrix} \boldsymbol{p} & \boldsymbol{q} \end{pmatrix}$ は正則である．条件 (5.6) より，$A\boldsymbol{p} = \alpha\boldsymbol{p}$，$A\boldsymbol{q} = \boldsymbol{p} + \alpha\boldsymbol{q}$ であるから，

$$AP = A\begin{pmatrix} \boldsymbol{p} & \boldsymbol{q} \end{pmatrix} = \begin{pmatrix} A\boldsymbol{p} & A\boldsymbol{q} \end{pmatrix} = \begin{pmatrix} \alpha\boldsymbol{p} & \boldsymbol{p} + \alpha\boldsymbol{q} \end{pmatrix} = \begin{pmatrix} \boldsymbol{p} & \boldsymbol{q} \end{pmatrix}\begin{pmatrix} \alpha & 1 \\ 0 & \alpha \end{pmatrix} = P\begin{pmatrix} \alpha & 1 \\ 0 & \alpha \end{pmatrix}.$$

ゆえに，$P^{-1}AP = \begin{pmatrix} \alpha & 1 \\ 0 & \alpha \end{pmatrix}$． □

A を 2 次正方行列とし，A の固有値を α, β とする．$\alpha \neq \beta$ のとき，系 5.6 より，正則行列 P が存在して，

$$P^{-1}AP = \begin{pmatrix} \alpha & 0 \\ 0 & \beta \end{pmatrix}. \tag{5.7}$$

一方，$\alpha = \beta$ のときは，正則行列 P が存在して，

$$P^{-1}AP = \begin{pmatrix} \alpha & 0 \\ 0 & \alpha \end{pmatrix} \tag{5.8}$$

または

$$P^{-1}AP = \begin{pmatrix} \alpha & 1 \\ 0 & \alpha \end{pmatrix} \tag{5.9}$$

と書ける[注10]．等式 (5.7)，(5.8)，(5.9) において，右辺の行列を A の**ジョルダン標準形**という．これらのうち，等式 (5.7)，(5.8) は A の対角化である．

例 5.6 例題 5.1 (2) より，行列 $A=\begin{pmatrix}-1 & 4\\ -1 & -5\end{pmatrix}$ の固有値は $\lambda=-3$（2 重解）であり，$\lambda=-3$ に対する A の固有ベクトルは $\boldsymbol{p}=c_1\begin{pmatrix}-2\\ 1\end{pmatrix}$（$c_1\neq 0$）．次に，

$$(A+3E)\boldsymbol{q}=\boldsymbol{p}$$

をみたす $\boldsymbol{q}=\begin{pmatrix}x\\ y\end{pmatrix}$ を求めよう．このとき，

$$\begin{cases}2x+4y=-2c_1\\ -x-2y=c_1\end{cases}$$

であるから，

$$x+2y=-c_1$$

を得て，$y=c_2$ とおけば，

$$\boldsymbol{q}=\begin{pmatrix}-c_1-2c_2\\ c_2\end{pmatrix}=c_1\begin{pmatrix}-1\\ 0\end{pmatrix}+c_2\begin{pmatrix}-2\\ 1\end{pmatrix}\quad (c_2 \text{ は任意}).$$

そこで，$c_1=1,\ c_2=0$ のときの $\boldsymbol{p},\ \boldsymbol{q}$ を用いて，$P=(\boldsymbol{p}\ \ \boldsymbol{q})$ とおく．すなわち，

$$P=\begin{pmatrix}-2 & -1\\ 1 & 0\end{pmatrix}$$

とおくとき，定理 5.9 より，

$$P^{-1}AP=\begin{pmatrix}-3 & 1\\ 0 & -3\end{pmatrix}\tag{5.10}$$

を得て，これが A のジョルダン標準形である．

問 5.10 行列 $A=\begin{pmatrix}-1 & 4\\ -1 & -5\end{pmatrix}$ に対して，等式 (5.10) を用いて，A^n を求めよ．

注10 $A=\alpha E$ のとき，$P=E$ とおいて，(5.8) が成り立つ．$A\neq\alpha E$ のとき，$A-\alpha E\neq O$，$(A-\alpha E)^2=A^2-2\alpha A+\alpha^2E=A^2-(\mathrm{tr}\,A)A+|A|E=O$ であり（演 2.3，問 5.5 参照），補題 5.7，定理 5.9 より，$\boldsymbol{p}\neq\boldsymbol{0}$，$(A-\alpha E)\boldsymbol{p}=\boldsymbol{0}$，$(A-\alpha E)\boldsymbol{q}=\boldsymbol{p}$ をみたす $\boldsymbol{p},\ \boldsymbol{q}$ が存在し，$P=(\boldsymbol{p}\ \ \boldsymbol{q})$ とおいて，(5.9) が成り立つ．

問 5.11　次の行列 A のジョルダン標準形を求めよ．

(1)　$A=\begin{pmatrix} 1 & 0 \\ 1 & 1 \end{pmatrix}$　　(2)　$A=\begin{pmatrix} -1 & -\frac{1}{2} \\ 2 & -3 \end{pmatrix}$

本書では，一般の n 次正方行列の**ジョルダン標準形**[注11] の解説は省略する．演 3.10 (2)，例 5.7 は対角化可能でない 3 次正方行列のジョルダン標準形の例である．

例 5.7　行列 $A=\begin{pmatrix} 2 & 0 & -1 \\ -1 & 1 & 1 \\ 1 & 1 & 1 \end{pmatrix}$ の固有値は，$|A-\lambda E|=0$ より $\lambda=1$ (2 重解), 2. このとき，$\lambda=1$ に対する固有ベクトル $\boldsymbol{p}$，$(A-E)\boldsymbol{q}=\boldsymbol{p}$ をみたすベクトル $\boldsymbol{q}$，$\lambda=2$ に対する固有ベクトル $\boldsymbol{r}$ を 1 組求めて，$P=\begin{pmatrix}\boldsymbol{p} & \boldsymbol{q} & \boldsymbol{r}\end{pmatrix}$ とおく．例えば，行列

$$P=\begin{pmatrix} 1 & 0 & -1 \\ -1 & 1 & 1 \\ 1 & -1 & 0 \end{pmatrix}$$

について，

$$P^{-1}AP=\begin{pmatrix} 1 & 1 & 0 \\ 0 & 1 & 0 \\ 0 & 0 & 2 \end{pmatrix}.$$

5.5　直交行列による対角化

複素行列 $A=\begin{pmatrix}a_{ij}\end{pmatrix}$ に対して，

$$\overline{A}=\begin{pmatrix}\overline{a_{ij}}\end{pmatrix},\quad A^*={}^{\mathrm{t}}\overline{A}$$

と書き，$\overline{A}$ を A の共役(やく)行列，A^* を A の共役(やく)転置行列（随伴行列）という．

例 5.8　$A=\begin{pmatrix} \mathrm{i} & 2+4\mathrm{i} \\ -5 & 1-3\mathrm{i} \end{pmatrix}$ のとき，$\overline{A}=\begin{pmatrix} -\mathrm{i} & 2-4\mathrm{i} \\ -5 & 1+3\mathrm{i} \end{pmatrix}$，$A^*=\begin{pmatrix} -\mathrm{i} & -5 \\ 2-4\mathrm{i} & 1+3\mathrm{i} \end{pmatrix}$.

問 5.12　A, A' を $m\times n$ 複素行列，B を $n\times p$ 複素行列，$x\in\mathbb{C}$ とするとき，次の等式を確かめよ．

注 11　例えば，齋藤［7］，佐武［8］参照．

(1) $\overline{A+A'}=\overline{A}+\overline{A'}$　　(2) $\overline{AB}=\overline{A}\,\overline{B}$
(3) $\overline{xA}=\overline{x}\,\overline{A}$　　(4) ${}^{\mathrm{t}}\overline{A}=\overline{{}^{\mathrm{t}}A}$

問 5.13 A, A' を $m\times n$ 複素行列，B を $n\times p$ 複素行列，$x\in\mathbb{C}$ とするとき，次の等式を確かめよ．

(1) $\left(A+A'\right)^*=A^*+A'^*$　　(2) $(AB)^*=B^*A^*$
(3) $(xA)^*=\overline{x}A^*$　　(4) $A^{**}=A$

ベクトル $\boldsymbol{a}=\begin{pmatrix}a_1\\a_2\\\vdots\\a_n\end{pmatrix}$, $\boldsymbol{b}=\begin{pmatrix}b_1\\b_2\\\vdots\\b_n\end{pmatrix}\in\mathbb{C}^n$ について，

$$(\boldsymbol{a},\,\boldsymbol{b})=\sum_{k=1}^{n}a_k\overline{b_k},\quad |\boldsymbol{a}|=\sqrt{\sum_{k=1}^{n}|a_k|^2}$$

と書き，$(\boldsymbol{a},\,\boldsymbol{b})$ を $\boldsymbol{a}$ と $\boldsymbol{b}$ の**内積**，$|\boldsymbol{a}|$ を $\boldsymbol{a}$ の**ノルム**（**長さ**，**大きさ**）という．

問 5.14 $\boldsymbol{a}, \boldsymbol{b}, \boldsymbol{c}\in\mathbb{C}^n$，$x\in\mathbb{C}$，$n$ 次複素正方行列 A について，次の等式を確かめよ．

(1) $(\boldsymbol{a},\,\boldsymbol{b})=\boldsymbol{b}^*\boldsymbol{a}={}^{\mathrm{t}}\boldsymbol{a}\overline{\boldsymbol{b}}$　　(2) $(\boldsymbol{a},\,\boldsymbol{b})=\overline{(\boldsymbol{b},\,\boldsymbol{a})}$
(3) $(\boldsymbol{a}+\boldsymbol{b},\,\boldsymbol{c})=(\boldsymbol{a},\,\boldsymbol{c})+(\boldsymbol{b},\,\boldsymbol{c})$　　(4) $(\boldsymbol{a},\,\boldsymbol{b}+\boldsymbol{c})=(\boldsymbol{a},\,\boldsymbol{b})+(\boldsymbol{a},\,\boldsymbol{c})$
(5) $(x\boldsymbol{a},\,\boldsymbol{b})=x(\boldsymbol{a},\,\boldsymbol{b})$　　(6) $(\boldsymbol{a},\,x\boldsymbol{b})=\overline{x}(\boldsymbol{a},\,\boldsymbol{b})$
(7) $(A\boldsymbol{a},\,\boldsymbol{b})=\left(\boldsymbol{a},\,A^*\boldsymbol{b}\right)$

問 5.15 $\boldsymbol{a}, \boldsymbol{b}\in\mathbb{C}^n$，$x\in\mathbb{C}$ について，次のことを確かめよ．

(1) $|\boldsymbol{a}|=\sqrt{(\boldsymbol{a},\,\boldsymbol{a})}$　　(2) $|x\boldsymbol{a}|=|x|\,|\boldsymbol{a}|$
(3) $|\boldsymbol{a}|=0\quad\Leftrightarrow\quad\boldsymbol{a}=\boldsymbol{0}$

問 5.16 $\boldsymbol{a}, \boldsymbol{b}\in\mathbb{C}^n$ について，次の等式を証明せよ．
(1) $|\boldsymbol{a}\pm\boldsymbol{b}|^2=|\boldsymbol{a}|^2\pm 2\,\mathrm{Re}\,(\boldsymbol{a},\,\boldsymbol{b})+|\boldsymbol{b}|^2$（複号同順）
(2) $|\boldsymbol{a}+\boldsymbol{b}|^2+|\boldsymbol{a}-\boldsymbol{b}|^2=2\left(|\boldsymbol{a}|^2+|\boldsymbol{b}|^2\right)$　　（**中線定理**）

問 5.17 $\boldsymbol{a}, \boldsymbol{b}\in\mathbb{R}^n$ のとき，**内積** $(\boldsymbol{a},\,\boldsymbol{b})$ を $\boldsymbol{a}\cdot\boldsymbol{b}$ と書く．次の等式を確かめよ．

(1) $\boldsymbol{a}\cdot\boldsymbol{b}={}^{\mathrm{t}}\boldsymbol{a}\boldsymbol{b}$　　(2) $\boldsymbol{a}\cdot\boldsymbol{b}=\boldsymbol{b}\cdot\boldsymbol{a}$

複素正方行列 A は，条件 $A^* = A$ をみたすとき，**エルミート行列**とよばれる．

例 5.9 エルミート行列 $A = \begin{pmatrix} -2 & 1+3\mathrm{i} \\ 1-3\mathrm{i} & 1 \end{pmatrix}$ の固有値は

$$|A - \lambda E| = \lambda^2 + \lambda - 12 = (\lambda + 4)(\lambda - 3) = 0$$

より $\lambda = -4, 3$.

定理 5.10 エルミート行列のすべての固有値は実数である．

証明 A をエルミート行列，λ を A の任意の固有値，$\boldsymbol{x} \in \mathbb{C}^n$ を λ に対する固有ベクトルとする．このとき，$A^* = A$，$A\boldsymbol{x} = \lambda\boldsymbol{x}$ であるから，

$$\lambda(\boldsymbol{x}, \boldsymbol{x}) = (\lambda\boldsymbol{x}, \boldsymbol{x}) = (A\boldsymbol{x}, \boldsymbol{x}) = \left(\boldsymbol{x}, A^*\boldsymbol{x}\right) = (\boldsymbol{x}, A\boldsymbol{x}) = (\boldsymbol{x}, \lambda\boldsymbol{x}) = \overline{\lambda}(\boldsymbol{x}, \boldsymbol{x}).$$

$\boldsymbol{x} \neq 0$ なので，$(\boldsymbol{x}, \boldsymbol{x}) = |\boldsymbol{x}|^2 > 0$．ゆえに，$\lambda = \overline{\lambda}$ を得て，$\lambda \in \mathbb{R}$. □

系 5.11 実対称行列のすべての固有値は実数である．

定理 5.12 エルミート行列の異なる固有値に対する固有ベクトルは直交する[注12]．

証明 A をエルミート行列，λ_1, λ_2 を A の異なる固有値とし，$\boldsymbol{x}_k$ を λ_k に対する固有ベクトルとする（$k = 1, 2$）．このとき，定理 5.10 より $\lambda_2 \in \mathbb{R}$ であることに注意して，

$$\begin{aligned} \lambda_1(\boldsymbol{x}_1, \boldsymbol{x}_2) &= (\lambda_1\boldsymbol{x}_1, \boldsymbol{x}_2) = (A\boldsymbol{x}_1, \boldsymbol{x}_2) = \left(\boldsymbol{x}_1, A^*\boldsymbol{x}_2\right) = (\boldsymbol{x}_1, A\boldsymbol{x}_2) \\ &= (\boldsymbol{x}_1, \lambda_2\boldsymbol{x}_2) = \lambda_2(\boldsymbol{x}_1, \boldsymbol{x}_2). \end{aligned}$$

ゆえに，

$$(\lambda_1 - \lambda_2)(\boldsymbol{x}_1, \boldsymbol{x}_2) = 0.$$

注12 ベクトル $\boldsymbol{a}, \boldsymbol{b} \in \mathbb{C}^n$ について，$\boldsymbol{a} \neq \boldsymbol{0}$，$\boldsymbol{b} \neq \boldsymbol{0}$，$(\boldsymbol{a}, \boldsymbol{b}) = 0$ のとき，$\boldsymbol{a}$ と $\boldsymbol{b}$ は**直交する**といい，$\boldsymbol{a} \perp \boldsymbol{b}$ と書く．

$\lambda_1 - \lambda_2 \neq 0$ なので，$(\boldsymbol{x}_1, \boldsymbol{x}_2) = 0$. □

系 5.13　実対称行列の異なる固有値に対する固有ベクトルは直交する．

複素正方行列 P は条件 $PP^* = P^*P = E$ をみたすとき，**ユニタリ**行列とよばれ，実正方行列 P は条件 $P{}^{t}P = {}^{t}PP = E$ をみたすとき，**直交行列**とよばれる．

定理 5.14　n 次複素正方行列 $P = \begin{pmatrix}\boldsymbol{p}_1 & \boldsymbol{p}_2 & \cdots & \boldsymbol{p}_n\end{pmatrix}$ に対して，次の2条件は同値である．

(1) P はユニタリ行列である．

(2) $\left(\boldsymbol{p}_i, \boldsymbol{p}_j\right) = \delta_{ij}$ $(i, j = 1, 2, \ldots, n)$.

証明　$P = \left(p_{ij}\right)$ と書くとき，

$$\boldsymbol{p}_j = \begin{pmatrix} p_{1j} \\ p_{2j} \\ \vdots \\ p_{nj} \end{pmatrix} \quad (j = 1, 2, \ldots, n)$$

であるから，各 $i, j = 1, 2, \ldots, n$ に対して，

$$(PP^* \text{ の } (i, j) \text{ 成分}) = \sum_{k=1}^{n} p_{ik} \times (P^* \text{ の } (k, j) \text{ 成分}) = \sum_{k=1}^{n} p_{ik}\overline{p_{jk}} = \left(\boldsymbol{p}_i, \boldsymbol{p}_j\right).$$

したがって，

$$P \text{ がユニタリ行列} \quad \Leftrightarrow \quad PP^* = E \text{ 注13} \quad \Leftrightarrow \quad \left(\boldsymbol{p}_i, \boldsymbol{p}_j\right) = \delta_{ij} \ (i, j = 1, 2, \ldots, n).$$

□

注13 $PP^* = E$ のとき，系 4.6 より，$P^{-1} = P^*$.

系 5.15　n 次実正方行列 $P=\begin{pmatrix}\boldsymbol{p}_1 & \boldsymbol{p}_2 & \cdots & \boldsymbol{p}_n\end{pmatrix}$ に対して，次の 2 条件は同値である．

(1) P は直交行列である．

(2) $\boldsymbol{p}_i\cdot\boldsymbol{p}_j=\delta_{ij}$　$(i,\ j=1,2,\dots,n)$．

問 5.18　P が直交行列ならば $|P|=\pm1$ であることを証明せよ．

問 5.19　2 次直交行列は次のふたつの形に限られることを証明せよ．

$$\begin{pmatrix}\cos\theta & -\sin\theta\\ \sin\theta & \cos\theta\end{pmatrix},\quad \begin{pmatrix}\cos\theta & \sin\theta\\ \sin\theta & -\cos\theta\end{pmatrix}\quad (\theta\in\mathbb{R})$$

例 5.10　例題 5.3 より，実対称行列 $A=\begin{pmatrix}3&1&1\\1&2&0\\1&0&2\end{pmatrix}$ の固有値は $\lambda=1,2,4$ であり，それぞれに対する固有ベクトルは

$$c_1\begin{pmatrix}-1\\1\\1\end{pmatrix}\quad(c_1\neq0),\quad c_2\begin{pmatrix}0\\-1\\1\end{pmatrix}\quad(c_2\neq0),\quad c_3\begin{pmatrix}2\\1\\1\end{pmatrix}\quad(c_3\neq0).$$

そこで，

$$\boldsymbol{r}_1=\begin{pmatrix}-1\\1\\1\end{pmatrix},\quad \boldsymbol{r}_2=\begin{pmatrix}0\\-1\\1\end{pmatrix},\quad \boldsymbol{r}_3=\begin{pmatrix}2\\1\\1\end{pmatrix},$$

$$\boldsymbol{p}_1=\frac{\boldsymbol{r}_1}{|\boldsymbol{r}_1|},\quad \boldsymbol{p}_2=\frac{\boldsymbol{r}_2}{|\boldsymbol{r}_2|},\quad \boldsymbol{p}_3=\frac{\boldsymbol{r}_3}{|\boldsymbol{r}_3|},\quad P=\begin{pmatrix}\boldsymbol{p}_1 & \boldsymbol{p}_2 & \boldsymbol{p}_3\end{pmatrix}$$

とおくとき，

$$|\boldsymbol{p}_1|=|\boldsymbol{p}_2|=|\boldsymbol{p}_3|=1,\quad \boldsymbol{p}_1\cdot\boldsymbol{p}_2=\boldsymbol{p}_1\cdot\boldsymbol{p}_3=\boldsymbol{p}_2\cdot\boldsymbol{p}_3=0$$

であり，系 5.15 より，P は直交行列である．このとき，

$$P=\begin{pmatrix}-\frac{1}{\sqrt{3}} & 0 & \frac{2}{\sqrt{6}}\\ \frac{1}{\sqrt{3}} & -\frac{1}{\sqrt{2}} & \frac{1}{\sqrt{6}}\\ \frac{1}{\sqrt{3}} & \frac{1}{\sqrt{2}} & \frac{1}{\sqrt{6}}\end{pmatrix},\quad P^{-1}AP={}^{\mathrm{t}}PAP=\begin{pmatrix}1&0&0\\0&2&0\\0&0&4\end{pmatrix}.$$

例題 5.5 実対称行列

$$A=\begin{pmatrix} -1 & -2 & 1 \\ -2 & 2 & -2 \\ 1 & -2 & -1 \end{pmatrix}$$

について，次の問に答えよ．

(1) A の固有値と固有ベクトルを求めよ．
(2) A を直交行列により対角化せよ．

解 (1) A の固有多項式は

$$|A-\lambda E|=\begin{vmatrix} -1-\lambda & -2 & 1 \\ -2 & 2-\lambda & -2 \\ 1 & -2 & -1-\lambda \end{vmatrix}=-(\lambda+2)^2(\lambda-4).$$

ゆえに，固有値は $\lambda=-2$ （2 重解），4．

- $\lambda=-2$ に対する固有ベクトルを求める．

$$(A+2E)\begin{pmatrix} x \\ y \\ z \end{pmatrix}=\begin{pmatrix} 1 & -2 & 1 \\ -2 & 4 & -2 \\ 1 & -2 & 1 \end{pmatrix}\begin{pmatrix} x \\ y \\ z \end{pmatrix}=\begin{pmatrix} 0 \\ 0 \\ 0 \end{pmatrix}.$$

$$\begin{pmatrix} 1 & -2 & 1 \\ -2 & 4 & -2 \\ 1 & -2 & 1 \end{pmatrix}$$

$$\to \begin{pmatrix} 1 & -2 & 1 \\ 0 & 0 & 0 \\ 0 & 0 & 0 \end{pmatrix} \quad \begin{matrix} (\text{第 2 行})+(\text{第 1 行})\times 2 \\ (\text{第 3 行})-(\text{第 1 行}) \end{matrix}$$

ゆえに，

$$x-2y+z=0$$

を得て，$y=c_1$，$z=c_2$ とおけば，

$$\begin{pmatrix} x \\ y \\ z \end{pmatrix}=\begin{pmatrix} 2c_1-c_2 \\ c_1 \\ c_2 \end{pmatrix}=c_1\begin{pmatrix} 2 \\ 1 \\ 0 \end{pmatrix}+c_2\begin{pmatrix} -1 \\ 0 \\ 1 \end{pmatrix} \quad ((c_1, c_2)\neq(0, 0)).$$

- $\lambda = 4$ に対する固有ベクトルを求める.

$$(A-4E)\begin{pmatrix} x \\ y \\ z \end{pmatrix} = \begin{pmatrix} -5 & -2 & 1 \\ -2 & -2 & -2 \\ 1 & -2 & -5 \end{pmatrix}\begin{pmatrix} x \\ y \\ z \end{pmatrix} = \begin{pmatrix} 0 \\ 0 \\ 0 \end{pmatrix}.$$

$$\begin{pmatrix} -5 & -2 & 1 \\ -2 & -2 & -2 \\ 1 & -2 & -5 \end{pmatrix}$$

$$\to \begin{pmatrix} 1 & \frac{2}{5} & -\frac{1}{5} \\ -2 & -2 & -2 \\ 1 & -2 & -5 \end{pmatrix} \quad (\text{第 1 行}) \div (-5)$$

$$\to \begin{pmatrix} 1 & \frac{2}{5} & -\frac{1}{5} \\ 0 & -\frac{6}{5} & -\frac{12}{5} \\ 0 & -\frac{12}{5} & -\frac{24}{5} \end{pmatrix} \quad \begin{matrix} (\text{第 2 行}) + (\text{第 1 行}) \times 2 \\ (\text{第 3 行}) - (\text{第 1 行}) \end{matrix}$$

$$\to \begin{pmatrix} 1 & \frac{2}{5} & -\frac{1}{5} \\ 0 & 1 & 2 \\ 0 & -\frac{12}{5} & -\frac{24}{5} \end{pmatrix} \quad (\text{第 2 行}) \div \left(-\frac{6}{5}\right)$$

$$\to \begin{pmatrix} 1 & 0 & -1 \\ 0 & 1 & 2 \\ 0 & 0 & 0 \end{pmatrix} \quad \begin{matrix} (\text{第 1 行}) - (\text{第 2 行}) \times \frac{2}{5} \\ (\text{第 3 行}) + (\text{第 2 行}) \times \frac{12}{5} \end{matrix}$$

ゆえに,

$$\begin{cases} x \quad\ - \ z = 0 \\ \quad y + 2z = 0 \end{cases}$$

を得て, $z = c_3$ とおけば,

$$\begin{pmatrix} x \\ y \\ z \end{pmatrix} = \begin{pmatrix} c_3 \\ -2c_3 \\ c_3 \end{pmatrix} = c_3\begin{pmatrix} 1 \\ -2 \\ 1 \end{pmatrix} \quad (c_3 \neq 0).$$

(2) $\lambda = -2$ に対する線形独立なふたつの固有ベクトル

$$\boldsymbol{r}_1 = \begin{pmatrix} 2 \\ 1 \\ 0 \end{pmatrix}, \quad \boldsymbol{r}_2 = \begin{pmatrix} -1 \\ 0 \\ 1 \end{pmatrix}$$

から, 互いに直交するふたつの単位ベクトルを作る (問 5.20 参照).

$$\boldsymbol{p}_1 = \frac{\boldsymbol{r}_1}{|\boldsymbol{r}_1|} = \frac{1}{\sqrt{5}}\begin{pmatrix} 2 \\ 1 \\ 0 \end{pmatrix},$$

$$\boldsymbol{q}_2 = \boldsymbol{r}_2 - (\boldsymbol{r}_2 \cdot \boldsymbol{p}_1)\boldsymbol{p}_1 = \begin{pmatrix} -1 \\ 0 \\ 1 \end{pmatrix} - \frac{-2}{\sqrt{5}} \cdot \frac{1}{\sqrt{5}} \begin{pmatrix} 2 \\ 1 \\ 0 \end{pmatrix} = \frac{1}{5} \begin{pmatrix} -1 \\ 2 \\ 5 \end{pmatrix},$$

$$\boldsymbol{p}_2 = \frac{\boldsymbol{q}_2}{|\boldsymbol{q}_2|} = \frac{1}{\sqrt{30}} \begin{pmatrix} -1 \\ 2 \\ 5 \end{pmatrix}$$

とすれば,

$$|\boldsymbol{p}_1| = |\boldsymbol{p}_2| = 1, \quad \boldsymbol{p}_1 \cdot \boldsymbol{p}_2 = 0.$$

さらに,

$$\boldsymbol{r}_3 = \begin{pmatrix} 1 \\ -2 \\ 1 \end{pmatrix}, \quad \boldsymbol{p}_3 = \frac{\boldsymbol{r}_3}{|\boldsymbol{r}_3|} = \frac{1}{\sqrt{6}} \begin{pmatrix} 1 \\ -2 \\ 1 \end{pmatrix}$$

として, $P = (\boldsymbol{p}_1\ \boldsymbol{p}_2\ \boldsymbol{p}_3)$ とおけば, P は直交行列である. このとき,

$$P = \begin{pmatrix} \frac{2}{\sqrt{5}} & -\frac{1}{\sqrt{30}} & \frac{1}{\sqrt{6}} \\ \frac{1}{\sqrt{5}} & \frac{2}{\sqrt{30}} & -\frac{2}{\sqrt{6}} \\ 0 & \frac{5}{\sqrt{30}} & \frac{1}{\sqrt{6}} \end{pmatrix}, \quad P^{-1}AP = {}^{t}PAP = \begin{pmatrix} -2 & 0 & 0 \\ 0 & -2 & 0 \\ 0 & 0 & 4 \end{pmatrix}. \qquad \square$$

問 5.20　$\boldsymbol{r}_1, \boldsymbol{r}_2 \in \mathbb{R}^n$ が線形独立のとき,

$$\boldsymbol{p}_1 = \frac{\boldsymbol{r}_1}{|\boldsymbol{r}_1|}, \quad \boldsymbol{q}_2 = \boldsymbol{r}_2 - (\boldsymbol{r}_2 \cdot \boldsymbol{p}_1)\boldsymbol{p}_1, \quad \boldsymbol{p}_2 = \frac{\boldsymbol{q}_2}{|\boldsymbol{q}_2|}$$

とおけば, $|\boldsymbol{p}_1| = |\boldsymbol{p}_2| = 1$, $\boldsymbol{p}_1 \cdot \boldsymbol{p}_2 = 0$ であることを確かめよ（図 5.3).

問 5.21　次の実対称行列 A の固有値と固有ベクトルを求め, さらに, 直交行列により対角化せよ.

(1)　$A = \begin{pmatrix} 1 & 0 & 1 \\ 0 & 1 & 0 \\ 1 & 0 & 1 \end{pmatrix}$　　　(2)　$A = \begin{pmatrix} 0 & 1 & 1 \\ 1 & 0 & 1 \\ 1 & 1 & 0 \end{pmatrix}$

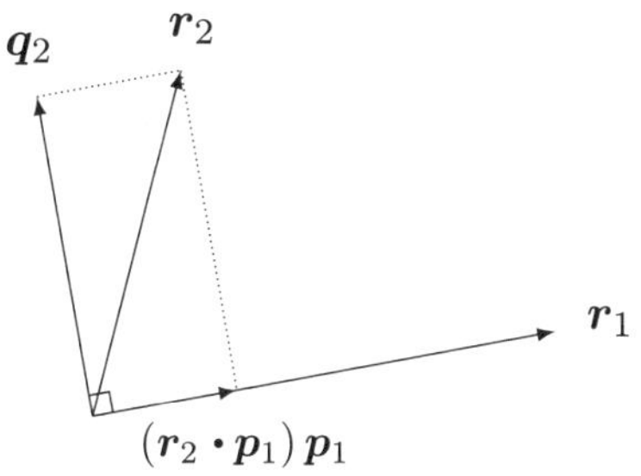

図 5.3

5.6　2 次形式

n 個の変数 $x_1, x_2, \ldots, x_n$ についての 2 次同次多項式

$$F = \sum_{i=1}^{n} a_{ii} {x_i}^2 + \sum_{i<j} 2a_{ij} x_i x_j, \quad a_{ij} \in \mathbb{R}$$

を（実）**2 次形式**という．ここで，

$$i > j \text{ のとき } a_{ij} = a_{ji}, \quad A = \left(a_{ij}\right), \quad \boldsymbol{x} = \begin{pmatrix} x_1 \\ x_2 \\ \vdots \\ x_n \end{pmatrix}$$

とおけば，

$$F = \sum_{i,\,j=1}^{n} a_{ij} x_i x_j = {}^{\mathrm{t}}\boldsymbol{x} A \boldsymbol{x}$$

と書けて，A は実対称行列である．行列 A の固有値を $\lambda_1, \lambda_2, \ldots, \lambda_n$ として，A の直交行列 P による対角化[注 14]を

注 14　固有値に重複がある場合も含めて，実対称行列はつねに直交行列により対角化でき，エルミート行列はつねにユニタリ行列により対角化できる（例えば，佐武［8］参照）．

$$ {}^{t}PAP = \begin{pmatrix} \lambda_1 & & & O \\ & \lambda_2 & & \\ & & \ddots & \\ O & & & \lambda_n \end{pmatrix} $$

とする．いま，

$$ \boldsymbol{u} = \begin{pmatrix} u_1 \\ u_2 \\ \vdots \\ u_n \end{pmatrix}, \quad \boldsymbol{x} = P\boldsymbol{u} \tag{5.11} $$

とおいて，F を変数 $u_1, u_2, \ldots, u_n$ の式に書き直せば，

$$ \begin{aligned} F &= {}^{t}\boldsymbol{x}A\boldsymbol{x} = {}^{t}(P\boldsymbol{u})\,A(P\boldsymbol{u}) = {}^{t}\boldsymbol{u}\,{}^{t}PAP\,\boldsymbol{u} \\ &= (u_1\ u_2\ \cdots\ u_n)\begin{pmatrix} \lambda_1 & & & O \\ & \lambda_2 & & \\ & & \ddots & \\ O & & & \lambda_n \end{pmatrix}\begin{pmatrix} u_1 \\ u_2 \\ \vdots \\ u_n \end{pmatrix} \\ &= \sum_{i=1}^{n} \lambda_i {u_i}^2. \end{aligned} \tag{5.12} $$

直交行列 P をひとつ求めて，変数変換 (5.11) により，2 次形式 F を式 (5.12) の形に書き直したものを F の**標準化**という．

例 5.11　変数 x, y についての 2 次形式は次のように書ける．

$$ F = ax^2 + 2bxy + cy^2 = (x\ \ y)\begin{pmatrix} a & b \\ b & c \end{pmatrix}\begin{pmatrix} x \\ y \end{pmatrix} $$

行列 $A = \begin{pmatrix} a & b \\ b & c \end{pmatrix}$ が異なるふたつの固有値 α, β をもつときを考える．α, β に対するそれぞれの固有ベクトル $\boldsymbol{x}_1, \boldsymbol{x}_2$ をとり，

$$ \boldsymbol{p}_1 = \pm\frac{\boldsymbol{x}_1}{|\boldsymbol{x}_1|}, \quad \boldsymbol{p}_2 = \pm\frac{\boldsymbol{x}_2}{|\boldsymbol{x}_2|} \quad \text{（複号はそれぞれどちらか一方をとる）} $$

とおけば，$|\boldsymbol{p}_1| = |\boldsymbol{p}_2| = 1$．また，系 5.13 より，$\boldsymbol{p}_1 \cdot \boldsymbol{p}_2 = 0$．ゆえに，系 5.15 より，$P = \begin{pmatrix} \boldsymbol{p}_1 & \boldsymbol{p}_2 \end{pmatrix}$ は直交行列である．このとき，A の対角化

$$P^{-1}AP = {}^{\mathrm{t}}PAP = \begin{pmatrix} \alpha & 0 \\ 0 & \beta \end{pmatrix}$$

を得て，さらに，$\begin{pmatrix} x \\ y \end{pmatrix} = P \begin{pmatrix} u \\ v \end{pmatrix}$ とおくことにより，次の F の標準化を得る．

$$F = (u \ \ v)\,{}^{\mathrm{t}}PAP \begin{pmatrix} u \\ v \end{pmatrix} = (u \ \ v) \begin{pmatrix} \alpha & 0 \\ 0 & \beta \end{pmatrix} \begin{pmatrix} u \\ v \end{pmatrix} = \alpha u^2 + \beta v^2$$

問 5.22　2 次実対称行列 A の固有方程式が 2 重解 α をもつならば，$A = \alpha E$ であることを証明せよ．

問 5.23　次の実対称行列 A の固有値と固有ベクトルを求め，さらに，直交行列により対角化せよ．

(1)　$A = \begin{pmatrix} 2 & -3 \\ -3 & -6 \end{pmatrix}$　　(2)　$A = \begin{pmatrix} \frac{5}{2} & \frac{1}{2} \\ \frac{1}{2} & \frac{5}{2} \end{pmatrix}$

問 5.24　次の 2 次形式 F の標準化を求めよ（問 5.23 参照）．

(1)　$F = 2x^2 - 6xy - 6y^2$　　(2)　$F = \dfrac{5}{2}x^2 + xy + \dfrac{5}{2}y^2$

座標平面において，変数 x, y の 2 次方程式

$$\frac{x^2}{a^2} + \frac{y^2}{b^2} = 1 \quad (a > 0,\ b > 0)$$

の表す曲線は**楕円**（だえん）であり（図 5.4），

$$\frac{x^2}{a^2} - \frac{y^2}{b^2} = 1, \qquad -\frac{x^2}{a^2} + \frac{y^2}{b^2} = 1 \quad (a > 0,\ b > 0)$$

の表す曲線はいずれも**双曲線**である（図 5.5，5.6）．もっと一般に，変数 x, y の 2 次方程式

$$ax^2 + 2bxy + cy^2 = 1 \quad (a, b, c \in \mathbb{R})$$

の表す曲線の形状を知るためには，左辺の 2 次形式の標準化を求めればよい．

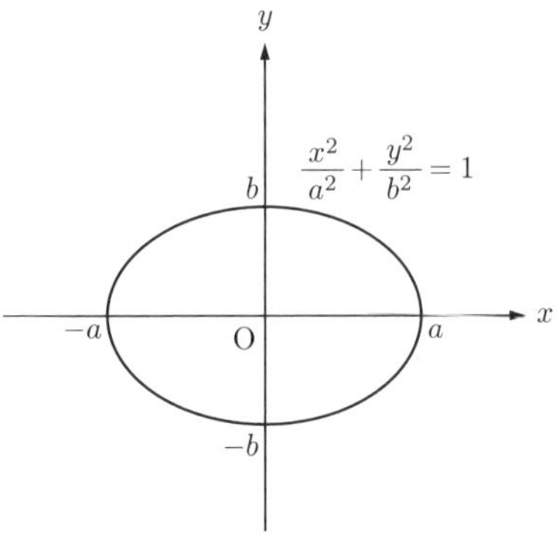

図 5.4

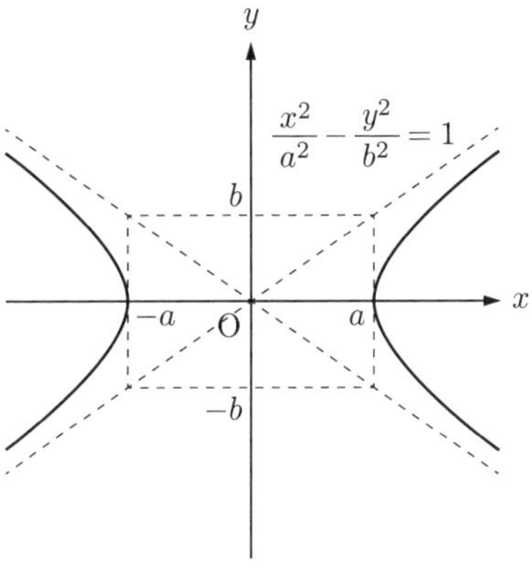

図 5.5

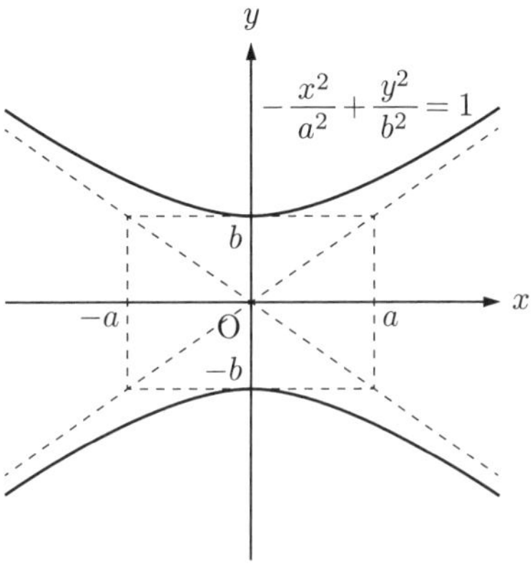

図 5.6

例題 5.6 次の問に答えよ．

(1) 実対称行列 $A=\begin{pmatrix} 7 & \sqrt{3} \\ \sqrt{3} & 5 \end{pmatrix}$ の固有値と固有ベクトルを求めよ．

(2) A を直交行列 P により対角化せよ．ただし，$|P|=1$ をみたす P を選べ．

(3) (2) で求めた P を用いて，$\begin{pmatrix} x \\ y \end{pmatrix} = P \begin{pmatrix} u \\ v \end{pmatrix}$ とおくことにより，2 次形式 $F = 7x^2 + 2\sqrt{3}\,xy + 5y^2$ の標準化を求めよ．

(4) 次の 2 次曲線の概形を描け．

$$7x^2 + 2\sqrt{3}\,xy + 5y^2 = 32$$

解 (1) A の固有多項式は

$$|A - \lambda E| = \begin{vmatrix} 7-\lambda & \sqrt{3} \\ \sqrt{3} & 5-\lambda \end{vmatrix} = \lambda^2 - 12\lambda + 32 = (\lambda - 4)(\lambda - 8).$$

ゆえに，A の固有値は $\lambda = 4, 8$.

- $\lambda = 4$ に対する固有ベクトルを求める．

$$(A - 4E)\begin{pmatrix} x \\ y \end{pmatrix} = \begin{pmatrix} 3 & \sqrt{3} \\ \sqrt{3} & 1 \end{pmatrix}\begin{pmatrix} x \\ y \end{pmatrix} = \begin{pmatrix} 0 \\ 0 \end{pmatrix}.$$

より，

$$x + \frac{1}{\sqrt{3}}y = 0$$

を得て，$y = c_1$ とおけば，

$$\begin{pmatrix} x \\ y \end{pmatrix} = \begin{pmatrix} -\frac{1}{\sqrt{3}}c_1 \\ c_1 \end{pmatrix} = c_1\begin{pmatrix} -\frac{1}{\sqrt{3}} \\ 1 \end{pmatrix} \quad (c_1 \neq 0).$$

- $\lambda = 8$ に対する固有ベクトルを求める．

$$(A - 8E)\begin{pmatrix} x \\ y \end{pmatrix} = \begin{pmatrix} -1 & \sqrt{3} \\ \sqrt{3} & -3 \end{pmatrix}\begin{pmatrix} x \\ y \end{pmatrix} = \begin{pmatrix} 0 \\ 0 \end{pmatrix}.$$

より，

$$x - \sqrt{3}\,y = 0$$

を得て，$y = c_2$ とおけば，

$$\begin{pmatrix} x \\ y \end{pmatrix} = \begin{pmatrix} \sqrt{3}\,c_2 \\ c_2 \end{pmatrix} = c_2\begin{pmatrix} \sqrt{3} \\ 1 \end{pmatrix} \quad (c_2 \neq 0).$$

(2) $\lambda=4,8$ のそれぞれに対する長さが1の固有ベクトルは,

$$p_1=\pm\frac{1}{\sqrt{\frac{4}{3}}}\begin{pmatrix}-\frac{1}{\sqrt{3}}\\1\end{pmatrix}=\begin{pmatrix}\mp\frac{1}{2}\\\pm\frac{\sqrt{3}}{2}\end{pmatrix}\quad(\text{複号同順}),$$

$$p_2=\pm\frac{1}{\sqrt{4}}\begin{pmatrix}\sqrt{3}\\1\end{pmatrix}=\begin{pmatrix}\pm\frac{\sqrt{3}}{2}\\\pm\frac{1}{2}\end{pmatrix}\quad(\text{複号同順}).$$

そこで,

$$P=\begin{pmatrix}\frac{1}{2}&\frac{\sqrt{3}}{2}\\-\frac{\sqrt{3}}{2}&\frac{1}{2}\end{pmatrix}$$

とおけば, P は $|P|=1$ をみたす直交行列であり,

$$P^{-1}AP={}^{\mathrm{t}}PAP=\begin{pmatrix}4&0\\0&8\end{pmatrix}.$$

(3)

$$F=\begin{pmatrix}x&y\end{pmatrix}\begin{pmatrix}7&\sqrt{3}\\\sqrt{3}&5\end{pmatrix}\begin{pmatrix}x\\y\end{pmatrix}=(u\ \ v)\,{}^{\mathrm{t}}PAP\begin{pmatrix}u\\v\end{pmatrix}=(u\ \ v)\begin{pmatrix}4&0\\0&8\end{pmatrix}\begin{pmatrix}u\\v\end{pmatrix}$$
$$=4u^2+8v^2.$$

(4) $7x^2+2\sqrt{3}xy+5y^2=32$ より, $4u^2+8v^2=32$. ゆえに, $\dfrac{u^2}{8}+\dfrac{v^2}{4}=1$. ここで,

$$P=\begin{pmatrix}\frac{1}{2}&\frac{\sqrt{3}}{2}\\-\frac{\sqrt{3}}{2}&\frac{1}{2}\end{pmatrix}=\begin{pmatrix}\cos\left(-\frac{\pi}{3}\right)&-\sin\left(-\frac{\pi}{3}\right)\\\sin\left(-\frac{\pi}{3}\right)&\cos\left(-\frac{\pi}{3}\right)\end{pmatrix}$$

であるから, 変数変換 $\begin{pmatrix}x\\y\end{pmatrix}=P\begin{pmatrix}u\\v\end{pmatrix}$ は座標軸の角 $-\dfrac{\pi}{3}$ の回転を表し, 曲線の概形は図5.7のとおりである. □

問 5.25 次の問に答えよ.

(1) 実対称行列 $A=\begin{pmatrix}1&-\sqrt{3}\\-\sqrt{3}&-1\end{pmatrix}$ の固有値と固有ベクトルを求めよ.

(2) A を直交行列 P により対角化せよ. ただし, $|P|=1$ をみたす P を選べ.

(3) (2) で求めた P を用いて, $\begin{pmatrix}x\\y\end{pmatrix}=P\begin{pmatrix}u\\v\end{pmatrix}$ とおくことにより, 2次形式 $F=x^2-2\sqrt{3}xy-y^2$ の標準化を求めよ.

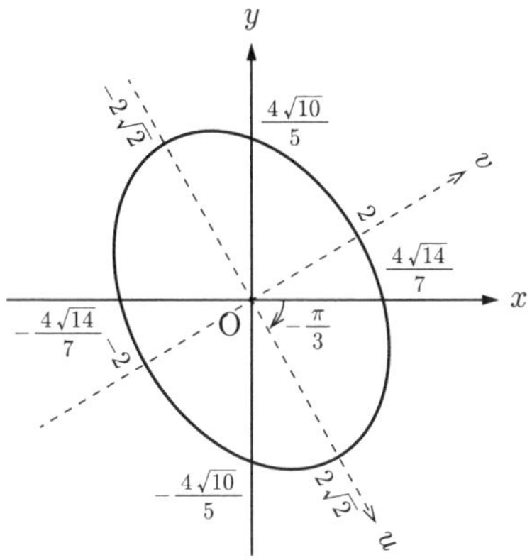

図 5.7

(4) 次の 2 次曲線の概形を描け.

$$x^2 - 2\sqrt{3}\,xy - y^2 = 1$$

問 5.26 次の 2 次形式 F の標準化を求めよ（問 5.21 参照).

(1) $F = x^2 + y^2 + z^2 + 2xz$ (2) $F = 2xy + 2xz + 2yz$

演習問題［A］

演 5.1　次の行列 A の固有値を求めよ．

(1)　$A=\begin{pmatrix} 1 & 1 & 3 & 1 \\ 1 & -2 & 1 & 0 \\ 2 & 1 & 0 & 1 \\ 1 & 2 & 1 & 0 \end{pmatrix}$　　(2)　$A=\begin{pmatrix} 0 & 1 & 0 & 0 \\ 1 & 0 & 1 & 0 \\ 0 & 1 & 0 & 1 \\ 0 & 0 & 1 & 0 \end{pmatrix}$

演 5.2　n 次正方行列 A について，次のことを確かめよ．

$$A \text{ は正則である} \quad \Leftrightarrow \quad 0 \text{ は } A \text{ の固有値でない}$$

演 5.3　n 次正方行列 A, B が相似ならば，$\mathrm{tr}\,A=\mathrm{tr}\,B$ であることを証明せよ．

演 5.4　次の行列 A の固有値と固有ベクトルを求めよ．

(1)　$A=\begin{pmatrix} 1 & 1 \\ 4 & 1 \end{pmatrix}$　　(2)　$A=\begin{pmatrix} 1 & -1 \\ -3 & 1 \end{pmatrix}$

(3)　$A=\begin{pmatrix} 1 & -1 \\ 2 & 1 \end{pmatrix}$　　(4)　$A=\begin{pmatrix} \mathrm{i} & 1 \\ -4 & \mathrm{i} \end{pmatrix}$

演 5.5　次の行列 A の固有値と固有ベクトルを求め，対角化可能な場合は対角化せよ．

(1)　$A=\begin{pmatrix} 0 & 1 & 1 \\ 2 & 1 & -1 \\ 2 & 0 & 0 \end{pmatrix}$　　(2)　$A=\begin{pmatrix} 7 & -3 & 0 \\ 6 & -2 & 0 \\ 3 & -3 & 4 \end{pmatrix}$

(3)　$A=\begin{pmatrix} 4 & 1 & -1 \\ -1 & 5 & 0 \\ 0 & 3 & 2 \end{pmatrix}$　　(4)　$A=\begin{pmatrix} 3 & -3 & 7 \\ -1 & 2 & -3 \\ -1 & 1 & -2 \end{pmatrix}$

演 5.6　行列 $A=\begin{pmatrix} \frac{9}{2} & -\frac{1}{2} \\ \frac{1}{2} & \frac{11}{2} \end{pmatrix}$ について，次の問に答えよ．

(1)　A のジョルダン標準形を求めよ．

(2)　A^n を求めよ（$n \in \mathbb{N}$）．

演 5.7　次の 2 次曲線の概形を描け．

(1)　$x^2+xy+y^2=3$　　(2)　$7x^2+10\sqrt{3}\,xy-3y^2=-16$

演習問題［B］

演 5.8 A を $m\times n$ 行列，B を $n\times m$ 行列とするとき，次の等式を証明せよ．

$$\mathrm{tr}(AB)=\mathrm{tr}(BA)$$

演 5.9 2 次複素正方行列 A について，次の 3 条件は同値であることを証明せよ．

(1) $X^2=A$ をみたす 2 次正方行列 X は存在しない．

(2) A は行列 $\begin{pmatrix} 0 & 1 \\ 0 & 0 \end{pmatrix}$ と相似である．

(3) $A\neq O$，$A^2=O$．

演 5.10 任意の $\boldsymbol{x},\boldsymbol{y}\in\mathbb{R}^n$ に対して，次の等式を証明せよ．

$$\boldsymbol{x}\cdot\boldsymbol{y}=\frac{1}{4}\left(|\boldsymbol{x}+\boldsymbol{y}|^2-|\boldsymbol{x}-\boldsymbol{y}|^2\right)$$

演 5.11 n 次実正方行列 P について，次の 3 条件は同値であることを証明せよ．

(1) P は直交行列である．

(2) 任意の $\boldsymbol{x}\in\mathbb{R}^n$ に対して，$|P\boldsymbol{x}|=|\boldsymbol{x}|$.

(3) 任意の $\boldsymbol{x},\boldsymbol{y}\in\mathbb{R}^n$ に対して，$(P\boldsymbol{x})\cdot(P\boldsymbol{y})=\boldsymbol{x}\cdot\boldsymbol{y}$.

演 5.12 n 次直交行列 P について，次のことを証明せよ．

(1) n が奇数のとき，$|P|=1$ ならば，1 は P の固有値である．

(2) $|P|=-1$ ならば，-1 は P の固有値である．

演 5.13 次の問に答えよ．

(1) 次の実対称行列 A の固有値と固有ベクトルを求めよ．

$$A=\begin{pmatrix} 5 & 4 & -4 \\ 4 & 8 & -2 \\ -4 & -2 & -1 \end{pmatrix}$$

(2) A を直交行列により対角化せよ．

(3) 次の 2 次形式 F の標準化を求めよ．

$$F=5x^2+8y^2-z^2+8xy-8xz-4yz$$

(4) $x^2+y^2+z^2=1$ のとき，F の最大値と最小値を求めよ．

第 6 章

線形空間

6.1　写像

X, Y を集合とする．各 $x \in X$ に対し $y \in Y$ をひとつずつ対応させる規則 f が与えられたとき，f を X から Y への**写像**といい，

$$f: X \to Y, \quad f: x \mapsto y, \quad y = f(x)$$

などと書く．このとき，X を**定義域**（**始集合**），Y を**終集合**という．写像 f により $x \in X$ に対応する Y の元 $f(x)$ を f による x の**像**（**値**（あたい））という．Y が数の集合のときは f を**関数**といい，$X = Y$ のときは f を**変換**ということが多い．

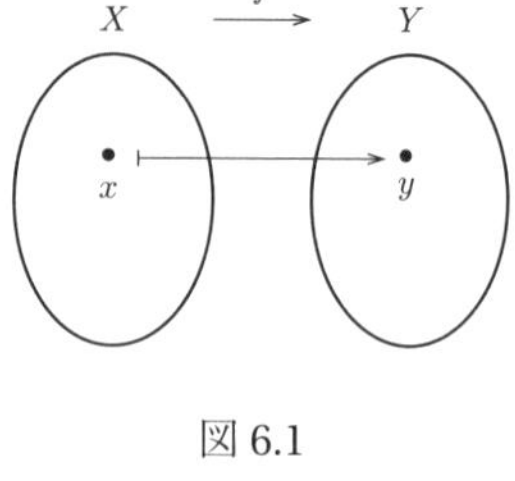

図 6.1

$f: X \to Y$ を写像とする．定義域 X の任意の部分集合 A に対して，

$$f(A) = \{f(x) \mid x \in A\}$$

と書き，これを f による A の**像**という．特に，f による定義域 X の像 $f(X)$ を f の**像**（**値域**）という[注1]．

問 6.1 写像 $f: X \to Y$ が与えられたとき，X の任意の部分集合 A_1, A_2 に対して，次のことを証明せよ．

(1) $f(A_1 \cup A_2) = f(A_1) \cup f(A_2)$ (2) $f(A_1 \cap A_2) \subset f(A_1) \cap f(A_2)$

問 6.2 問 6.1 (2) について，等号が成り立たない例をあげよ．

写像 $f: X \to Y$ について，$x_1, x_2 \in X$，$f(x_1) = f(x_2)$ ならば $x_1 = x_2$ であるとき，f を**単射**（**1 対 1 の写像**）という．また，$f(X) = Y$ であるとき，f を**全射**（**上への写像**）という．写像 f が全射かつ単射であるとき，f を**全単射**という．写像 $f: X \to Y$ が全単射であるとき，任意の $y \in Y$ に対し $f(x) = y$ をみたすただひとつの x を対応させることにより，写像 $f^{-1}: Y \to X$ が定まるが，これを f の**逆写像**という．

例 6.1 関数 $f: \mathbb{R} \to \mathbb{R}$，$f(x) = x^3$，は全単射である（図 6.2）．$f$ の逆関数は

$$f^{-1}: \mathbb{R} \to \mathbb{R}, \quad f^{-1}(y) = \sqrt[3]{y}.$$

例 6.2 関数 $f: \mathbb{R} \to \mathbb{R}$，$f(x) = x^3 - x$，について考えよう（図 6.3）．例えば，$f(0) = 0$，$f(1) = 0$ という具合に，異なる x の値に対して $f(x)$ が同じ値をとることがあるので，f は単射ではない．一方，任意の $y \in \mathbb{R}$ に対して，$f(x) = y$，すなわち，$x^3 - x = y$ をみたす $x \in \mathbb{R}$ が存在し，f は全射である．

例 6.3 $a > 0$，$a \neq 1$ とする．指数関数 $f: \mathbb{R} \to \mathbb{R}$，$f(x) = a^x$ の値域は区間 $(0, +\infty)$ であり，終集合 $\mathbb{R}$ と一致しないので，f は全射ではない．しかし f は単射なので，f の終集合を $(0, +\infty)$ で置き換えた写像 $g: \mathbb{R} \to (0, +\infty)$，$g(x) = a^x$ は全単射であり，逆写像 $g^{-1}: (0, +\infty) \to \mathbb{R}$ が存在する．g^{-1} は対数関数 $y \mapsto \log_a y$ である．

ふたつの写像 $f: X \to Y$，$g: Y \to Z$ が与えられたとき，写像 $g \circ f: X \to Z$ が

$$\big(g \circ f\big)(x) = g(f(x)) \quad (x \in X)$$

により定義される．これを f と g の**合成写像**という．

注1 線形写像 f の像 $f(X)$ は $\mathrm{Im}\, f$ と書くことが多い（§6.5 参照）．

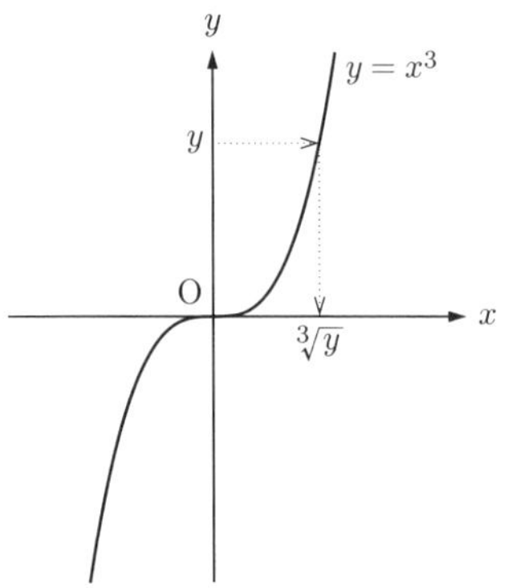

図 6.2

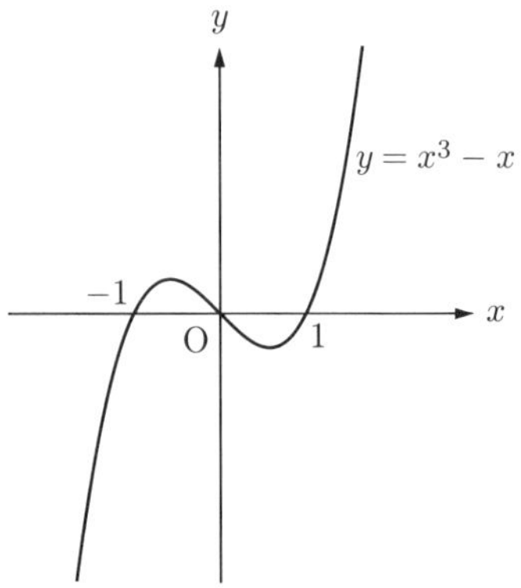

図 6.3

例 6.4　$f:\mathbb{R}\to\mathbb{R}$，$f(x)=x^2$，$g:\mathbb{R}\to\mathbb{R}$，$g(x)=2x-3$，のとき，

$$\left(g\circ f\right)(x)=g(f(x))=g(x^2)=2x^2-3,$$
$$\left(f\circ g\right)(x)=f(g(x))=f(2x-3)=(2x-3)^2=4x^2-12x+9.$$

問 6.3　写像 $f:X\to Y$，$g:Y\to Z$，$h:Z\to W$ について，次の等式を確かめよ．

$$h\circ(g\circ f)=(h\circ g)\circ f$$

問 6.4　写像 $f:X\to Y$，$g:Y\to Z$ について，次のことを証明せよ．

(1) $g\circ f$ が単射ならば，f も単射である．

(2) $g\circ f$ が全射ならば，g も全射である．

任意の集合 X に対して，変換

$$\mathbb{1}_X:X\to X,\quad \mathbb{1}_X(x)=x$$

を X の**恒等変換**という．

例 6.5　図 6.4 は恒等関数 $\mathbb{1}_{\mathbb{R}}:\mathbb{R}\to\mathbb{R}$ のグラフである．

問 6.5　写像 $f:X\to Y$ について，次の等式を確かめよ．

$$f\circ\mathbb{1}_X=\mathbb{1}_Y\circ f=f$$

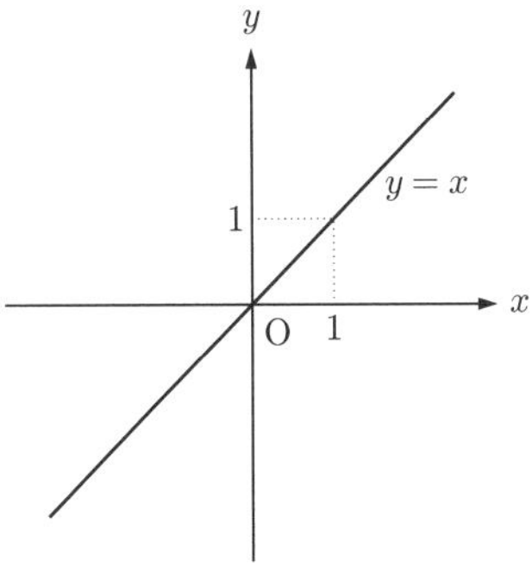

図 6.4

問 6.6 写像 $f : X \to Y$ に対して，次の 2 条件は同値であることを証明せよ．

(1) f は全単射である．

(2) $g \circ f = \mathbb{1}_X$，$f \circ g = \mathbb{1}_Y$ をみたす写像 $g : Y \to X$ が存在する．

写像 $f : X \to Y$ が与えられたとき，Y の任意の部分集合 B に対して，

$$f^{-1}(B) = \{x \in X \mid f(x) \in B\}$$

と書き，これを B の f による**逆像**という．ひとつの元 $b \in Y$ からなる集合 $\{b\}$ の逆像 $f^{-1}(\{b\})$ をしばしば $f^{-1}(b)$ と略記する．

問 6.7 写像 $f : X \to Y$ が与えられたとき，Y の任意の部分集合 B_1, B_2 に対して，次の等式を証明せよ．

(1) $f^{-1}(B_1 \cup B_2) = f^{-1}(B_1) \cup f^{-1}(B_2)$

(2) $f^{-1}(B_1 \cap B_2) = f^{-1}(B_1) \cap f^{-1}(B_2)$

6.2 線形空間

$K = \mathbb{R}$ または $K = \mathbb{C}$ とする．集合 V（$\neq \emptyset$）において，**和** $\boldsymbol{a} + \boldsymbol{b}$（$\boldsymbol{a}, \boldsymbol{b} \in V$）と**スカラー倍** $x\boldsymbol{a}$（$x \in K$，$\boldsymbol{a} \in V$）が定義されていて，次の 8 条件がみたされるとき，V を（K 上の）**線形空間**（**ベクトル空間**）という．

(V1) 任意の $\boldsymbol{a}, \boldsymbol{b} \in V$ に対して，$\boldsymbol{a}+\boldsymbol{b}=\boldsymbol{b}+\boldsymbol{a}$. （交換法則）
(V2) 任意の $\boldsymbol{a}, \boldsymbol{b}, \boldsymbol{c} \in V$ に対して，$(\boldsymbol{a}+\boldsymbol{b})+\boldsymbol{c}=\boldsymbol{a}+(\boldsymbol{b}+\boldsymbol{c})$. （結合法則）
(V3) $\boldsymbol{0} \in V$ が存在して，任意の $\boldsymbol{a} \in V$ に対して，$\boldsymbol{a}+\boldsymbol{0}=\boldsymbol{a}$.
(V4) 任意の $\boldsymbol{a} \in V$ に対して，$-\boldsymbol{a} \in V$ が存在して，$\boldsymbol{a}+(-\boldsymbol{a})=\boldsymbol{0}$.
(V5) 任意の $\boldsymbol{a}, \boldsymbol{b} \in V$，$x \in K$ に対して，$x(\boldsymbol{a}+\boldsymbol{b})=x\boldsymbol{a}+x\boldsymbol{b}$. （分配法則）
(V6) 任意の $\boldsymbol{a} \in V$，$x, y \in K$ に対して，$(x+y)\boldsymbol{a}=x\boldsymbol{a}+y\boldsymbol{a}$. （分配法則）
(V7) 任意の $\boldsymbol{a} \in V$，$x, y \in K$ に対して，$(xy)\boldsymbol{a}=x(y\boldsymbol{a})$. （結合法則）
(V8) 任意の $\boldsymbol{a} \in V$ に対して，$1\boldsymbol{a}=\boldsymbol{a}$.

V を K 上の線形空間とするとき，V の元を**ベクトル**，K の元を**スカラー**といい，K を V の**係数体**という．条件 (V3) をみたすベクトル $\boldsymbol{0}$ を V の**零ベクトル**という．

問 6.8 線形空間 V において，次のことを証明せよ．
(1) 零ベクトル $\boldsymbol{0}$ はただひとつである．
(2) 任意の $\boldsymbol{a} \in V$ に対して，$-\boldsymbol{a}$ はただひとつである．

問 6.9 V を線形空間とする．$\boldsymbol{a}, \boldsymbol{b} \in V$ に対して，差 $\boldsymbol{a}-\boldsymbol{b}$ を

$$\boldsymbol{a}-\boldsymbol{b}=\boldsymbol{a}+(-\boldsymbol{b})$$

により定義するとき，次のことを確かめよ．

$$\boldsymbol{a}-\boldsymbol{b}=\boldsymbol{x} \quad \Leftrightarrow \quad \boldsymbol{x}+\boldsymbol{b}=\boldsymbol{a}$$

問 6.10 V を線形空間とする．$\boldsymbol{a} \in V$ に対して，次の等式を証明せよ．

(1) $\boldsymbol{0}-\boldsymbol{a}=-\boldsymbol{a}$　　(2) $x\boldsymbol{0}=\boldsymbol{0}$ $(x \in K)$
(3) $0\boldsymbol{a}=\boldsymbol{0}$　　(4) $(-1)\boldsymbol{a}=-\boldsymbol{a}$

例 6.6 $m, n \in \mathbb{N}$ として，K の元を成分とする $m \times n$ 行列全体の集合を $M_{m\times n}(K)$ と書くとき，$M_{m\times n}(K)$ は線形空間である（定理 2.1 参照）．零行列 $O_{m\times n}$ が $M_{m\times n}(K)$ の零ベクトルである．

例 6.7 $n \in \mathbb{N}$ として，**数ベクトル空間** $K^n = M_{n\times 1}(K)$ は線形空間である．

例 6.8 X, Y を集合とするとき，写像 $f: X \to Y$ 全体の集合を Y^X と書く．いま，$Y=K$ の場合を考えて，$f, g \in K^X$，$c \in K$ に対して，和 $f+g$，スカラー倍 cf を

- $\left(f+g\right)(x)=f(x)+g(x) \quad (x\in X)$
- $\left(cf\right)(x)=cf(x) \quad (x\in X)$

により定義する．このとき，K^X は線形空間であり，関数

$$0:X\to K,\quad 0(x)=0 \quad (x\in X)$$

が K^X の零ベクトルである．

例 6.9　文字 x を不定元として，K の元を係数とする**多項式**（**整式**）

$$F(x)=a_0+a_1x+a_2x^2+\cdots+a_nx^n \quad (a_0,\ a_1,\ \ldots,\ a_n\in K,\ \ n\in\mathbb{N})$$

全体の集合を $K[x]$ と書く．$F(x), G(x)\in K[x]$，$c\in K$ について，和 $F(x)+G(x)$，スカラー倍 $cF(x)$ は通常のものとする．このとき，$K[x]$ は線形空間である．

6.3　部分空間

$K=\mathbb{R}$ または $K=\mathbb{C}$ とし，V を K 上の線形空間とする．V の部分集合 W（$\neq\emptyset$）について，次の 2 条件がみたされるとき，W を V の（**線形**）**部分空間**という．

- 任意の $\boldsymbol{a}, \boldsymbol{b}\in W$ に対して，$\boldsymbol{a}+\boldsymbol{b}\in W$.
- 任意の $\boldsymbol{a}\in W$，$x\in K$ に対して，$x\boldsymbol{a}\in W$.

このとき，W は V の和とスカラー倍により線形空間になる．

問 6.11　線形空間 V の部分空間 W について，$\boldsymbol{0}\in W$ であることを確かめよ．

問 6.12　線形空間 V の部分集合 W（$\neq\emptyset$）について，次の 2 条件は同値であることを確かめよ．

(1) W は V の部分空間である．

(2) 任意の $\boldsymbol{a}, \boldsymbol{b}\in W$，$x, y\in K$ に対して，$x\boldsymbol{a}+y\boldsymbol{b}\in W$.

例 6.10　$a<b$ とする．開区間 $I=(a,b)$ で連続な関数 $f:I\to\mathbb{R}$ 全体の集合を $C(I)$ と書くとき，$C(I)$ は線形空間 $\mathbb{R}^I$ の部分空間である．

例題 6.1　$A \in M_{m\times n}(K)$ に対して，集合

$$W = \{\boldsymbol{x} \in K^n \mid A\boldsymbol{x} = \boldsymbol{0}\}$$

は K^n の部分空間であることを証明せよ．

証明　$A\boldsymbol{0} = \boldsymbol{0}$ なので，$\boldsymbol{0} \in W$．ゆえに，$W \neq \emptyset$．次に，$\boldsymbol{a}, \boldsymbol{b} \in W$，$x, y \in K$ とする．このとき，$A\boldsymbol{a} = \boldsymbol{0}$，$A\boldsymbol{b} = \boldsymbol{0}$ なので，

$$A(x\boldsymbol{a} + y\boldsymbol{b}) = xA\boldsymbol{a} + yA\boldsymbol{b} = x\boldsymbol{0} + y\boldsymbol{0} = \boldsymbol{0}.$$

ゆえに，$x\boldsymbol{a} + y\boldsymbol{b} \in W$ を得て，W は K^n の部分空間である．　□

例 6.11　A を n 次正方行列，λ を A の固有値とするとき，集合

$$V(\lambda) = \{\boldsymbol{x} \in \mathbb{C}^n \mid (A - \lambda E)\boldsymbol{x} = \boldsymbol{0}\}$$

を A の λ に対する**固有空間**という．例題 6.1 より，$V(\lambda)$ は $\mathbb{C}^n$ の部分空間である．

問 6.13　A を n 次正方行列，λ を A の固有値とするとき，集合

$$W(\lambda) = \left\{\boldsymbol{x} \in \mathbb{C}^n \mid k \in \mathbb{N} \text{ が存在して } (A - \lambda E)^k \boldsymbol{x} = \boldsymbol{0}\right\}$$

を A の λ に対する**広義固有空間**という．このとき，$W(\lambda)$ は $\mathbb{C}^n$ の部分空間であることを証明せよ．

V を K 上の線形空間とする．有限個のベクトル $\boldsymbol{a}_1, \boldsymbol{a}_2, \ldots, \boldsymbol{a}_p \in V$ について，これらのスカラー倍の和

$$x_1\boldsymbol{a}_1 + x_2\boldsymbol{a}_2 + \cdots + x_p\boldsymbol{a}_p \quad (x_1, x_2, \ldots, x_p \in K)$$

の形のベクトルを $\boldsymbol{a}_1, \boldsymbol{a}_2, \ldots, \boldsymbol{a}_p$ の（K の元を係数とする）**線形結合**（**1 次結合**）という．ベクトル $\boldsymbol{a}_1, \boldsymbol{a}_2, \ldots, \boldsymbol{a}_p \in V$ に対して，$\boldsymbol{a}_1, \boldsymbol{a}_2, \ldots, \boldsymbol{a}_p$ の線形結合全体の集合を $\langle \boldsymbol{a}_1, \boldsymbol{a}_2, \ldots, \boldsymbol{a}_p \rangle_K$ と書く．すなわち，

$$\langle \boldsymbol{a}_1, \boldsymbol{a}_2, \ldots, \boldsymbol{a}_p \rangle_K = \{x_1\boldsymbol{a}_1 + x_2\boldsymbol{a}_2 + \cdots + x_p\boldsymbol{a}_p \mid x_1, x_2, \ldots, x_p \in K\}.$$

このとき，集合 $\langle \boldsymbol{a}_1, \boldsymbol{a}_2, \ldots, \boldsymbol{a}_p \rangle_K$ は V の部分空間であり，これをベクトル $\boldsymbol{a}_1, \boldsymbol{a}_2, \ldots, \boldsymbol{a}_p$ の**生成する**部分空間という．

問 6.14 集合 $\langle \boldsymbol{a}_1, \boldsymbol{a}_2, \ldots, \boldsymbol{a}_p \rangle_K$ が V の部分空間であることを確かめよ．

有限個のベクトル $\boldsymbol{a}_1, \boldsymbol{a}_2, \ldots, \boldsymbol{a}_p \in V$ について，

$$x_1\boldsymbol{a}_1 + x_2\boldsymbol{a}_2 + \cdots + x_p\boldsymbol{a}_p = \boldsymbol{0}, \quad \bigl(x_1, x_2, \ldots, x_p\bigr) \neq (0, 0, \ldots, 0)$$

をみたす $x_1, x_2, \ldots, x_p \in K$ が存在するとき，$\boldsymbol{a}_1, \boldsymbol{a}_2, \ldots, \boldsymbol{a}_p$ は**線形従属**（**1 次従属**）であるという．また，$\boldsymbol{a}_1, \boldsymbol{a}_2, \ldots, \boldsymbol{a}_p$ は，線形従属でないとき，**線形独立**（**1 次独立**）であるという．

問 6.15 $\boldsymbol{a}_1, \boldsymbol{a}_2, \ldots, \boldsymbol{a}_p \in V$ が線形独立であるとき，$x_1, x_2, \ldots, x_p, y_1, y_2, \ldots, y_p \in K$ について，次の 2 条件は同値であることを確かめよ．

(1) $x_1\boldsymbol{a}_1 + x_2\boldsymbol{a}_2 + \cdots + x_p\boldsymbol{a}_p = y_1\boldsymbol{a}_1 + y_2\boldsymbol{a}_2 + \cdots + y_p\boldsymbol{a}_p$.

(2) $x_1 = y_1, x_2 = y_2, \ldots, x_p = y_p$.

問 6.16 ベクトル $\boldsymbol{a}_1, \boldsymbol{a}_2, \ldots, \boldsymbol{a}_p, \boldsymbol{a}_{p+1} \in V$ について，$\boldsymbol{a}_1, \boldsymbol{a}_2, \ldots, \boldsymbol{a}_p$ が線形独立であり，$\boldsymbol{a}_1, \boldsymbol{a}_2, \ldots, \boldsymbol{a}_p, \boldsymbol{a}_{p+1}$ が線形従属ならば，$\boldsymbol{a}_{p+1}$ は $\boldsymbol{a}_1, \boldsymbol{a}_2, \ldots, \boldsymbol{a}_p$ の線形結合であることを証明せよ．

問 6.17 V を線形空間，W, W' を V の部分空間とするとき，**共通部分** $W \cap W'$ も V の部分空間であることを確かめよ．

問 6.18 V を線形空間とする．V の部分空間 W, W' に対して，

$$W + W' = \{\boldsymbol{w} + \boldsymbol{w}' \mid \boldsymbol{w} \in W, \boldsymbol{w}' \in W'\}$$

と書くとき，**和** $W + W'$ は V の部分空間であることを証明せよ．

6.4 基底・次元

$K = \mathbb{R}$ または $K = \mathbb{C}$ とし，V を K 上の線形空間とする．有限個のベクトル $\boldsymbol{a}_1, \boldsymbol{a}_2, \ldots, \boldsymbol{a}_n \in V$ について，次の 2 条件がみたされるとき，$\{\boldsymbol{a}_1, \boldsymbol{a}_2, \ldots, \boldsymbol{a}_n\}$ は V の**基底**であるという[注 2]．

- $\boldsymbol{a}_1, \boldsymbol{a}_2, \ldots, \boldsymbol{a}_n$ は線形独立である．

[注 2] $V = \{\boldsymbol{0}\}$ のときは，空集合 $\emptyset$ を V の基底と考える．

- $V = \langle \boldsymbol{a}_1, \boldsymbol{a}_2, \ldots, \boldsymbol{a}_n \rangle_K$.

例 6.12 例 4.6，問 4.10 より，K^n の基本ベクトル

$$\boldsymbol{e}_1 = \begin{pmatrix} 1 \\ 0 \\ 0 \\ \vdots \\ 0 \end{pmatrix}, \quad \boldsymbol{e}_2 = \begin{pmatrix} 0 \\ 1 \\ 0 \\ \vdots \\ 0 \end{pmatrix}, \quad \ldots, \quad \boldsymbol{e}_n = \begin{pmatrix} 0 \\ 0 \\ \vdots \\ 0 \\ 1 \end{pmatrix}$$

について，$\{\boldsymbol{e}_1, \boldsymbol{e}_2, \ldots, \boldsymbol{e}_n\}$ は K^n の基底である．これを K^n の**標準基底**という．

> **定理 6.1** $\{\boldsymbol{a}_1, \boldsymbol{a}_2, \ldots, \boldsymbol{a}_m\}$，$\{\boldsymbol{b}_1, \boldsymbol{b}_2, \ldots, \boldsymbol{b}_n\}$ がいずれも線形空間 V の基底ならば，$m = n$ である．

証明 $\{\boldsymbol{b}_1, \boldsymbol{b}_2, \ldots, \boldsymbol{b}_n\}$ は V の基底なので，各 $k = 1, 2, \ldots, m$ について，$\boldsymbol{a}_k$ は $\boldsymbol{b}_1, \boldsymbol{b}_2, \ldots, \boldsymbol{b}_n$ の線形結合である．すなわち，$c_{1k}, c_{2k}, \ldots, c_{nk} \in K$ が存在して，

$$\boldsymbol{a}_k = \sum_{i=1}^{n} c_{ik} \boldsymbol{b}_i \quad (k = 1, 2, \ldots, m). \tag{6.1}$$

同様に，各 $j = 1, 2, \ldots, n$ に対して，$d_{1j}, d_{2j}, \ldots, d_{mj} \in K$ が存在して，

$$\boldsymbol{b}_j = \sum_{k=1}^{m} d_{kj} \boldsymbol{a}_k \quad (j = 1, 2, \ldots, n). \tag{6.2}$$

(6.1) を (6.2) に代入して，

$$\boldsymbol{b}_j = \sum_{k=1}^{m} d_{kj} \left(\sum_{i=1}^{n} c_{ik} \boldsymbol{b}_i \right) = \sum_{i=1}^{n} \left(\sum_{k=1}^{m} c_{ik} d_{kj} \right) \boldsymbol{b}_i.$$

$\boldsymbol{b}_1, \boldsymbol{b}_2, \ldots, \boldsymbol{b}_n$ は線形独立なので，両辺の $\boldsymbol{b}_i$ の係数を比較して，

$$\delta_{ij} = \sum_{k=1}^{m} c_{ik} d_{kj} \quad (i, j = 1, 2, \ldots, n).$$

よって，$n \times m$ 行列 $C = \left(c_{ij} \right)$，$m \times n$ 行列 $D = \left(d_{ij} \right)$ について，$E_n = CD$．ゆえに，$|CD| = |E_n| = 1$．仮に $m < n$ とすると，演 3.8 より，$|CD| = 0$ を得て，矛盾である．したがって，$m \geqq n$ でなければならない．次に，$\{\boldsymbol{a}_1, \boldsymbol{a}_2, \ldots, \boldsymbol{a}_m\}$，$\{\boldsymbol{b}_1, \boldsymbol{b}_2, \ldots, \boldsymbol{b}_n\}$ の役割を入れ替えた議論を行うことにより，$n \geqq m$．以上より，$m = n$ が示された．□

定理 6.2 V を線形空間とする．有限個のベクトル $\boldsymbol{a}_1, \boldsymbol{a}_2, \ldots, \boldsymbol{a}_p \in V$ のうち，線形独立なベクトルの個数の最大値[注3] を r とするとき，$k_1, k_2, \ldots, k_r \in \{1, 2, \ldots, p\}$ が存在して，$\{\boldsymbol{a}_{k_1}, \boldsymbol{a}_{k_2}, \ldots, \boldsymbol{a}_{k_r}\}$ は部分空間 $\langle \boldsymbol{a}_1, \boldsymbol{a}_2, \ldots, \boldsymbol{a}_p \rangle_K$ の基底である．

証明 $r=p$ のとき，証明すべきことはない．そこで，$r<p$ の場合を考える．必要ならば番号を付け替えることにより，$\boldsymbol{a}_1, \boldsymbol{a}_2, \ldots, \boldsymbol{a}_r$ が線形独立であるとしてよい．このとき，各 $i=r+1, r+2, \ldots, p$ について，$\boldsymbol{a}_1, \boldsymbol{a}_2, \ldots, \boldsymbol{a}_r, \boldsymbol{a}_i$ は線形従属であるから，問 6.16 より，$c_{i1}, c_{i2}, \ldots, c_{ir} \in K$ が存在して，$\boldsymbol{a}_i = \sum_{\ell=1}^{r} c_{i\ell}\boldsymbol{a}_\ell$．したがって，任意の $\boldsymbol{x} = \sum_{i=1}^{p} x_i \boldsymbol{a}_i \in \langle \boldsymbol{a}_1, \boldsymbol{a}_2, \ldots, \boldsymbol{a}_p \rangle_K$ $(x_1, x_2, \ldots, x_p \in K)$ に対して，

$$
\begin{aligned}
\boldsymbol{x} &= \sum_{i=1}^{r} x_i \boldsymbol{a}_i + \sum_{i=r+1}^{p} x_i \boldsymbol{a}_i = \sum_{\ell=1}^{r} x_\ell \boldsymbol{a}_\ell + \sum_{i=r+1}^{p} x_i \sum_{\ell=1}^{r} c_{i\ell}\boldsymbol{a}_\ell \\
&= \sum_{\ell=1}^{r} x_\ell \boldsymbol{a}_\ell + \sum_{\ell=1}^{r} \left(\sum_{i=r+1}^{p} x_i c_{i\ell} \right) \boldsymbol{a}_\ell = \sum_{\ell=1}^{r} \left(x_\ell + \sum_{i=r+1}^{p} x_i c_{i\ell} \right) \boldsymbol{a}_\ell \\
&\in \langle \boldsymbol{a}_1, \boldsymbol{a}_2, \ldots, \boldsymbol{a}_r \rangle_K.
\end{aligned}
$$

よって，$\langle \boldsymbol{a}_1, \boldsymbol{a}_2, \ldots, \boldsymbol{a}_p \rangle_K \subset \langle \boldsymbol{a}_1, \boldsymbol{a}_2, \ldots, \boldsymbol{a}_r \rangle_K$ が示された．逆に，

$$
\langle \boldsymbol{a}_1, \boldsymbol{a}_2, \ldots, \boldsymbol{a}_r \rangle_K \subset \langle \boldsymbol{a}_1, \boldsymbol{a}_2, \ldots, \boldsymbol{a}_p \rangle_K
$$

が成り立つことは容易にわかる．したがって，

$$
\langle \boldsymbol{a}_1, \boldsymbol{a}_2, \ldots, \boldsymbol{a}_p \rangle_K = \langle \boldsymbol{a}_1, \boldsymbol{a}_2, \ldots, \boldsymbol{a}_r \rangle_K
$$

を得て，$\{\boldsymbol{a}_1, \boldsymbol{a}_2, \ldots, \boldsymbol{a}_r\}$ は $\langle \boldsymbol{a}_1, \boldsymbol{a}_2, \ldots, \boldsymbol{a}_p \rangle_K$ の基底である． □

V を K 上の線形空間とする．有限個のベクトル $\boldsymbol{a}_1, \boldsymbol{a}_2, \ldots, \boldsymbol{a}_n \subset V$ が存在して，$\{\boldsymbol{a}_1, \boldsymbol{a}_2, \ldots, \boldsymbol{a}_n\}$ が V の基底であるとき，数 n を V の**次元**といい，

注3 V を線形空間，E を V の部分集合とする．E に属する線形独立な r 個のベクトルが存在し，かつ E に属する任意の $r+1$ 個のベクトルは線形従属であるとき，数 r が E の線形独立なベクトルの個数の最大値である．

$\dim V = n$ と書く[注4]．このとき，線形空間 V は**有限次元**であるという．線形空間 V は，有限次元でないとき，**無限次元**であるという．

例 6.13　V を線形空間とするとき，線形独立なベクトル $\boldsymbol{a}_1, \boldsymbol{a}_2, \ldots, \boldsymbol{a}_p \in V$ について，$\dim\langle \boldsymbol{a}_1, \boldsymbol{a}_2, \ldots, \boldsymbol{a}_p\rangle_K = p$.

例 6.14　例 6.12 より，$\dim K^n = n$.

例 6.15　例 6.10 の線形空間 $C(I)$ は無限次元である（演 6.6 参照）.

問 6.19　V を有限次元の線形空間とする．ベクトル $\boldsymbol{a}_1, \boldsymbol{a}_2, \ldots, \boldsymbol{a}_p \in V$ が線形独立ならば，$p \leqq \dim V$ であることを証明せよ．

問 6.20　線形空間 V の線形独立なベクトルの個数の最大値が存在すれば，それは $\dim V$ に等しいことを証明せよ．

問 6.19，6.20 より，線形空間 V について，V が有限次元であることと V の線形独立なベクトルの個数の最大値が存在することは同値である．

問 6.21　V を有限次元の線形空間とする．このとき，V の部分空間 W について，次のことを証明せよ．

(1)　$\dim W \leqq \dim V$　　　(2)　$\dim W = \dim V \quad \Leftrightarrow \quad W = V$

定理 6.3　線形空間 V について，$\dim V = n$ とする．このとき，n 個のベクトル $\boldsymbol{a}_1, \boldsymbol{a}_2, \ldots, \boldsymbol{a}_n \in V$ について，次の 3 条件は同値である．

(1)　$\boldsymbol{a}_1, \boldsymbol{a}_2, \ldots, \boldsymbol{a}_n$ は線形独立である．
(2)　$\{\boldsymbol{a}_1, \boldsymbol{a}_2, \ldots, \boldsymbol{a}_n\}$ は V の基底である．
(3)　$V = \langle \boldsymbol{a}_1, \boldsymbol{a}_2, \ldots, \boldsymbol{a}_n\rangle_K$.

証明　(1) → (2)．$\dim\langle \boldsymbol{a}_1, \boldsymbol{a}_2, \ldots, \boldsymbol{a}_n\rangle_K = n = \dim V$ であるから，問 6.21 (2) より，$\langle \boldsymbol{a}_1, \boldsymbol{a}_2, \ldots, \boldsymbol{a}_n\rangle_K = V$ を得て，$\{\boldsymbol{a}_1, \boldsymbol{a}_2, \ldots, \boldsymbol{a}_n\}$ は V の基底である．

注4　定理 6.1 より，V の基底を構成するベクトルの個数は，基底の取り方によらず，一定であるから，$\dim V$ は確定する．必要ならば，係数体 K を明示して，V の次元を $\dim_K V$ と書く．$V = \{\boldsymbol{0}\}$ のときは，$n = 0$ と考えて，$\dim V = 0$ である．

(2) → **(3)**．証明すべきことはない．

(3) → **(1)**．$\boldsymbol{a}_1, \boldsymbol{a}_2, \ldots, \boldsymbol{a}_n$ のうち線形独立なベクトルの個数の最大値を r とすれば，定理 6.2 より，$k_1, k_2, \ldots, k_r \in \{1, 2, \ldots, n\}$ が存在して，$\{\boldsymbol{a}_{k_1}, \boldsymbol{a}_{k_2}, \ldots, \boldsymbol{a}_{k_r}\}$ は $V = \langle \boldsymbol{a}_1, \boldsymbol{a}_2, \ldots, \boldsymbol{a}_n \rangle_K$ の基底である．ゆえに，$\dim V = r$．一方，$\dim V = n$ であるから，$r = n$ を得て，$\boldsymbol{a}_1, \boldsymbol{a}_2, \ldots, \boldsymbol{a}_n$ は線形独立である． □

例 6.16 ベクトル $\boldsymbol{a}_1 = \begin{pmatrix} 1 \\ 0 \\ 1 \end{pmatrix}$，$\boldsymbol{a}_2 = \begin{pmatrix} 1 \\ 1 \\ -1 \end{pmatrix}$，$\boldsymbol{a}_3 = \begin{pmatrix} 0 \\ 1 \\ 1 \end{pmatrix} \in \mathbb{R}^3$ について，

$$\det(\boldsymbol{a}_1 \ \ \boldsymbol{a}_2 \ \ \boldsymbol{a}_3) = \begin{vmatrix} 1 & 1 & 0 \\ 0 & 1 & 1 \\ 1 & -1 & 1 \end{vmatrix} = \begin{vmatrix} 1 & 1 & 0 \\ 0 & 1 & 1 \\ 0 & -2 & 1 \end{vmatrix} = \begin{vmatrix} 1 & 1 \\ -2 & 1 \end{vmatrix} = 3 \neq 0$$

であるから，定理 3.13，系 4.12 より，$\boldsymbol{a}_1, \boldsymbol{a}_2, \boldsymbol{a}_3$ は線形独立である．したがって，定理 6.2 より，$\{\boldsymbol{a}_1, \boldsymbol{a}_2, \boldsymbol{a}_3\}$ は $\mathbb{R}^3$ の基底である．

定理 6.4 V を有限次元の線形空間とする．ベクトル $\boldsymbol{a}_1, \boldsymbol{a}_2, \ldots, \boldsymbol{a}_p \in V$ が線形独立ならば，これらを含む V の基底が存在する．

証明 $\dim V = n$ とする．問 6.19 より，$\dim \langle \boldsymbol{a}_1, \boldsymbol{a}_2, \ldots, \boldsymbol{a}_p \rangle_K = p \leqq n$．$p = n$ のとき，問 6.21 (2) より，$\langle \boldsymbol{a}_1, \boldsymbol{a}_2, \ldots, \boldsymbol{a}_p \rangle_K = V$ を得て，$\{\boldsymbol{a}_1, \boldsymbol{a}_2, \ldots, \boldsymbol{a}_p\}$ は V の基底である．$p \leqq n-1$ のとき，$\langle \boldsymbol{a}_1, \boldsymbol{a}_2, \ldots, \boldsymbol{a}_p \rangle_K \subsetneqq V$ であるから，$\boldsymbol{b}_1 \in V \setminus \langle \boldsymbol{a}_1, \boldsymbol{a}_2, \ldots, \boldsymbol{a}_p \rangle_K$ が存在し，問 6.16 より，$\boldsymbol{a}_1, \boldsymbol{a}_2, \ldots, \boldsymbol{a}_p, \boldsymbol{b}_1$ は線形独立である．いま $\boldsymbol{b}_1, \boldsymbol{b}_2, \ldots, \boldsymbol{b}_{k-1} \in V$ が存在して，$\boldsymbol{a}_1, \boldsymbol{a}_2, \ldots, \boldsymbol{a}_p, \boldsymbol{b}_1, \boldsymbol{b}_2, \ldots, \boldsymbol{b}_{k-1}$ が線形独立であるとしよう．$p+k-1 \leqq n-1$ のとき，$\langle \boldsymbol{a}_1, \boldsymbol{a}_2, \ldots, \boldsymbol{a}_p, \boldsymbol{b}_1, \boldsymbol{b}_2, \ldots, \boldsymbol{b}_{k-1} \rangle_K \subsetneqq V$ であるから，$\boldsymbol{b}_k \in V \setminus \langle \boldsymbol{a}_1, \boldsymbol{a}_2, \ldots, \boldsymbol{a}_p, \boldsymbol{b}_1, \boldsymbol{b}_2, \ldots, \boldsymbol{b}_{k-1} \rangle_K$ が存在し，問 6.16 より，$\boldsymbol{a}_1, \boldsymbol{a}_2, \ldots, \boldsymbol{a}_p, \boldsymbol{b}_1, \boldsymbol{b}_2, \ldots, \boldsymbol{b}_{k-1}, \boldsymbol{b}_k$ は線形独立である．$p+k-1 = n-1$ になるまで，この議論を続けることができて，結局，$\boldsymbol{b}_1, \boldsymbol{b}_2, \ldots, \boldsymbol{b}_{n-p} \in V$ が存在して，n 個のベクトル $\boldsymbol{a}_1, \boldsymbol{a}_2, \ldots, \boldsymbol{a}_p, \boldsymbol{b}_1, \boldsymbol{b}_2, \ldots, \boldsymbol{b}_{n-p}$ は線形独立である．このとき，問 6.21 (2) より，$\langle \boldsymbol{a}_1, \boldsymbol{a}_2, \ldots, \boldsymbol{a}_p, \boldsymbol{b}_1, \boldsymbol{b}_2, \ldots, \boldsymbol{b}_{n-p} \rangle_K = V$ を得て，$\{\boldsymbol{a}_1, \boldsymbol{a}_2, \ldots, \boldsymbol{a}_p, \boldsymbol{b}_1, \boldsymbol{b}_2, \ldots, \boldsymbol{b}_{n-p}\}$ は V の基底である． □

問 6.22 V を有限次元の線形空間，W, W' を V の部分空間とするとき，次の等式を証明せよ．

$$\dim(W + W') = \dim W + \dim W' - \dim(W \cap W')$$

6.5 線形写像

$K=\mathbb{R}$ または $K=\mathbb{C}$ とし，U, V を K 上の線形空間とする．写像 $f:U\to V$ が線形であるとは，次の 2 条件がみたされることである[注5]．

- $f(\boldsymbol{u}_1+\boldsymbol{u}_2)=f(\boldsymbol{u}_1)+f(\boldsymbol{u}_2)$ $(\boldsymbol{u}_1, \boldsymbol{u}_2\in U)$
- $f(c\boldsymbol{u})=cf(\boldsymbol{u})$ $(\boldsymbol{u}\in U,\ c\in K)$

問 6.23 写像 $f:U\to V$ について，次の 2 条件は同値であることを確かめよ．

(1) f は線形である．

(2) $f(c_1\boldsymbol{u}_1+c_2\boldsymbol{u}_2)=c_1f(\boldsymbol{u}_1)+c_2f(\boldsymbol{u}_2)$ $(\boldsymbol{u}_1, \boldsymbol{u}_2\in U,\ c_1, c_2\in K)$．

問 6.24 線形写像 $f:U\to V$ について，次の等式を確かめよ．

$$f(\mathbf{0})=\mathbf{0}$$

問 6.25 T, U, V を線形空間，$f:U\to V$，$g:T\to U$ を線形写像とするとき，合成写像 $f\circ g:T\to V$ も線形であることを確かめよ．

例 6.17 $a\in\mathbb{R}$ とする．関数 $f:\mathbb{R}\to\mathbb{R}$，$f(x)=ax$，について，

$$f(x+y)=a\big(x+y\big)=ax+ay=f(x)+f(y)\quad(x,\ y\in\mathbb{R}),$$
$$f(cx)=a(cx)=acx=c(ax)=cf(x)\quad(x,\ c\in\mathbb{R})$$

であるから，f は線形である．

例 6.18 $a, b\in\mathbb{R}$，$b\neq 0$，とする．関数 $f:\mathbb{R}\to\mathbb{R}$，$f(x)=ax+b$，について，

$$f(0)=a\cdot 0+b=b\neq 0$$

なので，問 6.24 より，f は線形ではない．

定理 6.5 写像 $f:K^n\to K^m$ について，次の 2 条件は同値である．

(1) f は線形である．

[注5] この 2 条件を線形性という．

(**2**) $m \times n$ 行列 A が存在して，

$$f(\boldsymbol{x}) = A\boldsymbol{x} \quad (\boldsymbol{x} \in K^n).$$

証明 (**1**) → (**2**)．任意の $\boldsymbol{x} = \begin{pmatrix} x_1 \\ x_2 \\ \vdots \\ x_n \end{pmatrix} \in K^n$ に対して，問 4.10 より，

$$\boldsymbol{x} = x_1\boldsymbol{e}_1 + x_2\boldsymbol{e}_2 + \cdots + x_n\boldsymbol{e}_n.$$

ゆえに，f の線形性と演 2.11 より，

$$\begin{aligned} f(\boldsymbol{x}) &= f(x_1\boldsymbol{e}_1 + x_2\boldsymbol{e}_2 + \cdots + x_n\boldsymbol{e}_n) = x_1 f(\boldsymbol{e}_1) + x_2 f(\boldsymbol{e}_2) + \cdots + x_n f(\boldsymbol{e}_n) \\ &= \begin{pmatrix} f(\boldsymbol{e}_1) & f(\boldsymbol{e}_2) & \cdots & f(\boldsymbol{e}_n) \end{pmatrix} \begin{pmatrix} x_1 \\ x_2 \\ \vdots \\ x_n \end{pmatrix} = A\boldsymbol{x}, \end{aligned}$$

ただし，$A = \begin{pmatrix} f(\boldsymbol{e}_1) & f(\boldsymbol{e}_2) & \cdots & f(\boldsymbol{e}_n) \end{pmatrix}$.

(**2**) → (**1**)．任意の $\boldsymbol{x}_1, \boldsymbol{x}_2 \in K^n$，$c_1, c_2 \in K$ に対して，定理 2.2 より，

$$f(c_1\boldsymbol{x}_1 + c_2\boldsymbol{x}_2) = A(c_1\boldsymbol{x}_1 + c_2\boldsymbol{x}_2) = c_1 A\boldsymbol{x}_1 + c_2 A\boldsymbol{x}_2 = c_1 f(\boldsymbol{x}_1) + c_2 f(\boldsymbol{x}_2).$$

ゆえに，f は線形である． □

線形写像 $f: K^n \to K^m$ について，定理 6.5 の条件 (**2**) をみたす行列 A は f を表す**行列**とよばれる．また，f を行列 A の表す**線形写像**という．

問 6.26 線形写像 $f: K^n \to K^m$ について，定理 6.5 の条件 (**2**) をみたす行列 A は次のものに限ることを証明せよ．

$$A = \begin{pmatrix} f(\boldsymbol{e}_1) & f(\boldsymbol{e}_2) & \cdots & f(\boldsymbol{e}_n) \end{pmatrix}$$

例題 6.2 線形写像 $f: \mathbb{R}^2 \to \mathbb{R}^3$ について，

$$f\left(\begin{pmatrix} 4 \\ 2 \end{pmatrix}\right) = \begin{pmatrix} 0 \\ 2 \\ 2 \end{pmatrix}, \quad f\left(\begin{pmatrix} 2 \\ 3 \end{pmatrix}\right) = \begin{pmatrix} 4 \\ 3 \\ -9 \end{pmatrix}$$

のとき，f を表す行列を求めよ．

解　求める行列を A とすると，$A\begin{pmatrix} 4 \\ 2 \end{pmatrix} = \begin{pmatrix} 0 \\ 2 \\ 2 \end{pmatrix}$，$A\begin{pmatrix} 2 \\ 3 \end{pmatrix} = \begin{pmatrix} 4 \\ 3 \\ -9 \end{pmatrix}$ であるから，

$$A\begin{pmatrix} 4 & 2 \\ 2 & 3 \end{pmatrix} = \begin{pmatrix} 0 & 4 \\ 2 & 3 \\ 2 & -9 \end{pmatrix}.$$

よって，

$$A = \begin{pmatrix} 0 & 4 \\ 2 & 3 \\ 2 & -9 \end{pmatrix}\begin{pmatrix} 4 & 2 \\ 2 & 3 \end{pmatrix}^{-1} = \begin{pmatrix} 0 & 4 \\ 2 & 3 \\ 2 & -9 \end{pmatrix} \cdot \frac{1}{8}\begin{pmatrix} 3 & -2 \\ -2 & 4 \end{pmatrix} = \begin{pmatrix} -1 & 2 \\ 0 & 1 \\ 3 & -5 \end{pmatrix}. \qquad \square$$

問 6.27　線形変換 $f : \mathbb{R}^2 \to \mathbb{R}^2$ により，ベクトル $\begin{pmatrix} 1 \\ 2 \end{pmatrix}$，$\begin{pmatrix} 2 \\ 1 \end{pmatrix}$ がそれぞれベクトル $\begin{pmatrix} 3 \\ -2 \end{pmatrix}$，$\begin{pmatrix} 5 \\ 1 \end{pmatrix}$ にうつされるとき，f を表す行列を求めよ．

問 6.28　線形写像 $f : \mathbb{R}^2 \to \mathbb{R}^3$ により，ベクトル $\begin{pmatrix} 3 \\ 5 \end{pmatrix}$，$\begin{pmatrix} 2 \\ 3 \end{pmatrix}$ がそれぞれベクトル $\begin{pmatrix} 1 \\ 2 \\ 3 \end{pmatrix}$，$\begin{pmatrix} 3 \\ 2 \\ 1 \end{pmatrix}$ にうつされるとき，f を表す行列を求めよ．

問 6.29　恒等変換 $\mathbb{1}_{K^n} : K^n \to K^n$ は単位行列 E_n の表す線形変換であることを確かめよ．

問 6.30　$m \times n$ 行列 A の表す線形写像を $f : K^n \to K^m$，$n \times p$ 行列 B の表す線形写像を $g : K^p \to K^n$ とするとき，合成写像 $f \circ g : K^p \to K^m$ は行列 AB の表す線形写像であることを証明せよ．

U, V を線形空間，$f : U \to V$ を線形写像とする．線形写像 $g : V \to U$ が存在して，$f \circ g = \mathbb{1}_V$，$g \circ f = \mathbb{1}_U$ が成り立つとき，f は（**線形**）**同型**であるという．

問 6.31　写像 $f : U \to V$ について，次の2条件は同値であることを証明せよ．

(1) f は同型である.

(2) f は線形かつ全単射である.

問 6.32 n 次正方行列 A の表す線形変換を $f: K^n \to K^n$ とするとき，次のことを確かめよ.

(1) A が正則のとき，A^{-1} の表す線形変換は f の**逆変換** f^{-1} である.

(2) A が正則 $\Leftrightarrow$ f が同型.

線形空間 U, V について，**同型写像** $f: U \to V$ が存在するとき，U, V は**（線形）同型**であるといい，$U \cong V$ と書く[注6].

問 6.33 有限次元の線形空間 U, V について，次の 2 条件は同値であることを証明せよ.

(1) $U \cong V$.

(2) $\dim U = \dim V$.

U, V を有限次元の線形空間，$f: U \to V$ を線形写像とする．いま，$\dim U = n$，$\dim V = m$ として，$\{\boldsymbol{u}_1, \boldsymbol{u}_2, \ldots, \boldsymbol{u}_n\}$ を U の基底，$\{\boldsymbol{v}_1, \boldsymbol{v}_2, \ldots, \boldsymbol{v}_m\}$ を V の基底とすれば，写像

$$\varphi: K^n \to U, \quad \boldsymbol{x} = \begin{pmatrix} x_1 \\ x_2 \\ \vdots \\ x_n \end{pmatrix} \mapsto x_1\boldsymbol{u}_1 + x_2\boldsymbol{u}_2 + \cdots + x_n\boldsymbol{u}_n, \tag{6.3}$$

$$\psi: K^m \to V, \quad \boldsymbol{y} = \begin{pmatrix} y_1 \\ y_2 \\ \vdots \\ y_m \end{pmatrix} \mapsto y_1\boldsymbol{v}_1 + y_2\boldsymbol{v}_2 + \cdots + y_m\boldsymbol{v}_m \tag{6.4}$$

はいずれも同型である．このとき，線形写像 $\psi^{-1} \circ f \circ \varphi: K^n \to K^m$ を表す行列を，U の基底 $\{\boldsymbol{u}_1, \boldsymbol{u}_2, \ldots, \boldsymbol{u}_n\}$，$V$ の基底 $\{\boldsymbol{v}_1, \boldsymbol{v}_2, \ldots, \boldsymbol{v}_m\}$ に関する f の**表**

注 6 必要ならば，係数体 K を明示して，$U \cong_K V$ と書く.

現行列という．すなわち，$x_1, x_2, \ldots, x_n, y_1, y_2, \ldots, y_m \in K$ について，

$$\begin{pmatrix} y_1 \\ y_2 \\ \vdots \\ y_m \end{pmatrix} = B \begin{pmatrix} x_1 \\ x_2 \\ \vdots \\ x_n \end{pmatrix} \quad \Leftrightarrow \quad \sum_{\ell=1}^{m} y_\ell \boldsymbol{v}_\ell = f\left(\sum_{k=1}^{n} x_k \boldsymbol{u}_k\right)$$

をみたす $m\times n$ 行列 B が U の基底 $\{\boldsymbol{u}_1, \boldsymbol{u}_2, \ldots, \boldsymbol{u}_n\}$, V の基底 $\{\boldsymbol{v}_1, \boldsymbol{v}_2, \ldots, \boldsymbol{v}_m\}$ に関する f の表現行列である．

定理 6.6 $m \times n$ 行列 A の表す線形写像 $f: K^n \to K^m$ に対して，K^n の基底 $\{\boldsymbol{u}_1, \boldsymbol{u}_2, \ldots, \boldsymbol{u}_n\}$，$K^m$ の基底 $\{\boldsymbol{v}_1, \boldsymbol{v}_2, \ldots, \boldsymbol{v}_m\}$ に関する f の表現行列を B とするとき，次の等式が成り立つ．

$$B = (\boldsymbol{v}_1 \ \boldsymbol{v}_2 \ \cdots \ \boldsymbol{v}_m)^{-1} A (\boldsymbol{u}_1 \ \boldsymbol{u}_2 \ \cdots \ \boldsymbol{u}_n)$$

証明 同型写像 (6.3)，(6.4) は，演 2.11 より，

$$\varphi: K^n \to K^n, \quad \varphi(\boldsymbol{x}) = (\boldsymbol{u}_1 \ \boldsymbol{u}_2 \ \cdots \ \boldsymbol{u}_n)\boldsymbol{x},$$
$$\psi: K^m \to K^m, \quad \psi(\boldsymbol{y}) = (\boldsymbol{v}_1 \ \boldsymbol{v}_2 \ \cdots \ \boldsymbol{v}_m)\boldsymbol{y}$$

と書けて，定理 4.7，4.11 より，行列 $(\boldsymbol{u}_1 \ \boldsymbol{u}_2 \ \cdots \ \boldsymbol{u}_n)$，$(\boldsymbol{v}_1 \ \boldsymbol{v}_2 \ \cdots \ \boldsymbol{v}_m)$ はいずれも正則である．任意の $\boldsymbol{x} \in K^n$ に対して，問 6.32 も用いて，

$$B\boldsymbol{x} = \left(\psi^{-1} \circ f \circ \varphi\right)(\boldsymbol{x}) = \psi^{-1}(f(\varphi(\boldsymbol{x}))) = (\boldsymbol{v}_1 \ \boldsymbol{v}_2 \ \cdots \ \boldsymbol{v}_m)^{-1} A (\boldsymbol{u}_1 \ \boldsymbol{u}_2 \ \cdots \ \boldsymbol{u}_n)\boldsymbol{x}.$$

ゆえに，$B = (\boldsymbol{v}_1 \ \boldsymbol{v}_2 \ \cdots \ \boldsymbol{v}_m)^{-1} A (\boldsymbol{u}_1 \ \boldsymbol{u}_2 \ \cdots \ \boldsymbol{u}_n)$. □

例 6.19 $m \times n$ 行列 A の表す線形写像 $f: K^n \to K^m$ に対して，K^n，K^m の標準基底に関する f の表現行列 B は，定理 6.6 より，

$$B = (\boldsymbol{e}_1 \ \boldsymbol{e}_2 \ \cdots \ \boldsymbol{e}_m)^{-1} A (\boldsymbol{e}_1 \ \boldsymbol{e}_2 \ \cdots \ \boldsymbol{e}_n) = E_m{}^{-1} A E_n = A.$$

すなわち，線形写像 f を表す行列は標準基底に関する f の表現行列にほかならない．

例 6.20　A を対角化可能な n 次正方行列とする．このとき，正則な n 次正方行列 $P=\begin{pmatrix}\boldsymbol{p}_1 & \boldsymbol{p}_2 & \cdots & \boldsymbol{p}_n\end{pmatrix}$，および $\lambda_1, \lambda_2, \ldots, \lambda_n \in \mathbb{C}$ が存在して，

$$P^{-1}AP = \begin{pmatrix} \lambda_1 & & & \mathrm{O} \\ & \lambda_2 & & \\ & & \ddots & \\ \mathrm{O} & & & \lambda_n \end{pmatrix}.$$

行列 A の表す線形変換を

$$f:\mathbb{C}^n \to \mathbb{C}^n, \quad \begin{pmatrix} x_1 \\ x_2 \\ \vdots \\ x_n \end{pmatrix} \mapsto \begin{pmatrix} x'_1 \\ x'_2 \\ \vdots \\ x'_n \end{pmatrix} = A\begin{pmatrix} x_1 \\ x_2 \\ \vdots \\ x_n \end{pmatrix},$$

とする．定理 6.3 より，$\{\boldsymbol{p}_1, \boldsymbol{p}_2, \ldots, \boldsymbol{p}_n\}$ は $\mathbb{C}^n$ の基底であり，定理 6.6 より，行列 $P^{-1}AP$ は $\mathbb{C}^n$ の基底 $\{\boldsymbol{p}_1, \boldsymbol{p}_2, \ldots, \boldsymbol{p}_n\}$ に関する f の表現行列である．いま，

$$\begin{pmatrix} x_1 \\ x_2 \\ \vdots \\ x_n \end{pmatrix} = P\begin{pmatrix} u_1 \\ u_2 \\ \vdots \\ u_n \end{pmatrix}, \quad \begin{pmatrix} x'_1 \\ x'_2 \\ \vdots \\ x'_n \end{pmatrix} = P\begin{pmatrix} u'_1 \\ u'_2 \\ \vdots \\ u'_n \end{pmatrix},$$

と書けば，

$$\begin{pmatrix} u'_1 \\ u'_2 \\ \vdots \\ u'_n \end{pmatrix} = P^{-1}\begin{pmatrix} x'_1 \\ x'_2 \\ \vdots \\ x'_n \end{pmatrix} = P^{-1}A\begin{pmatrix} x_1 \\ x_2 \\ \vdots \\ x_n \end{pmatrix} = P^{-1}AP\begin{pmatrix} u_1 \\ u_2 \\ \vdots \\ u_n \end{pmatrix}$$

$$= \begin{pmatrix} \lambda_1 & & & \mathrm{O} \\ & \lambda_2 & & \\ & & \ddots & \\ \mathrm{O} & & & \lambda_n \end{pmatrix}\begin{pmatrix} u_1 \\ u_2 \\ \vdots \\ u_n \end{pmatrix}.$$

ゆえに，次の等式を得る．

$$\begin{cases} u'_1 = \lambda_1 u_1 \\ u'_2 = \lambda_2 u_2 \\ \quad \vdots \\ u'_n = \lambda_n u_n \end{cases}$$

6.6　次元定理

$K=\mathbb{R}$ または $K=\mathbb{C}$ とし，U, V を K 上の線形空間，$f:U\to V$ を線形写像とするとき，f の像 $\mathrm{Im}\,f$ と f の核 $\mathrm{Ker}\,f$ を次の式で定義する．

$$\mathrm{Im}\,f = f(U) = \{f(\boldsymbol{x}) \mid \boldsymbol{x} \in U\}$$
$$\mathrm{Ker}\,f = f^{-1}(\mathbf{0}) = \{\boldsymbol{x} \in U \mid f(\boldsymbol{x}) = \mathbf{0}\}$$

定理 6.7　線形写像 $f:U\to V$ の像 $\mathrm{Im}\,f$ と核 $\mathrm{Ker}\,f$ について，次のことが成り立つ．

(1) 像 $\mathrm{Im}\,f$ は V の部分空間である．
(2) 核 $\mathrm{Ker}\,f$ は U の部分空間である．

証明 (1) $\mathbf{0}=f(\mathbf{0})\in\mathrm{Im}\,f$ より，$\mathrm{Im}\,f\neq\emptyset$．任意の $\boldsymbol{v}_1, \boldsymbol{v}_2\in\mathrm{Im}\,f$，$x_1, x_2\in K$ をとる．このとき，$\boldsymbol{u}_1, \boldsymbol{u}_2\in U$ が存在して，$\boldsymbol{v}_1=f(\boldsymbol{u}_1)$，$\boldsymbol{v}_2=f(\boldsymbol{u}_2)$ と書けるので，

$$x_1\boldsymbol{v}_1+x_2\boldsymbol{v}_2 = x_1f(\boldsymbol{u}_1)+x_2f(\boldsymbol{u}_2) = f(x_1\boldsymbol{u}_1+x_2\boldsymbol{u}_2)\in\mathrm{Im}\,f.$$

よって，$\mathrm{Im}\,f$ は V の部分空間である．
(2) $f(\mathbf{0})=\mathbf{0}$ より，$\mathbf{0}\in\mathrm{Ker}\,f$．ゆえに，$\mathrm{Ker}\,f\neq\emptyset$．任意の $\boldsymbol{u}_1, \boldsymbol{u}_2\in\mathrm{Ker}\,f$，$x_1, x_2\in K$ をとる．このとき，$f(\boldsymbol{u}_1)=\mathbf{0}$，$f(\boldsymbol{u}_2)=\mathbf{0}$ なので，

$$f(x_1\boldsymbol{u}_1+x_2\boldsymbol{u}_2) = x_1f(\boldsymbol{u}_1)+x_2f(\boldsymbol{u}_2) = x_1\mathbf{0}+x_2\mathbf{0}=\mathbf{0}$$

を得て，$x_1\boldsymbol{u}_1+x_2\boldsymbol{u}_2\in\mathrm{Ker}\,f$．よって，$\mathrm{Ker}\,f$ は U の部分空間である．□

問 6.34　線形写像 $f:U\to V$ について，次の2条件は同値であることを証明せよ．
(1) f は単射である．
(2) $\mathrm{Ker}\,f=\{\mathbf{0}\}$.

定理 6.8（次元定理）　U, V を線形空間とし，U は有限次元とする．このとき，線形写像 $f:U\to V$ について，

$$\dim\mathrm{Im}\,f+\dim\mathrm{Ker}\,f=\dim U.$$

証明 U は有限次元なので，V の部分空間 $\mathrm{Im}\, f$，U の部分空間 $\mathrm{Ker}\, f$ はいずれも有限次元である[注7]．そこで，$\dim \mathrm{Im}\, f = p$，$\dim \mathrm{Ker}\, f = q$ とおき，$\mathrm{Im}\, f$ の基底 $\{\boldsymbol{c}_1, \boldsymbol{c}_2, \ldots, \boldsymbol{c}_p\}$，$\mathrm{Ker}\, f$ の基底 $\{\boldsymbol{b}_1, \boldsymbol{b}_2, \ldots, \boldsymbol{b}_q\}$ をとる．各 $k = 1, 2, \ldots, p$ に対して，$\boldsymbol{c}_k \in \mathrm{Im}\, f$ より，$\boldsymbol{a}_k \in U$ が存在して，$f(\boldsymbol{a}_k) = \boldsymbol{c}_k$．任意の $\boldsymbol{u} \in U$ に対して，

$$f(\boldsymbol{u}) \in \mathrm{Im}\, f = \langle \boldsymbol{c}_1, \boldsymbol{c}_2, \ldots, \boldsymbol{c}_p \rangle_K$$

より，$s_1, s_2, \ldots, s_p \in K$ が存在して，$f(\boldsymbol{u}) = s_1\boldsymbol{c}_1 + s_2\boldsymbol{c}_2 + \cdots + s_p\boldsymbol{c}_p$．そこで，

$$\boldsymbol{x} = \boldsymbol{u} - \left(s_1\boldsymbol{a}_1 + s_2\boldsymbol{a}_2 + \cdots + s_p\boldsymbol{a}_p\right)$$

とおくとき，

$$\begin{aligned} f(\boldsymbol{x}) &= f(\boldsymbol{u}) - \left(s_1 f(\boldsymbol{a}_1) + s_2 f(\boldsymbol{a}_2) + \cdots + s_p f(\boldsymbol{a}_p)\right) \\ &= f(\boldsymbol{u}) - \left(s_1\boldsymbol{c}_1 + s_2\boldsymbol{c}_2 + \cdots + s_p\boldsymbol{c}_p\right) = \boldsymbol{0} \end{aligned}$$

であるから，$\boldsymbol{x} \in \mathrm{Ker}\, f = \langle \boldsymbol{b}_1, \boldsymbol{b}_2, \ldots, \boldsymbol{b}_q \rangle_K$．ゆえに，$t_1, t_2, \ldots, t_q \in K$ が存在して，

$$\boldsymbol{x} = t_1\boldsymbol{b}_1 + t_2\boldsymbol{b}_2 + \cdots + t_q\boldsymbol{b}_q.$$

よって，

$$\begin{aligned} \boldsymbol{u} &= s_1\boldsymbol{a}_1 + s_2\boldsymbol{a}_2 + \cdots + s_p\boldsymbol{a}_p + \boldsymbol{x} \\ &= s_1\boldsymbol{a}_1 + s_2\boldsymbol{a}_2 + \cdots + s_p\boldsymbol{a}_p + t_1\boldsymbol{b}_1 + t_2\boldsymbol{b}_2 + \cdots + t_q\boldsymbol{b}_q \\ &\in \langle \boldsymbol{a}_1, \boldsymbol{a}_2, \ldots, \boldsymbol{a}_p, \boldsymbol{b}_1, \boldsymbol{b}_2, \ldots, \boldsymbol{b}_q \rangle_K \end{aligned}$$

を得て，$U = \langle \boldsymbol{a}_1, \boldsymbol{a}_2, \ldots, \boldsymbol{a}_p, \boldsymbol{b}_1, \boldsymbol{b}_2, \ldots, \boldsymbol{b}_q \rangle_K$．次に，$x_1, x_2, \ldots, x_p, y_1, y_2, \ldots, y_q \in K$ として，等式

$$x_1\boldsymbol{a}_1 + x_2\boldsymbol{a}_2 + \cdots + x_p\boldsymbol{a}_p + y_1\boldsymbol{b}_1 + y_2\boldsymbol{b}_2 + \cdots + y_q\boldsymbol{b}_q = \boldsymbol{0} \tag{6.5}$$

が成り立つとしよう．このとき，f による (6.5) の左辺の像は

$$\begin{aligned} & f(x_1\boldsymbol{a}_1 + x_2\boldsymbol{a}_2 + \cdots + x_p\boldsymbol{a}_p + y_1\boldsymbol{b}_1 + y_2\boldsymbol{b}_2 + \cdots + y_q\boldsymbol{b}_q) \\ &= x_1 f(\boldsymbol{a}_1) + x_2 f(\boldsymbol{a}_2) + \cdots + x_p f(\boldsymbol{a}_p) + f(y_1\boldsymbol{b}_1 + y_2\boldsymbol{b}_2 + \cdots + y_q\boldsymbol{b}_q) \\ &= x_1\boldsymbol{c}_1 + x_2\boldsymbol{c}_2 + \cdots + x_p\boldsymbol{c}_p + \boldsymbol{0} = x_1\boldsymbol{c}_1 + x_2\boldsymbol{c}_2 + \cdots + x_p\boldsymbol{c}_p \end{aligned}$$

注7 U の基底 $\{\boldsymbol{u}_1, \boldsymbol{u}_2, \ldots, \boldsymbol{u}_n\}$ をとるとき，$\mathrm{Im}\, f = \langle f(\boldsymbol{u}_1), f(\boldsymbol{u}_2), \ldots, f(\boldsymbol{u}_n) \rangle_K$ を得て，問 6.21 (1)，定理 6.2 より，$\dim \mathrm{Im}\, f \leqq \dim \langle f(\boldsymbol{u}_1), f(\boldsymbol{u}_2), \ldots, f(\boldsymbol{u}_n) \rangle_K \leqq n$．ゆえに，$\mathrm{Im}\, f$ は有限次元である．問 6.21 (1) より $\mathrm{Ker}\, f$ も有限次元である．

であるから，

$$x_1\boldsymbol{c}_1 + x_2\boldsymbol{c}_2 + \cdots + x_p\boldsymbol{c}_p = f(\boldsymbol{0}) = \boldsymbol{0}$$

を得て，$\boldsymbol{c}_1, \boldsymbol{c}_2, \ldots, \boldsymbol{c}_p$ が線形独立であることから，$x_1 = x_2 = \cdots = x_p = 0$．これらを (6.5) に代入して，

$$y_1\boldsymbol{b}_1 + y_2\boldsymbol{b}_2 + \cdots + y_q\boldsymbol{b}_q = \boldsymbol{0}$$

であり，$\boldsymbol{b}_1,, \boldsymbol{b}_2, \ldots, \boldsymbol{b}_q$ も線形独立だから，$y_1 = y_2 = \cdots = y_q = 0$．ゆえに，(6.5) の左辺の係数はすべて 0 であり，$\boldsymbol{a}_1, \boldsymbol{a}_2, \ldots, \boldsymbol{a}_p, \boldsymbol{b}_1, \boldsymbol{b}_2, \ldots, \boldsymbol{b}_q \in U$ が線形独立であることが示された．以上より，$\{\boldsymbol{a}_1, \boldsymbol{a}_2, \ldots, \boldsymbol{a}_p, \boldsymbol{b}_1, \boldsymbol{b}_2, \ldots, \boldsymbol{b}_q\}$ は U の基底であり，

$$\dim U = p + q = \dim \operatorname{Im} f + \dim \operatorname{Ker} f. \qquad \square$$

問 6.35　線形変換 $f : K^n \to K^n$ について，次の 3 条件は同値であることを証明せよ．

(1)　f は全射である．

(2)　f は単射である．

(3)　f は同型である．

6.7　行列の階数（2）

$K = \mathbb{R}$ または $K = \mathbb{C}$ とする．次の 3 種類の m 次正方行列 $P_k(c)$，$P_{k\ell}(c)$，$P_{k\ell}$ を基本行列という．

- $c \in K$，$c \neq 0$，として，$P_k(c)$ は単位行列 E_m の (k, k) 成分を c で置き換えて得られる行列．

$$P_k(c) = \begin{pmatrix} 1 & & & & & & \\ & \ddots & & & & & \\ & & 1 & & & & \\ \cdots & \cdots & \cdots & c & \cdots & \cdots & \cdots \\ & & & & 1 & & \\ & & & & & \ddots & \\ & & & & & & 1 \end{pmatrix} \text{第 } k \text{ 行}$$

- $c \in K$, $k \neq \ell$ として, $P_{k\ell}(c)$ は単位行列 E_m の (k, ℓ) 成分を c で置き換えて得られる行列.

$$
P_{k\ell}(c)=\left(\begin{array}{ccccccc}
1 &&&&&& \\
& \ddots &&&&& \\
\cdots & \cdots & 1 & \cdots & c & \cdots & \cdots \\
&&& \ddots & \vdots && \\
\cdots & \cdots & \cdots & \cdots & 1 & \cdots & \cdots \\
&&&&& \ddots & \\
&&&&&& 1
\end{array}\right)
\begin{array}{l} \\ \\ \text{第}\,k\,\text{行} \\ \\ \text{第}\,\ell\,\text{行} \\ \\ \\ \end{array}
\qquad (k<\ell)
$$

$$
P_{k\ell}(c)=\left(\begin{array}{ccccccc}
1 &&&&&& \\
& \ddots &&&&& \\
\cdots & \cdots & 1 & \cdots & \cdots & \cdots & \cdots \\
&& \vdots & \ddots &&& \\
\cdots & \cdots & c & \cdots & 1 & \cdots & \cdots \\
&&&&& \ddots & \\
&&&&&& 1
\end{array}\right)
\begin{array}{l} \\ \\ \text{第}\,\ell\,\text{行} \\ \\ \text{第}\,k\,\text{行} \\ \\ \\ \end{array}
\qquad (k>\ell)
$$

- $k \neq \ell$ として, $P_{k\ell}$ は単位行列 E_m の第 k 行と第 ℓ 行を交換して得られる行列.

$$P_{k\ell} = \begin{pmatrix} 1 & & & & & & & & & & \\ & \ddots & & & & & & & & & \\ & & 1 & & & & & & & & \\ \cdots & \cdots & \cdots & 0 & \cdots & \cdots & 1 & \cdots & \cdots & \cdots \\ & & & & 1 & & & & & & \\ & & & \vdots & & \ddots & \vdots & & & & \\ & & & & & & 1 & & & & \\ \cdots & \cdots & \cdots & 1 & \cdots & \cdots & 0 & \cdots & \cdots & \cdots \\ & & & & & & & 1 & & & \\ & & & & & & & & \ddots & & \\ & & & & & & & & & 1 \end{pmatrix} \begin{matrix} \\ \\ \\ \text{第 } k \text{ 行} \\ \\ \\ \\ \text{第 } \ell \text{ 行} \\ \\ \\ \\ \end{matrix}$$

問 6.36　$P_k(c), P_{k\ell}(c), P_{k\ell}$ を m 次基本行列，A を $m \times n$ 行列とするとき，次のことを確かめよ．

(1) $P_k(c)A$ は A の第 k 行を c 倍して得られる行列である．

(2) $P_{k\ell}(c)A$ は A の第 k 行に第 ℓ 行の c 倍を加えて得られる行列である．

(3) $P_{k\ell}A$ は A の第 k 行と第 ℓ 行を交換して得られる行列である．

問 6.37　$P_k(c), P_{k\ell}(c), P_{k\ell}$ を m 次基本行列とするとき，次のことを確かめよ．

(1)　$P_k(c)P_k\left(\frac{1}{c}\right) = E_m$　　(2)　$P_{k\ell}(c)P_{k\ell}(-c) = E_m$

(3)　${P_{k\ell}}^2 = E_m$

問 6.38　$m \times n$ 行列 A に対して，有限回の行基本変形を繰り返して行列 B が得られるとき，正則な m 次正方行列 P が存在して，$PA = B$ と書けることを証明せよ．

問 6.39　$\boldsymbol{a}_1, \boldsymbol{a}_2, \ldots, \boldsymbol{a}_n \in K^m$，$c_1, c_2, \ldots, c_n \in K$，正則な m 次正方行列 P に対して，次のことを確かめよ．

(1) $c_1\boldsymbol{a}_1 + c_2\boldsymbol{a}_2 + \cdots + c_n\boldsymbol{a}_n = \boldsymbol{0} \iff c_1P\boldsymbol{a}_1 + c_2P\boldsymbol{a}_2 + \cdots + c_nP\boldsymbol{a}_n = \boldsymbol{0}$

(2) $\boldsymbol{a}_1, \boldsymbol{a}_2, \ldots, \boldsymbol{a}_n$ が線形独立 $\iff$ $P\boldsymbol{a}_1, P\boldsymbol{a}_2, \ldots, P\boldsymbol{a}_n$ が線形独立

定理 6.9　ベクトル $\boldsymbol{a}_1, \boldsymbol{a}_2, \ldots, \boldsymbol{a}_n \in K^m$ について，

$$\mathrm{rank}(\boldsymbol{a}_1\ \boldsymbol{a}_2\ \cdots\ \boldsymbol{a}_n) = \dim\langle \boldsymbol{a}_1, \boldsymbol{a}_2, \ldots, \boldsymbol{a}_n \rangle_K.$$

証明 $m \times n$ 行列 $A = (\boldsymbol{a}_1\ \boldsymbol{a}_2\ \cdots\ \boldsymbol{a}_n)$ に対し行基本変形を繰り返して A の簡約化

$$B = \begin{pmatrix} 0 & \cdots & 0 & \overset{J(1)}{\overset{\downarrow}{1}} & * & \cdots & * & \overset{J(2)}{\overset{\downarrow}{0}} & & \ast & \overset{J(r)}{\overset{\downarrow}{0}} & & \\ & & & & & & & 1 & & & \vdots & & \ast \\ & & & & & & & & & \ddots & 0 & & \\ & & & & & & & & & & 1 & & \\ & & & & & \mathrm{O} & & & & & & & \end{pmatrix}$$

が得られる．ただし，

$$0 \leqq r \leqq \min\{m, n\}, \quad 1 \leqq J(1) < J(2) < \cdots < J(r) \leqq n.$$

いま，$B = (\boldsymbol{b}_1\ \boldsymbol{b}_2\ \cdots\ \boldsymbol{b}_n)$ と書けば，

$$\boldsymbol{b}_{J(1)} = \boldsymbol{e}_1, \quad \boldsymbol{b}_{J(2)} = \boldsymbol{e}_2, \quad \ldots, \quad \boldsymbol{b}_{J(r)} = \boldsymbol{e}_r$$

は線形独立であり，$j \neq J(1), J(2), \ldots, J(r)$ のとき，$\boldsymbol{b}_j$ は $\boldsymbol{b}_{J(1)}, \boldsymbol{b}_{J(2)}, \ldots, \boldsymbol{b}_{J(r)}$ の線形結合である．一方，問 6.38 より，正則行列 P が存在して，$PA = B$．ゆえに，$P\boldsymbol{a}_j = \boldsymbol{b}_j$（$j = 1, 2, \ldots, n$）であるから，問 6.39 より，$\boldsymbol{a}_{J(1)}, \boldsymbol{a}_{J(2)}, \ldots, \boldsymbol{a}_{J(r)}$ は線形独立であり，$j \neq J(1), J(2), \ldots, J(r)$ のとき，$\boldsymbol{a}_j$ は $\boldsymbol{a}_{J(1)}, \boldsymbol{a}_{J(2)}, \ldots, \boldsymbol{a}_{J(r)}$ の線形結合である．したがって，r 個のベクトル $\boldsymbol{a}_{J(1)}, \boldsymbol{a}_{J(2)}, \ldots, \boldsymbol{a}_{J(r)}$ は $\langle \boldsymbol{a}_1, \boldsymbol{a}_2, \ldots, \boldsymbol{a}_n \rangle_K$ の基底であり，

$$\dim\langle \boldsymbol{a}_1, \boldsymbol{a}_2, \ldots, \boldsymbol{a}_n \rangle_K = r = \operatorname{rank}(\boldsymbol{a}_1\ \boldsymbol{a}_2\ \ldots\ \boldsymbol{a}_n). \qquad \square$$

定理 6.9 の証明中の議論に基づき，次の例題 6.3 のようにして，ベクトル $\boldsymbol{a}_1, \boldsymbol{a}_2, \ldots, \boldsymbol{a}_n \in K^m$ の中から，K^m の部分空間 $\langle \boldsymbol{a}_1, \boldsymbol{a}_2, \ldots, \boldsymbol{a}_n \rangle_K$ の基底となるベクトルを選ぶことができる．

例題 6.3 $\mathbb{R}^4$ のベクトル

$$\boldsymbol{a}_1 = \begin{pmatrix} 1 \\ -1 \\ -2 \\ -1 \end{pmatrix}, \quad \boldsymbol{a}_2 = \begin{pmatrix} -2 \\ 2 \\ 4 \\ 2 \end{pmatrix}, \quad \boldsymbol{a}_3 = \begin{pmatrix} -1 \\ 3 \\ 0 \\ -1 \end{pmatrix}, \quad \boldsymbol{a}_4 = \begin{pmatrix} 1 \\ -7 \\ 4 \\ 5 \end{pmatrix}$$

について，次の問に答えよ．

(1) $\mathbb{R}^4$ の部分空間 $W = \langle \boldsymbol{a}_1, \boldsymbol{a}_2, \boldsymbol{a}_3, \boldsymbol{a}_4 \rangle_{\mathbb{R}}$ のひとつの基底を求めよ．

(2) $\mathrm{rank}(\boldsymbol{a}_1\ \boldsymbol{a}_2\ \boldsymbol{a}_3\ \boldsymbol{a}_4)$ を求めよ．

解 (1) 行列 $A = (\boldsymbol{a}_1\ \boldsymbol{a}_2\ \boldsymbol{a}_3\ \boldsymbol{a}_4)$ を簡約化しよう．

$$A = \begin{pmatrix} 1 & -2 & -1 & 1 \\ -1 & 2 & 3 & -7 \\ -2 & 4 & 0 & 4 \\ -1 & 2 & -1 & 5 \end{pmatrix}$$

$$\to \begin{pmatrix} 1 & -2 & -1 & 1 \\ 0 & 0 & 2 & -6 \\ 0 & 0 & -2 & 6 \\ 0 & 0 & -2 & 6 \end{pmatrix} \quad \begin{matrix} (\text{第 2 行}) + (\text{第 1 行}) \\ (\text{第 3 行}) + (\text{第 1 行}) \times 2 \\ (\text{第 4 行}) + (\text{第 1 行}) \end{matrix}$$

$$\to \begin{pmatrix} 1 & -2 & -1 & 1 \\ 0 & 0 & 1 & -3 \\ 0 & 0 & -2 & 6 \\ 0 & 0 & -2 & 6 \end{pmatrix} \quad (\text{第 2 行}) \div 2$$

$$\to \begin{pmatrix} 1 & -2 & 0 & -2 \\ 0 & 0 & 1 & -3 \\ 0 & 0 & 0 & 0 \\ 0 & 0 & 0 & 0 \end{pmatrix} = B \quad \begin{matrix} (\text{第 1 行}) + (\text{第 2 行}) \\ (\text{第 3 行}) + (\text{第 2 行}) \times 2 \\ (\text{第 4 行}) + (\text{第 2 行}) \times 2 \end{matrix}$$

$B = (\boldsymbol{b}_1\ \boldsymbol{b}_2\ \boldsymbol{b}_3\ \boldsymbol{b}_4)$ と書くとき，$\boldsymbol{b}_1 = \boldsymbol{e}_1$，$\boldsymbol{b}_3 = \boldsymbol{e}_2$ は線形独立であり，

$$\boldsymbol{b}_2 = -2\boldsymbol{e}_1 = -2\boldsymbol{b}_1, \quad \boldsymbol{b}_4 = -2\boldsymbol{e}_1 - 3\boldsymbol{e}_2 = -2\boldsymbol{b}_1 - 3\boldsymbol{b}_3.$$

よって，$\boldsymbol{a}_1, \boldsymbol{a}_3$ も線形独立であり，

$$\boldsymbol{a}_2 = -2\boldsymbol{a}_1, \quad \boldsymbol{a}_4 = -2\boldsymbol{a}_1 - 3\boldsymbol{a}_3.$$

したがって，$W = \langle \boldsymbol{a}_1, \boldsymbol{a}_3 \rangle_{\mathbb{R}}$ を得て，$\{\boldsymbol{a}_1, \boldsymbol{a}_3\}$ は W の基底である．

(2) $\mathrm{rank}(\boldsymbol{a}_1\ \boldsymbol{a}_2\ \boldsymbol{a}_3\ \boldsymbol{a}_4) = \dim W = 2$. □

問 6.40 $\mathbb{R}^4$ のベクトル

$$\boldsymbol{a}_1 = \begin{pmatrix} 1 \\ 0 \\ 1 \\ 2 \end{pmatrix}, \quad \boldsymbol{a}_2 = \begin{pmatrix} 1 \\ 1 \\ -1 \\ 3 \end{pmatrix}, \quad \boldsymbol{a}_3 = \begin{pmatrix} 0 \\ 1 \\ 1 \\ 2 \end{pmatrix}, \quad \boldsymbol{a}_4 = \begin{pmatrix} 2 \\ 2 \\ 1 \\ 7 \end{pmatrix}$$

について，次の問に答えよ．

(1) $\mathbb{R}^4$ の部分空間 $W = \langle \boldsymbol{a}_1, \boldsymbol{a}_2, \boldsymbol{a}_3, \boldsymbol{a}_4 \rangle_{\mathbb{R}}$ のひとつの基底を求めよ．

(2) $\mathrm{rank}(\boldsymbol{a}_1\ \ \boldsymbol{a}_2\ \ \boldsymbol{a}_3\ \ \boldsymbol{a}_4)$ を求めよ．

定理 6.10　$m \times n$ 行列 A の表す線形写像 $f : K^n \to K^m$，$f(\boldsymbol{x}) = A\boldsymbol{x}$，について，

$$\mathrm{rank}\, A = \dim \mathrm{Im}\, f.$$

証明　$A = (\boldsymbol{a}_1\ \ \boldsymbol{a}_2\ \ \cdots\ \ \boldsymbol{a}_n)$ とおく．任意の $\boldsymbol{x} = \begin{pmatrix} x_1 \\ x_2 \\ \vdots \\ x_n \end{pmatrix} \in K^n$ に対して，

$$f(\boldsymbol{x}) = A\boldsymbol{x} = (\boldsymbol{a}_1\ \ \boldsymbol{a}_2\ \ \cdots\ \ \boldsymbol{a}_n)\begin{pmatrix} x_1 \\ x_2 \\ \vdots \\ x_n \end{pmatrix} = x_1\boldsymbol{a}_1 + x_2\boldsymbol{a}_2 + \cdots + x_n\boldsymbol{a}_n$$

であるから，

$$\begin{aligned} \mathrm{Im}\, f &= \left\{ f(\boldsymbol{x}) \mid \boldsymbol{x} \in K^n \right\} \\ &= \{ x_1\boldsymbol{a}_1 + x_2\boldsymbol{a}_2 + \cdots + x_n\boldsymbol{a}_n \mid x_1, x_2, \ldots, x_n \in K \} \\ &= \langle \boldsymbol{a}_1, \boldsymbol{a}_2, \ldots, \boldsymbol{a}_n \rangle_K . \end{aligned}$$

したがって，定理 6.9 より，

$$\dim \mathrm{Im}\, f = \dim \langle \boldsymbol{a}_1, \boldsymbol{a}_2, \ldots, \boldsymbol{a}_n \rangle_K = \mathrm{rank}\, A.$$

□

定理 6.11（次元定理）　A を $m \times n$ 行列とするとき，K^n の部分空間

$$W = \left\{ \boldsymbol{x} \in K^n \mid A\boldsymbol{x} = \boldsymbol{0} \right\}$$

について，

$$\mathrm{rank}\, A + \dim W = n.$$

証明　行列 A の表す線形写像を $f : K^n \to K^m$ とすれば，$W = \mathrm{Ker}\, f$ であるから，定理 6.8，6.10 より，

$$\mathrm{rank}\, A + \dim W = \dim \mathrm{Im}\, f + \dim \mathrm{Ker}\, f = \dim K^n = n. \qquad \square$$

同次連立 1 次方程式 $A\boldsymbol{x} = \boldsymbol{0}$ の**解空間** $W = \{\boldsymbol{x} \in K^n \mid A\boldsymbol{x} = \boldsymbol{0}\}$ の基底は，この同次連立 1 次方程式の**基本解**とよばれる．

例題 6.4　$A = \begin{pmatrix} 1 & -2 & 1 & 2 & 3 \\ 2 & -4 & 3 & 3 & 7 \end{pmatrix}$ のとき，同次連立 1 次方程式 $A\boldsymbol{x} = \boldsymbol{0}$ の基本解を求めよ．

解　$A\boldsymbol{x} = \boldsymbol{0}$ の解を求める．

$$\begin{aligned} A &= \begin{pmatrix} 1 & -2 & 1 & 2 & 3 \\ 2 & -4 & 3 & 3 & 7 \end{pmatrix} \\ &\to \begin{pmatrix} 1 & -2 & 1 & 2 & 3 \\ 0 & 0 & 1 & -1 & 1 \end{pmatrix} \quad (\text{第 2 行}) - (\text{第 1 行}) \times 2 \\ &\to \begin{pmatrix} 1 & -2 & 0 & 3 & 2 \\ 0 & 0 & 1 & -1 & 1 \end{pmatrix} \quad (\text{第 1 行}) - (\text{第 2 行}) \end{aligned}$$

ゆえに，

$$\begin{cases} x_1 - 2x_2 \phantom{{}+x_3} + 3x_4 + 2x_5 = 0 \\ \phantom{x_1 - 2x_2 + {}} x_3 - x_4 + x_5 = 0 \end{cases}$$

を得て，$x_2 = c_1$，$x_4 = c_2$，$x_5 = c_3$ とおけば，

$$\boldsymbol{x} = \begin{pmatrix} 2c_1 - 3c_2 - 2c_3 \\ c_1 \\ c_2 - c_3 \\ c_2 \\ c_3 \end{pmatrix} = c_1 \begin{pmatrix} 2 \\ 1 \\ 0 \\ 0 \\ 0 \end{pmatrix} + c_2 \begin{pmatrix} -3 \\ 0 \\ 1 \\ 1 \\ 0 \end{pmatrix} + c_3 \begin{pmatrix} -2 \\ 0 \\ -1 \\ 0 \\ 1 \end{pmatrix} \quad (c_1, c_2, c_3 \in K).$$

したがって，

$$\boldsymbol{u}_1 = \begin{pmatrix} 2 \\ 1 \\ 0 \\ 0 \\ 0 \end{pmatrix}, \quad \boldsymbol{u}_2 = \begin{pmatrix} -3 \\ 0 \\ 1 \\ 1 \\ 0 \end{pmatrix}, \quad \boldsymbol{u}_3 = \begin{pmatrix} -2 \\ 0 \\ -1 \\ 0 \\ 1 \end{pmatrix}$$

とおけば，$\{\boldsymbol{u}_1, \boldsymbol{u}_2, \boldsymbol{u}_3\}$ は基本解である[注8]．　□

問 6.41　次の行列 A について，同次連立 1 次方程式 $A\boldsymbol{x} = \boldsymbol{0}$ の基本解を求めよ．

(1)　$A = \begin{pmatrix} 4 & 4 & 4 \\ 2 & 4 & 4 \\ 6 & 8 & 8 \end{pmatrix}$　　(2)　$A = \begin{pmatrix} 2 & 2 & 4 \\ 4 & 4 & 8 \end{pmatrix}$

問 6.42　$A = \begin{pmatrix} 1 & 1 & 0 & 2 \\ 0 & 1 & 1 & 2 \\ 1 & 2 & 1 & 4 \end{pmatrix}$ のとき，線形写像 $f : \mathbb{R}^4 \to \mathbb{R}^3$，$f(\boldsymbol{x}) = A\boldsymbol{x}$，について，次の問いに答えよ．

(1) 行列 A の簡約化と階数を求めよ．
(2) $\mathrm{Im}\, f$ の次元と基底を求めよ．
(3) $\mathrm{Ker}\, f$ の次元と基底を求めよ．

6.8　正規直交基底

$K = \mathbb{R}$ または $K = \mathbb{C}$ とする．有限個のベクトル $\boldsymbol{a}_1, \boldsymbol{a}_2, \ldots, \boldsymbol{a}_r \in K^n$ について，

$$(\boldsymbol{a}_i, \boldsymbol{a}_j) = \delta_{ij} \quad (i, j = 1, 2, \ldots, r)$$

が成り立つとき[注9]，$\{\boldsymbol{a}_1, \boldsymbol{a}_2, \ldots, \boldsymbol{a}_r\}$ を K^n の**正規直交系**という．

問 6.43　$\{\boldsymbol{a}_1, \boldsymbol{a}_2, \ldots, \boldsymbol{a}_r\}$ が K^n の正規直交系ならば，$\boldsymbol{a}_1, \boldsymbol{a}_2, \ldots, \boldsymbol{a}_r$ は線形独立であることを証明せよ．

K^n の部分空間 W の基底 $\{\boldsymbol{a}_1, \boldsymbol{a}_2, \ldots, \boldsymbol{a}_r\}$ は，それが K^n の正規直交系であるとき，W の**正規直交基底**とよばれる．

例 6.21　K^n の標準基底 $\{\boldsymbol{e}_1, \boldsymbol{e}_2, \ldots, \boldsymbol{e}_n\}$ は K^n の正規直交基底である．

注8　$W = \{\boldsymbol{x} \in K^5 \mid A\boldsymbol{x} = \boldsymbol{0}\}$ とおけば，$W = \langle \boldsymbol{u}_1, \boldsymbol{u}_2, \boldsymbol{u}_3 \rangle_K$．一方，定理 6.10 より，$\dim W = 5 - \mathrm{rank}\, A = 5 - 2 = 3$ であるから，$\boldsymbol{u}_1, \boldsymbol{u}_2, \boldsymbol{u}_3$ は線形独立である．ゆえに，$\{\boldsymbol{u}_1, \boldsymbol{u}_2, \boldsymbol{u}_3\}$ は W の基底である．

注9　ベクトル $\boldsymbol{a}, \boldsymbol{b} \in K^n$ に対し $(\boldsymbol{a}, \boldsymbol{b})$ は $\boldsymbol{a}$ と $\boldsymbol{b}$ の内積である（§5.5 参照）．

問 6.44 $\left\{\begin{pmatrix} \frac{1}{\sqrt{3}} \\ \frac{1}{\sqrt{14}} \\ \frac{5}{\sqrt{42}} \end{pmatrix}, \begin{pmatrix} \frac{1}{\sqrt{3}} \\ \frac{2}{\sqrt{14}} \\ -\frac{4}{\sqrt{42}} \end{pmatrix}, \begin{pmatrix} \frac{1}{\sqrt{3}} \\ -\frac{3}{\sqrt{14}} \\ -\frac{1}{\sqrt{42}} \end{pmatrix}\right\}$ が $\mathbb{R}^3$ の正規直交基底であることを確かめよ．

定理 6.12（グラム・シュミットの直交化法） W を K^n の部分空間，$\{\boldsymbol{a}_1, \boldsymbol{a}_2, \ldots, \boldsymbol{a}_r\}$ を W の基底とするとき，次の式により，帰納的にベクトル $\boldsymbol{p}_1, \boldsymbol{p}_2, \ldots, \boldsymbol{p}_r \in W$ を定義する．

- $\boldsymbol{p}_1 = \dfrac{\boldsymbol{a}_1}{|\boldsymbol{a}_1|}$.
- $k = 2, 3, \ldots, r$ のとき，

$$\boldsymbol{q}_k = \boldsymbol{a}_k - \sum_{\ell=1}^{k-1} (\boldsymbol{a}_k, \boldsymbol{p}_\ell)\boldsymbol{p}_\ell, \quad \boldsymbol{p}_k = \frac{\boldsymbol{q}_k}{|\boldsymbol{q}_k|}.$$

このとき，各 $k = 1, 2, \ldots, r$ に対し $\boldsymbol{p}_k \in \langle \boldsymbol{a}_1, \boldsymbol{a}_2, \ldots, \boldsymbol{a}_k \rangle_K$ であり，かつ $\{\boldsymbol{p}_1, \boldsymbol{p}_2, \ldots, \boldsymbol{p}_r\}$ は W の正規直交基底である．

証明 $k = 1$ のとき，$\boldsymbol{a}_1 \neq \boldsymbol{0}$ より，$|\boldsymbol{a}_1| \neq \boldsymbol{0}$ なので，

$$\boldsymbol{p}_1 = \frac{\boldsymbol{a}_1}{|\boldsymbol{a}_1|} \in \langle \boldsymbol{a}_1 \rangle_K, \quad (\boldsymbol{p}_1, \boldsymbol{p}_1) = |\boldsymbol{p}_1|^2 = 1^2 = 1.$$

次に，$1 \leqq k \leqq r$ として，各 $j = 1, 2, \ldots, k-1$ について，$\boldsymbol{p}_j \in \langle \boldsymbol{a}_1, \boldsymbol{a}_2, \ldots, \boldsymbol{a}_j \rangle_K$ が確定し，$i, j = 1, 2, \ldots, k-1$ のとき，$\left(\boldsymbol{p}_i, \boldsymbol{p}_j\right) = \delta_{ij}$ が成り立つとする．このとき，

$$\boldsymbol{q}_k = \boldsymbol{a}_k - \sum_{\ell=1}^{k-1} (\boldsymbol{a}_k, \boldsymbol{p}_\ell)\boldsymbol{p}_\ell \in \langle \boldsymbol{a}_1, \boldsymbol{a}_2, \ldots, \boldsymbol{a}_{k-1}, \boldsymbol{a}_k \rangle_K$$

であり，仮に $\boldsymbol{q}_k = \boldsymbol{0}$ とすると，

$$\boldsymbol{a}_k = \sum_{\ell=1}^{k-1} (\boldsymbol{a}_k, \boldsymbol{p}_\ell)\boldsymbol{p}_\ell \in \langle \boldsymbol{a}_1, \boldsymbol{a}_2, \ldots, \boldsymbol{a}_{k-1} \rangle_K$$

となり，$\boldsymbol{a}_1, \boldsymbol{a}_2, \ldots, \boldsymbol{a}_{k-1}, \boldsymbol{a}_k$ が線形独立であることに反する．ゆえに，$\boldsymbol{q}_k \neq \boldsymbol{0}$ であり，$\boldsymbol{p}_k = \dfrac{\boldsymbol{q}_k}{|\boldsymbol{q}_k|} \in \langle \boldsymbol{a}_1, \boldsymbol{a}_2, \ldots, \boldsymbol{a}_k \rangle_K$ が確定する．$i = j = k$ のとき，

$$\left(\boldsymbol{p}_i, \boldsymbol{p}_j\right) = (\boldsymbol{p}_k, \boldsymbol{p}_k) = |\boldsymbol{p}_k|^2 = 1^2 = 1.$$

$i=k>j$ のとき，

$$\left(\boldsymbol{q}_k,\boldsymbol{p}_j\right)=\left(\boldsymbol{a}_k-\sum_{\ell=1}^{k-1}(\boldsymbol{a}_k,\boldsymbol{p}_\ell)\boldsymbol{p}_\ell,\boldsymbol{p}_j\right)=\left(\boldsymbol{a}_k,\boldsymbol{p}_j\right)-\sum_{\ell=1}^{k-1}(\boldsymbol{a}_k,\boldsymbol{p}_\ell)\delta_{\ell j}$$
$$=\left(\boldsymbol{a}_k,\boldsymbol{p}_j\right)-\left(\boldsymbol{a}_k,\boldsymbol{p}_j\right)=0.$$

ゆえに，$\left(\boldsymbol{p}_i,\boldsymbol{p}_j\right)=\left(\boldsymbol{p}_k,\boldsymbol{p}_j\right)=\dfrac{1}{|\boldsymbol{q}_k|}\left(\boldsymbol{q}_k,\boldsymbol{p}_j\right)=0$. 同様にして，$i<j=k$ のときも $\left(\boldsymbol{p}_i,\boldsymbol{p}_j\right)=0$. よって，仮定とあわせて，$i,j=1,2,\ldots,k$ のとき，$\left(\boldsymbol{p}_i,\boldsymbol{p}_j\right)=\delta_{ij}$ が成り立つ．したがって，数学的帰納法により，各 $j=1,2,\ldots,r$ について，$\boldsymbol{p}_j\in\langle\boldsymbol{a}_1,\boldsymbol{a}_2,\ldots,\boldsymbol{a}_j\rangle_K$ が確定し，$i,j=1,2,\ldots,r$ のとき，$\left(\boldsymbol{p}_i,\boldsymbol{p}_j\right)=\delta_{ij}$ が成り立つことが示された．問 6.43 より，$\boldsymbol{p}_1,\boldsymbol{p}_2,\ldots,\boldsymbol{p}_r$ は線形独立であり，さらに，$\dim W=r$ なので，$\{\boldsymbol{p}_1,\boldsymbol{p}_2,\ldots,\boldsymbol{p}_r\}$ は W の基底である．ゆえに，$\{\boldsymbol{p}_1,\boldsymbol{p}_2,\ldots,\boldsymbol{p}_r\}$ は W の正規直交基底である． □

例題 6.5　グラム・シュミットの直交化法を用いて，$\mathbb{R}^3$ の基底

$$\left\{\begin{pmatrix}1\\0\\1\end{pmatrix},\begin{pmatrix}2\\1\\0\end{pmatrix},\begin{pmatrix}4\\1\\-1\end{pmatrix}\right\}$$

から $\mathbb{R}^3$ の正規直交基底を求めよ．

解　$\boldsymbol{a}_1=\begin{pmatrix}1\\0\\1\end{pmatrix}$, $\boldsymbol{a}_2=\begin{pmatrix}2\\1\\0\end{pmatrix}$, $\boldsymbol{a}_3=\begin{pmatrix}4\\1\\-1\end{pmatrix}$ とおく．

$$|\boldsymbol{a}_1|=\sqrt{1^2+0^2+1^2}=\sqrt{2},\quad \boldsymbol{p}_1=\frac{\boldsymbol{a}_1}{|\boldsymbol{a}_1|}=\frac{1}{\sqrt{2}}\begin{pmatrix}1\\0\\1\end{pmatrix}=\begin{pmatrix}\frac{1}{\sqrt{2}}\\0\\\frac{1}{\sqrt{2}}\end{pmatrix}.$$

$$\boldsymbol{a}_2\cdot\boldsymbol{p}_1=\begin{pmatrix}2\\1\\0\end{pmatrix}\cdot\frac{1}{\sqrt{2}}\begin{pmatrix}1\\0\\1\end{pmatrix}=\frac{2}{\sqrt{2}}=\sqrt{2},$$

$$\boldsymbol{q}_2=\boldsymbol{a}_2-(\boldsymbol{a}_2\cdot\boldsymbol{p}_1)\boldsymbol{p}_1=\begin{pmatrix}2\\1\\0\end{pmatrix}-\sqrt{2}\cdot\frac{1}{\sqrt{2}}\begin{pmatrix}1\\0\\1\end{pmatrix}=\begin{pmatrix}1\\1\\-1\end{pmatrix},$$

$$|\boldsymbol{q}_2| = \sqrt{1^2+1^2+(-1)^2} = \sqrt{3}, \quad \boldsymbol{p}_2 = \frac{\boldsymbol{q}_2}{|\boldsymbol{q}_2|} = \frac{1}{\sqrt{3}}\begin{pmatrix} 1 \\ 1 \\ -1 \end{pmatrix} = \begin{pmatrix} \frac{1}{\sqrt{3}} \\ \frac{1}{\sqrt{3}} \\ -\frac{1}{\sqrt{3}} \end{pmatrix}.$$

$$\boldsymbol{a}_3 \cdot \boldsymbol{p}_1 = \begin{pmatrix} 4 \\ 1 \\ -1 \end{pmatrix} \cdot \frac{1}{\sqrt{2}}\begin{pmatrix} 1 \\ 0 \\ 1 \end{pmatrix} = \frac{3}{\sqrt{2}}, \quad \boldsymbol{a}_3 \cdot \boldsymbol{p}_2 = \begin{pmatrix} 4 \\ 1 \\ -1 \end{pmatrix} \cdot \frac{1}{\sqrt{3}}\begin{pmatrix} 1 \\ 1 \\ -1 \end{pmatrix} = \frac{6}{\sqrt{3}},$$

$$\begin{aligned} \boldsymbol{q}_3 &= \boldsymbol{a}_3 - (\boldsymbol{a}_3 \cdot \boldsymbol{p}_1)\boldsymbol{p}_1 - (\boldsymbol{a}_3 \cdot \boldsymbol{p}_2)\boldsymbol{p}_2 \\ &= \begin{pmatrix} 4 \\ 1 \\ -1 \end{pmatrix} - \frac{3}{\sqrt{2}} \cdot \frac{1}{\sqrt{2}}\begin{pmatrix} 1 \\ 0 \\ 1 \end{pmatrix} - \frac{6}{\sqrt{3}} \cdot \frac{1}{\sqrt{3}}\begin{pmatrix} 1 \\ 1 \\ -1 \end{pmatrix} = \begin{pmatrix} \frac{1}{2} \\ -1 \\ -\frac{1}{2} \end{pmatrix}, \end{aligned}$$

$$|\boldsymbol{q}_3| = \sqrt{\left(\frac{1}{2}\right)^2 + 1^2 + \left(-\frac{1}{2}\right)^2} = \sqrt{\frac{3}{2}} = \frac{\sqrt{6}}{2}, \quad \boldsymbol{p}_3 = \frac{\boldsymbol{q}_3}{|\boldsymbol{q}_3|} = \frac{1}{\frac{\sqrt{6}}{2}}\begin{pmatrix} \frac{1}{2} \\ -1 \\ -\frac{1}{2} \end{pmatrix} = \begin{pmatrix} \frac{1}{\sqrt{6}} \\ -\frac{2}{\sqrt{6}} \\ -\frac{1}{\sqrt{6}} \end{pmatrix}.$$

ゆえに，$\mathbb{R}^3$ の正規直交基底

$$\left\{ \begin{pmatrix} \frac{1}{\sqrt{2}} \\ 0 \\ \frac{1}{\sqrt{2}} \end{pmatrix}, \begin{pmatrix} \frac{1}{\sqrt{3}} \\ \frac{1}{\sqrt{3}} \\ -\frac{1}{\sqrt{3}} \end{pmatrix}, \begin{pmatrix} \frac{1}{\sqrt{6}} \\ -\frac{2}{\sqrt{6}} \\ -\frac{1}{\sqrt{6}} \end{pmatrix} \right\}$$

が得られた. □

問 6.45　グラム・シュミットの直交化法を用いて，$\mathbb{R}^3$ の基底

$$\left\{ \begin{pmatrix} 1 \\ 0 \\ 1 \end{pmatrix}, \begin{pmatrix} 2 \\ 1 \\ 1 \end{pmatrix}, \begin{pmatrix} 1 \\ -1 \\ 3 \end{pmatrix} \right\}$$

から $\mathbb{R}^3$ の正規直交基底を求めよ.

問 6.46　$\boldsymbol{a}_1, \boldsymbol{a}_2 \in \mathbb{C}^n$，$\boldsymbol{a}_1 \neq \boldsymbol{0}$，$\boldsymbol{p}_1 = \dfrac{\boldsymbol{a}_1}{|\boldsymbol{a}_1|}$，$\boldsymbol{q}_2 = \boldsymbol{a}_2 - (\boldsymbol{a}_2, \boldsymbol{p}_1)\boldsymbol{p}_1$ のとき，次の等式を証明せよ.

$$|\boldsymbol{a}_2|^2 = \frac{|(\boldsymbol{a}_1, \boldsymbol{a}_2)|^2}{|\boldsymbol{a}_1|^2} + |\boldsymbol{q}_2|^2$$

問 6.47　任意の $\boldsymbol{a}_1, \boldsymbol{a}_2 \in \mathbb{C}^n$ に対して，次の不等式を証明せよ.

(1) $|(\boldsymbol{a}_1, \boldsymbol{a}_2)| \leqq |\boldsymbol{a}_1||\boldsymbol{a}_2|$　（コーシー・シュワルツの不等式）

(2) $|\boldsymbol{a}_1 + \boldsymbol{a}_2| \leqq |\boldsymbol{a}_1| + |\boldsymbol{a}_2|$　（三角不等式）

問 6.48　ベクトル $\boldsymbol{a}, \boldsymbol{b} \in \mathbb{R}^n$，$\boldsymbol{a} \neq \boldsymbol{0}$，$\boldsymbol{b} \neq \boldsymbol{0}$，について，

$$\cos\theta = \frac{\boldsymbol{a} \cdot \boldsymbol{b}}{|\boldsymbol{a}||\boldsymbol{b}|}, \quad 0 \leqq \theta \leqq \pi$$

をみたす θ を $\boldsymbol{a}$ と $\boldsymbol{b}$ の**なす角**という[注10]．次の $\boldsymbol{a}, \boldsymbol{b} \in \mathbb{R}^4$ のなす角を求めよ．

(1)　$\boldsymbol{a} = \begin{pmatrix} 1 \\ 1 \\ 1 \\ 1 \end{pmatrix}, \ \boldsymbol{b} = \begin{pmatrix} 1 \\ -1 \\ -1 \\ -1 \end{pmatrix}$　　(2)　$\boldsymbol{a} = \begin{pmatrix} -1 \\ 0 \\ -2 \\ 1 \end{pmatrix}, \ \boldsymbol{b} = \begin{pmatrix} -3 \\ 1 \\ -1 \\ 1 \end{pmatrix}$

問 6.49　P を 3 次直交行列とする．$|P| = 1$ のとき，次の等式をみたす $\mathbb{R}^3$ の正規直交基底 $\{\boldsymbol{a}, \boldsymbol{b}, \boldsymbol{c}\}$ と $\theta \in \mathbb{R}$ が存在することを証明せよ[注11]．

$$(\boldsymbol{a}\ \boldsymbol{b}\ \boldsymbol{c})^{-1} P (\boldsymbol{a}\ \boldsymbol{b}\ \boldsymbol{c}) = \begin{pmatrix} \cos\theta & -\sin\theta & 0 \\ \sin\theta & \cos\theta & 0 \\ 0 & 0 & 1 \end{pmatrix}, \quad \det(\boldsymbol{a}\ \boldsymbol{b}\ \boldsymbol{c}) = 1$$

注 10　問 6.47 (1) より $-1 \leqq \dfrac{\boldsymbol{a} \cdot \boldsymbol{b}}{|\boldsymbol{a}||\boldsymbol{b}|} \leqq 1$ なので，このような θ が確定する．

注 11　このとき，行列 P の表す $\mathbb{R}^3$ の線形変換は直線 $\boldsymbol{r} = t\boldsymbol{c}$（$t \in \mathbb{R}$）のまわりの角 θ の**回転**である．

演習問題［A］

演 6.1 $A=\begin{pmatrix} 2 & -1 & 1 \\ 3 & -5 & 0 \\ 1 & -2 & 2 \end{pmatrix}$, $B=\begin{pmatrix} 1 & 0 & 2 \\ 3 & 1 & -1 \\ 0 & 2 & 7 \end{pmatrix}$ のとき，線形変換 $f:\mathbb{R}^3\to\mathbb{R}^3$, $f(\boldsymbol{x})=A\boldsymbol{x}$, $g:\mathbb{R}^3\to\mathbb{R}^3$, $g(\boldsymbol{x})=B\boldsymbol{x}$，について，次の問に答えよ，

(1) 変換 $f\circ g$ を表す行列を求めよ．

(2) 変換 $g\circ f$ を表す行列を求めよ．

演 6.2 $A=\begin{pmatrix} 2 & -1 \\ -1 & 3 \\ 0 & 4 \end{pmatrix}$ のとき，線形写像 $f:\mathbb{R}^2\to\mathbb{R}^3$, $f(\boldsymbol{x})=A\boldsymbol{x}$，について，

$$\mathbb{R}^2 \text{ の基底} \left\{\begin{pmatrix} 1 \\ -2 \end{pmatrix}, \begin{pmatrix} -3 \\ 4 \end{pmatrix}\right\},\quad \mathbb{R}^3 \text{ の基底} \left\{\begin{pmatrix} 1 \\ 0 \\ -3 \end{pmatrix}, \begin{pmatrix} 2 \\ -1 \\ 0 \end{pmatrix}, \begin{pmatrix} -1 \\ 1 \\ 1 \end{pmatrix}\right\}$$

に関する表現行列を求めよ．

演 6.3 $A=\begin{pmatrix} 2 & -1 & 1 & 5 & 4 \\ 1 & 3 & 4 & -1 & 9 \\ 1 & 0 & 1 & 2 & 3 \end{pmatrix}$ のとき，線形写像 $f:\mathbb{R}^5\to\mathbb{R}^3$, $f(\boldsymbol{x})=A\boldsymbol{x}$，について，$\mathrm{Im}\,f$, $\mathrm{Ker}\,f$ の基底を求めよ．

演 6.4 $A=\begin{pmatrix} 0 & 2 & 1 & 3 \\ 3 & 1 & -1 & 1 \\ 1 & 3 & 1 & 4 \\ 3 & 5 & 1 & 7 \end{pmatrix}$ のとき，線形変換 $f:\mathbb{R}^4\to\mathbb{R}^4$, $f(\boldsymbol{x})=A\boldsymbol{x}$，について，$\mathrm{Im}\,f$, $\mathrm{Ker}\,f$ の基底を求めよ．

演 6.5 グラム・シュミットの直交化法を用いて，$\mathbb{R}^4$ の基底

$$\left\{\begin{pmatrix} 1 \\ 1 \\ 0 \\ 0 \end{pmatrix}, \begin{pmatrix} 1 \\ 0 \\ 1 \\ 0 \end{pmatrix}, \begin{pmatrix} 1 \\ 0 \\ 0 \\ 1 \end{pmatrix}, \begin{pmatrix} 0 \\ 1 \\ 1 \\ 0 \end{pmatrix}\right\}$$

から $\mathbb{R}^4$ の正規直交基底を求めよ．

演習問題［B］

演 6.6 例 6.10 の線形空間 $C(I)$ は無限次元であることを証明せよ．

演 6.7 U, V を線形空間，K を係数体，$f: U \to V$ を線形写像とするとき，次のことを証明せよ．

(1) U の部分空間 T に対して，$f(T)$ は V の部分空間である．

(2) V の部分空間 W に対して，$f^{-1}(W)$ は U の部分空間である．

演 6.8 V を有限次元の線形空間，K を係数体，$f: V \to V$ を線形変換として，$f = f \circ f$ が成り立つとする．このとき，$\mathrm{Im} f$ の基底 $\{\boldsymbol{a}_1, \boldsymbol{a}_2, \dots, \boldsymbol{a}_p\}$，$\mathrm{Ker} f$ の基底 $\{\boldsymbol{b}_1, \boldsymbol{b}_2, \dots, \boldsymbol{b}_q\}$ に対して，$\{\boldsymbol{a}_1, \boldsymbol{a}_2, \dots, \boldsymbol{a}_p, \boldsymbol{b}_1, \boldsymbol{b}_2, \dots, \boldsymbol{b}_q\}$ は V の基底であることを証明せよ．

演 6.9 A を $m \times n$ 行列，P を正則な m 次正方行列，Q を正則な n 次正方行列とするとき，次の等式を証明せよ．

$$\mathrm{rank}(PAQ) = \mathrm{rank}\, A$$

演 6.10 $m \times n$ 行列 A に対して，有限回の列基本変形[注 12]を繰り返して行列 B が得られるとき，正則な n 次正方行列 Q が存在して，$AQ = B$ と書けることを証明せよ．

演 6.11 A を $m \times n$ 行列とするとき，次の 2 条件は同値であることを証明せよ．

(1) $\mathrm{rank}\, A = r$.

(2) 正則な m 次正方行列 P，正則な n 次正方行列 Q が存在して，

$$PAQ = (\boldsymbol{e}_1\ \boldsymbol{e}_2\ \cdots\ \boldsymbol{e}_r\ \boldsymbol{0}\ \boldsymbol{0}\ \cdots\ \boldsymbol{0}).$$

演 6.12 A を $m \times n$ 行列とするとき，次の等式を証明せよ．

$$\mathrm{rank}\, A = \mathrm{rank}\, {}^t\!A$$

演 6.13 n 次正方行列 A が正則であることと同値な条件を 10 個以上あげよ．

注 12 行列に対して，次の 3 種類の変形を**列基本変形**（列についての**基本変形**）という．

(1) ある列に定数（$\neq 0$）を掛ける．

(2) ある列に他の列の定数倍を加える．

(3) ふたつの列を交換する．

略解

第 1 章

問 **1.1** (1) $z = 11 - 7\mathrm{i}$, $\mathrm{Re}(z) = 11$, $\mathrm{Im}(z) = -7$, $|z| = \sqrt{170}$, $\bar{z} = 11 + 7\mathrm{i}$. (2) $z = -\frac{2}{5} + \frac{11}{5}\mathrm{i}$, $\mathrm{Re}(z) = -\frac{2}{5}$, $\mathrm{Im}(z) = \frac{11}{5}$, $|z| = \sqrt{5}$, $\bar{z} = -\frac{2}{5} - \frac{11}{5}\mathrm{i}$.
問 **1.2** 略. 問 **1.3** (1) $x = -\frac{52}{7}$. (2) $x = -\frac{\sqrt{2}}{2}$. (3) $x = \sqrt{2} - 1$. (4) $x = -\frac{2}{5} + \frac{11}{5}\mathrm{i}$.
問 **1.4** (1) -27. (2) 26.
問 **1.5** (1) $x = -2$, $y = 3$. (2) $x = -\frac{13}{5}$, $y = \frac{11}{5}$. (3) $x = -3$, $y = \frac{4}{3}$. (4) $x = -\frac{4}{3}$, $y = -\frac{5}{3}$.
問 **1.6** 略. 問 **1.7** (1) -16. (2) 79.
問 **1.8** (1) $x = \frac{11}{7}$, $y = \frac{4}{7}$, $z = -\frac{8}{7}$. (2) $x = -13$, $y = 4$, $z = 2$. 問 **1.9** 略.
問 **1.10** $\boldsymbol{a} = \overrightarrow{\mathrm{AB}}$, $\boldsymbol{b} = \overrightarrow{\mathrm{CB}}$ とする. (1) $\boldsymbol{a} - \boldsymbol{b} = \overrightarrow{\mathrm{AC}} = \overrightarrow{\mathrm{AB}} + \overrightarrow{\mathrm{BC}} = \overrightarrow{\mathrm{AB}} + \left(-\overrightarrow{\mathrm{CB}}\right) = \boldsymbol{a} + (-\boldsymbol{b})$. (2) (→) $\boldsymbol{x} = \boldsymbol{a} - \boldsymbol{b} = \overrightarrow{\mathrm{AC}}$ より $\boldsymbol{x} + \boldsymbol{b} = \overrightarrow{\mathrm{AC}} + \overrightarrow{\mathrm{CB}} = \overrightarrow{\mathrm{AB}} = \boldsymbol{a}$. (←) $\boldsymbol{x} = \boldsymbol{x} + \boldsymbol{0} = \boldsymbol{x} + \overrightarrow{\mathrm{CC}} = \boldsymbol{x} + \left(\overrightarrow{\mathrm{CB}} + \overrightarrow{\mathrm{BC}}\right) = \left(\boldsymbol{x} + \overrightarrow{\mathrm{CB}}\right) + \overrightarrow{\mathrm{BC}} = (\boldsymbol{x} + \boldsymbol{b}) + \overrightarrow{\mathrm{BC}} = \boldsymbol{a} + \overrightarrow{\mathrm{BC}} = \overrightarrow{\mathrm{AB}} + \overrightarrow{\mathrm{BC}} = \overrightarrow{\mathrm{AC}} = \boldsymbol{a} - \boldsymbol{b}$.
問 **1.11** 基本ベクトル表示と定理 1.3 を用いよ. 問 **1.12** 略. 問 **1.13** 略.
問 **1.14** $|\boldsymbol{a} \pm \boldsymbol{b}|^2 = (\boldsymbol{a} \pm \boldsymbol{b}) \cdot (\boldsymbol{a} \pm \boldsymbol{b}) = \boldsymbol{a} \cdot \boldsymbol{a} \pm \boldsymbol{a} \cdot \boldsymbol{b} \pm \boldsymbol{b} \cdot \boldsymbol{a} + \boldsymbol{b} \cdot \boldsymbol{b} = |\boldsymbol{a}|^2 \pm 2\boldsymbol{a} \cdot \boldsymbol{b} + |\boldsymbol{b}|^2$ (複号同順).
問 **1.15** (1) 余弦定理より,

$$\cos\theta = \frac{\mathrm{OA}^2 + \mathrm{OB}^2 - \mathrm{AB}^2}{2\mathrm{OA} \cdot \mathrm{OB}} = \frac{|\boldsymbol{a}|^2 + |\boldsymbol{b}|^2 - |\boldsymbol{b} - \boldsymbol{a}|^2}{2|\boldsymbol{a}||\boldsymbol{b}|} = \frac{|\boldsymbol{a}|^2 - |\boldsymbol{b}|^2 - \left(|\boldsymbol{a}|^2 - 2\boldsymbol{a} \cdot \boldsymbol{b} + |\boldsymbol{b}|^2\right)}{2|\boldsymbol{a}||\boldsymbol{b}|} = \frac{\boldsymbol{a} \cdot \boldsymbol{b}}{|\boldsymbol{a}||\boldsymbol{b}|}.$$

ゆえに, $\boldsymbol{a} \cdot \boldsymbol{b} = |\boldsymbol{a}||\boldsymbol{b}|\cos\theta$.
(2) $|\boldsymbol{a}||\boldsymbol{b}| \neq 0$ なので, (1) より, $\boldsymbol{a} \cdot \boldsymbol{b} = 0 \Leftrightarrow \cos\theta = 0 \Leftrightarrow \theta = \frac{\pi}{2} \Leftrightarrow \boldsymbol{a} \perp \boldsymbol{b}$.
問 **1.16** $\begin{pmatrix} 2 \\ 4 \\ -5 \end{pmatrix}$. 問 **1.17** 略. 問 **1.18** 略. 問 **1.19** $3\sqrt{5}$.
問 **1.20** (1) $\boldsymbol{a} = \begin{pmatrix} a_1 \\ a_2 \\ a_3 \end{pmatrix}$, $\boldsymbol{b} = \begin{pmatrix} b_1 \\ b_2 \\ b_3 \end{pmatrix}$, $\boldsymbol{c} = \begin{pmatrix} c_1 \\ c_2 \\ c_3 \end{pmatrix}$ とする.

$$(\boldsymbol{a} \times \boldsymbol{b}) \cdot \boldsymbol{c} = (a_2 b_3 - a_3 b_2)\, c_1 - (a_1 b_3 - a_3 b_1)\, c_2 + (a_1 b_2 - a_2 b_1)\, c_3$$

$$= a_1b_2c_3 - a_1b_3c_2 - a_2b_1c_3 + a_2b_3c_1 + a_3b_1c_2 - a_3b_2c_1$$
$$= \det(\boldsymbol{a}\ \boldsymbol{b}\ \boldsymbol{c}).$$

(2) $\boldsymbol{a} = \overrightarrow{\mathrm{OA}}$, $\boldsymbol{b} = \overrightarrow{\mathrm{OB}}$, $\boldsymbol{c} = \overrightarrow{\mathrm{OC}}$, $\boldsymbol{a}+\boldsymbol{b} = \overrightarrow{\mathrm{OD}}$, $\boldsymbol{a}\times\boldsymbol{b} = \overrightarrow{\mathrm{OE}}$ とする．平行四辺形 OADB を底面と考えれば，底面の面積は $|\boldsymbol{a}\times\boldsymbol{b}|$ であり，直線 OE は底面に垂直である．2 直線 OC，OE のなす角を φ とし，点 C から直線 OE におろした垂線の足を H とすれば，$\mathrm{OH} = \mathrm{OC}\cdot|\cos\varphi| = |\boldsymbol{c}|\,|\cos\varphi|$ が平行六面体の高さである．したがって，

$$V = |\boldsymbol{a}\times\boldsymbol{b}|\,|\boldsymbol{c}|\,|\cos\varphi| = \big||\boldsymbol{a}\times\boldsymbol{b}|\,|\boldsymbol{c}|\cos\varphi\big| = |(\boldsymbol{a}\times\boldsymbol{b})\cdot\boldsymbol{c}| = |\det(\boldsymbol{a}\ \boldsymbol{b}\ \boldsymbol{c})|.$$

問 1.21 (1) 48．(2) 5．**問 1.22** $\frac{x-a_1}{b_1-a_1} = \frac{y-a_2}{b_2-a_2} = \frac{z-a_3}{b_3-a_3}$．

問 1.23 (1) $\frac{x-4}{-8} = \frac{y-6}{-5} = \frac{z+2}{6}$．(2) $\frac{x+1}{4} = \frac{y+2}{5}$，$z=7$．

問 1.24 $\begin{vmatrix} x-a_1 & b_1-a_1 & c_1-a_1 \\ y-a_2 & b_2-a_2 & c_2-a_2 \\ z-a_3 & b_3-a_3 & c_3-a_3 \end{vmatrix} = 0$．［法線ベクトルは $\overrightarrow{\mathrm{AB}}\times\overrightarrow{\mathrm{AC}}$.］

問 1.25 (1) $3x-2y+z+2=0$．(2) $\frac{x}{a}+\frac{y}{b}+\frac{z}{c}=1$．

問 1.26 (1) $\frac{x-4}{-1} = \frac{y-9}{2} = \frac{z}{1}$．(2) $\frac{x-3}{7} = \frac{y+4}{-5} = \frac{z}{2}$．**問 1.27** (1) $\frac{\pi}{4}$．(2) $\frac{\pi}{3}$．

問 1.28 (1) $\begin{pmatrix} -14 \\ 9 \end{pmatrix}$．(2) $\begin{pmatrix} 1 \\ 22 \end{pmatrix}$．

問 1.29 (1) $\begin{pmatrix} x' \\ y' \end{pmatrix} = \begin{pmatrix} 3 & -1 \\ 1 & 2 \end{pmatrix}\begin{pmatrix} x \\ y \end{pmatrix}$．(2) $\begin{pmatrix} x' \\ y' \end{pmatrix} = \begin{pmatrix} -1 & 1 \\ 0 & -1 \end{pmatrix}\begin{pmatrix} x \\ y \end{pmatrix}$．

問 1.30 (1) $\begin{cases} x' = -3x+4y \\ y' = 2x+y \end{cases}$．(2) $\begin{cases} x' = y \\ y' = 4x-2y \end{cases}$．**問 1.31** $\begin{pmatrix} k & 0 \\ 0 & k \end{pmatrix}$．**問 1.32** 略．

問 1.33 (1) $\begin{pmatrix} 3 & -1 \\ 4 & 37 \end{pmatrix}$．(2) $\begin{pmatrix} 5 & -5 \\ -12 & 35 \end{pmatrix}$．**問 1.34** 略．

問 1.35 $\boldsymbol{p} = \begin{pmatrix} p_1 \\ p_2 \end{pmatrix}$，$\boldsymbol{q} = \begin{pmatrix} q_1 \\ q_2 \end{pmatrix}$ と書く．線形変換 f を表す行列を $A = \begin{pmatrix} a & b \\ c & d \end{pmatrix}$ とすれば，

$$f(\boldsymbol{p}+\boldsymbol{q}) = A(\boldsymbol{p}+\boldsymbol{q}) = \begin{pmatrix} a & b \\ c & d \end{pmatrix}\begin{pmatrix} p_1+q_1 \\ p_2+q_2 \end{pmatrix} = \begin{pmatrix} a(p_1+q_1)+b(p_2+q_2) \\ c(p_1+q_1)+d(p_2+q_2) \end{pmatrix}$$
$$= \begin{pmatrix} (ap_1+bp_2)+(aq_1+bq_2) \\ (cp_1+dp_2)+(cq_1+dq_2) \end{pmatrix} = \begin{pmatrix} ap_1+bp_2 \\ cp_1+dp_2 \end{pmatrix} + \begin{pmatrix} aq_1+bq_2 \\ cq_1+dq_2 \end{pmatrix}$$
$$= \begin{pmatrix} a & b \\ c & d \end{pmatrix}\begin{pmatrix} p_1 \\ p_2 \end{pmatrix} + \begin{pmatrix} a & b \\ c & d \end{pmatrix}\begin{pmatrix} q_1 \\ q_2 \end{pmatrix} = A\boldsymbol{p}+A\boldsymbol{q} = f(\boldsymbol{p})+f(\boldsymbol{q}),$$

$$f(x\boldsymbol{p}) = A(x\boldsymbol{p}) = \begin{pmatrix} a & b \\ c & d \end{pmatrix}\begin{pmatrix} xp_1 \\ xp_2 \end{pmatrix} = \begin{pmatrix} axp_1+bxp_2 \\ cxp_1+dxp_2 \end{pmatrix} = \begin{pmatrix} x(ap_1+bp_2) \\ x(cp_1+dp_2) \end{pmatrix}$$
$$= x\begin{pmatrix} ap_1+bp_2 \\ cp_1+dp_2 \end{pmatrix} = x\left(\begin{pmatrix} a & b \\ c & d \end{pmatrix}\begin{pmatrix} p_1 \\ p_2 \end{pmatrix}\right) = x(A\boldsymbol{p}) = xf(\boldsymbol{p}).$$

問 1.36 $\begin{pmatrix} -3 & 7 \\ 8 & 1 \end{pmatrix}$．**問 1.37** (1) $\begin{pmatrix} \frac{1}{2} & -\frac{\sqrt{3}}{2} \\ \frac{\sqrt{3}}{2} & \frac{1}{2} \end{pmatrix}$．(2) $\begin{pmatrix} \frac{1}{\sqrt{2}} & \frac{1}{\sqrt{2}} \\ -\frac{1}{\sqrt{2}} & \frac{1}{\sqrt{2}} \end{pmatrix}$．

問 1.38 (1) $\begin{pmatrix} -\cos\theta & \sin\theta \\ \sin\theta & \cos\theta \end{pmatrix}$．(2) $\begin{pmatrix} -\cos\theta & -\sin\theta \\ -\sin\theta & \cos\theta \end{pmatrix}$．**問 1.39** (1) $5+\sqrt{3}$．(2) 27．

問 **1.40** 例題 1.1 の θ において，$-\pi<\theta\leqq\pi$ とする．$\det(\boldsymbol{a}\ \boldsymbol{b})=|\boldsymbol{a}||\boldsymbol{b}|\sin\theta$ より，

$$\det(\boldsymbol{a}\ \boldsymbol{b})=0 \Leftrightarrow \sin\theta=0 \Leftrightarrow \theta=0,\pi \Leftrightarrow \boldsymbol{a}/\!/\boldsymbol{b}.$$

演習問題［A］

演 **1.1** (1) 0．(2) $7\sqrt{3}$．(3) -43．(4) 0．

演 **1.2** (1) $\begin{pmatrix} 12 \\ -1 \end{pmatrix}$．(2) $\begin{pmatrix} 0 \\ 1 \end{pmatrix}$．(3) $\begin{pmatrix} -21 & -20 \\ 17 & 5 \end{pmatrix}$．(4) $\begin{pmatrix} 3 & 12 \\ 1 & 1 \end{pmatrix}$．

演 **1.3** 略．演 **1.4** (1) $\pm\begin{pmatrix} \frac{\sqrt{5}}{3} \\ \frac{2\sqrt{5}}{15} \\ \frac{4\sqrt{5}}{15} \end{pmatrix}$．(2) $\pm\begin{pmatrix} -\frac{1}{3} \\ \frac{\sqrt{3}}{3} \\ \frac{\sqrt{5}}{3} \end{pmatrix}$．演 **1.5** (1) $\begin{pmatrix} -12 \\ 8 \\ -4 \end{pmatrix}$．(2) $2\sqrt{14}$．

演 **1.6** (1) 6．(2) $6\sqrt{3}$．

演習問題［B］

演 **1.7** (1) $\boldsymbol{x}=\begin{pmatrix} \frac{11}{7} \\ -\frac{8}{7} \\ \frac{1}{7} \end{pmatrix}$，$\boldsymbol{y}=\begin{pmatrix} -\frac{5}{7} \\ -\frac{4}{7} \\ \frac{4}{7} \end{pmatrix}$．(2) $\boldsymbol{x}=\begin{pmatrix} 36 \\ -12 \\ -5 \end{pmatrix}$，$\boldsymbol{y}=\begin{pmatrix} -85 \\ 28 \\ 12 \end{pmatrix}$．

演 **1.8** 点 P から平面 $ax+by+cz+d=0$ におろした垂線の足を $\mathrm{H}(x_1,\ y_1,\ z_1)$ とすれば，$\overrightarrow{\mathrm{PH}}/\!/\begin{pmatrix} a \\ b \\ c \end{pmatrix}$ なので，$\overrightarrow{\mathrm{PH}}=t\begin{pmatrix} a \\ b \\ c \end{pmatrix}$ と書ける．これと $ax_1+by_1+cz_1+d=0$ から t を求め，$p=\mathrm{PH}=|t|\sqrt{a^2+b^2+c^2}$ を計算せよ．

演 **1.9** 略．演 **1.10** $x-2y=-1$．

演 **1.11** 直線 $y=mx$ に関する対称移動による点 $\mathrm{P}(x,\ y)$ の像を $\mathrm{P}'(x',\ y')$ とする．$\overrightarrow{\mathrm{PP}'}\perp\begin{pmatrix} 1 \\ m \end{pmatrix}$ より $(x'-x)+(y'-y)m=0$．線分 PP′ の中点が直線 $y=mx$ 上にあることより $\frac{y+y'}{2}=m\cdot\frac{x+x'}{2}$．これらの式を用いて $x',\ y'$ を $x,\ y$ の式で表せ．

第 2 章

問 **2.1** (1) $\begin{pmatrix} -2 & -4 & -6 \\ -1 & -3 & -5 \end{pmatrix}$．(2) $\begin{pmatrix} 1 & -1 & 1 \\ -1 & 1 & -1 \end{pmatrix}$．

問 **2.2** (1) $a=-1$，$b=\frac{1}{2}$，$c=\frac{1}{3}$，$d=-\frac{1}{4}$．(2) $a=-4$，$b=7$，$c=2$，$d=-3$．

問 **2.3** (1) $\begin{pmatrix} 1 & -3 & 5 \\ -2 & 4 & -6 \end{pmatrix}$．(2) $\begin{pmatrix} 5 & 1 & -3 \\ -6 & -2 & 4 \end{pmatrix}$．

問 **2.4** (1) $\begin{pmatrix} 2 & -2 \\ 18 & 10 \end{pmatrix}$．(2) $\begin{pmatrix} 4 & -3 & 3 \\ 5 & 3 & 3 \end{pmatrix}$．(3) $\begin{pmatrix} -42 & -60 & 12 \\ 8 & 20 & 22 \\ -12 & 5 & 36 \end{pmatrix}$．(4) $\begin{pmatrix} 3 & -37 \\ 6 & 22 \\ 14 & 54 \end{pmatrix}$．

問 **2.5** 略．

問 2.6 (1) $\begin{pmatrix} 0 & 1 & 2 \\ -2 & 0 & -1 \\ 1 & -2 & -3 \end{pmatrix}$. (2) $\begin{pmatrix} 5 & -3 & -1 \\ 6 & 5 & 3 \\ 2 & 6 & 9 \end{pmatrix}$. (3) $\begin{pmatrix} 0 & -1 & -2 \\ 2 & 0 & 1 \\ -1 & 2 & 3 \end{pmatrix}$.

(4) $\begin{pmatrix} -3 & 1 & -1 \\ -2 & -3 & -1 \\ -2 & -2 & -3 \end{pmatrix}$.

問 2.7 (1) $\begin{pmatrix} -1 & 0 \\ 4 & 0 \end{pmatrix}$. (2) $\begin{pmatrix} \frac{5}{2} & 1 \\ 2 & 3 \end{pmatrix}$. (2) $\begin{pmatrix} -\frac{11}{3} & -1 \\ \frac{8}{3} & -3 \end{pmatrix}$. (4) $\begin{pmatrix} \frac{6}{7} & \frac{4}{7} \\ \frac{24}{7} & \frac{12}{7} \end{pmatrix}$.

問 2.8 (1) -11. (2) $(19 \ \ -3)$. (3) $\begin{pmatrix} -1 & 2 \\ 5 & -1 \end{pmatrix}$. (4) $\begin{pmatrix} 18 & 38 & 58 \\ -4 & -10 & -16 \end{pmatrix}$.

(5) $\begin{pmatrix} -1 & -7 \\ 30 & -9 \end{pmatrix}$. (6) $\begin{pmatrix} -5 & 10 & 45 \\ 2 & -4 & -18 \\ 1 & -2 & -9 \end{pmatrix}$.

問 2.9 (1) $\begin{pmatrix} 1 & 0 & 1 \\ -1 & 1 & 1 \\ 0 & 0 & -2 \end{pmatrix}$. (2) $\begin{pmatrix} 0 & 0 & -1 \\ 0 & 1 & 1 \\ -2 & 0 & -1 \end{pmatrix}$. **問 2.10** $y=0$.

問 2.11 (1) $\begin{pmatrix} 0 & 0 & xz \\ 0 & 0 & 0 \\ 0 & 0 & 0 \end{pmatrix}$. (2) O.

問 2.12 (1) $\begin{pmatrix} 3 & 1 \\ -7 & -11 \end{pmatrix}$. (2) $\begin{pmatrix} -6 & -16 \\ 0 & -2 \end{pmatrix}$. (3) $\begin{pmatrix} 23 & 37 \\ -3 & -3 \end{pmatrix}$. (4) $\begin{pmatrix} 14 & 20 \\ 4 & 6 \end{pmatrix}$.

問 2.13 $A^2-B^2-(A+B)(A-B) = A^2-B^2-\left(A^2-AB+BA-B^2\right) = AB-BA$ より，$A^2-B^2 = (A+B)(A-B) \Leftrightarrow A^2-B^2-(A+B)(A-B)=O \Leftrightarrow AB-BA=O \Leftrightarrow AB=BA$.

問 2.14 略. **問 2.15** (1) $\begin{pmatrix} 1 & 2 & 3 \\ 4 & 5 & 6 \end{pmatrix}$. (2) $\begin{pmatrix} a_1 \\ a_2 \\ \vdots \\ a_n \end{pmatrix}$. **問 2.16** 略. **問 2.17** 略.

問 2.18 $A=\begin{pmatrix} a & b \\ c & d \end{pmatrix}$, $B=\begin{pmatrix} p & q \\ r & s \end{pmatrix}$ とおく.

(1)
$$A\tilde{A} = \begin{pmatrix} a & b \\ c & d \end{pmatrix}\begin{pmatrix} d & -b \\ -c & a \end{pmatrix} = \begin{pmatrix} ad-bc & -ab+ba \\ cd-dc & -cb+da \end{pmatrix}$$
$$= \begin{pmatrix} ad-bc & 0 \\ 0 & ad-bc \end{pmatrix} = \begin{pmatrix} |A| & 0 \\ 0 & |A| \end{pmatrix} = |A|E.$$

同様の計算により，$\tilde{A}A=|A|E$ も示される.

(2) $AB=\begin{pmatrix} a & b \\ c & d \end{pmatrix}\begin{pmatrix} p & q \\ r & s \end{pmatrix} = \begin{pmatrix} ap+br & aq+bs \\ cp+dr & cq+ds \end{pmatrix}$ であるから，

$$|AB| = (ap+br)(cq+ds)-(aq+bs)(cp+dr)$$
$$= acpq+adps+bcqr+bdrs-(acpq+adqr+bcps+bdrs)$$
$$= adps-adqr-bcps+bcqr = ad(ps-qr)-bc(ps-qr)$$

$$= (ad - bc)(ps - qr) = |A||B|.$$

問 2.19 (1) 問 2.18 (1) より $A\tilde{A} = \tilde{A}A = |A|E$ であるから，各辺を $|A|$ ($\neq 0$) で割って，$A \cdot \left(\frac{1}{|A|}\tilde{A}\right) = \left(\frac{1}{|A|}\tilde{A}\right) \cdot A = E$. ゆえに，$A$ は正則であって，$A^{-1} = \frac{1}{|A|}\tilde{A}$. (2) (→) A は正則なので，A^{-1} が存在して，$AA^{-1} = E$. 両辺の行列式をとって，$\left|AA^{-1}\right| = |E|$. 問 2.18 (2) より 左辺 $= |A|\left|A^{-1}\right|$. 一方，右辺 $= \begin{vmatrix} 1 & 0 \\ 0 & 1 \end{vmatrix} = 1$. ゆえに，$|A|\left|A^{-1}\right| = 1$. 仮に $|A| = 0$ とすると，$0 = 1$ を得て，矛盾. ゆえに，$|A| \neq 0$. (←) (1) による.

問 2.20 (1) $\begin{pmatrix} -2 & \frac{3}{2} \\ 1 & -\frac{1}{2} \end{pmatrix}$. (2) $\begin{pmatrix} -\frac{5}{2} & \frac{7}{2} \\ -3 & 4 \end{pmatrix}$. **問 2.21** (1) $\begin{pmatrix} 1 & -1 \\ 0 & 1 \end{pmatrix}$. (2) $\begin{pmatrix} \frac{5}{7} & -\frac{1}{7} \\ \frac{4}{7} & \frac{9}{7} \end{pmatrix}$.

演習問題［A］

演 2.1 (1) $\begin{pmatrix} 5 & -16 \\ -11 & 9 \end{pmatrix}$. (2) $\begin{pmatrix} -9 & 8 \\ 0 & 7 \\ 7 & -14 \end{pmatrix}$. (3) $\begin{pmatrix} -6 & 2 & 2 \\ -1 & -4 & 0 \\ 13 & -13 & -5 \end{pmatrix}$. (4) $\begin{pmatrix} 95 & 55 \\ 138 & 81 \end{pmatrix}$.

演 2.2 (1) $A = \begin{pmatrix} 2 & -1 \\ 1 & 3 \end{pmatrix}$, $B = \begin{pmatrix} 1 & -3 \\ 0 & -2 \end{pmatrix}$. (2) $\begin{pmatrix} 2 & -8 \\ 5 & 4 \end{pmatrix}$. **演 2.3** 略.

演 2.4 (1) $x = \frac{2}{3}, -2$. (2) $x = \frac{1 \pm \sqrt{3}}{2}$.

演 2.5 (1) $A^{-1} = \begin{pmatrix} -\frac{1}{2} & 1 \\ -\frac{3}{2} & 2 \end{pmatrix}$. (2) $X = \begin{pmatrix} \frac{7}{2} & -4 \end{pmatrix}$. (3) $Y = \begin{pmatrix} \frac{15}{2} \\ \frac{31}{2} \end{pmatrix}$.

演 2.6 $A = \begin{pmatrix} \frac{34}{11} & \frac{13}{11} \\ -\frac{19}{11} & -\frac{5}{11} \end{pmatrix}$. ［$A\begin{pmatrix} -2 & 3 \\ 1 & -7 \end{pmatrix} = \begin{pmatrix} -5 & 1 \\ 3 & -2 \end{pmatrix}$（問 2.14 参照）.］

演習問題［B］

演 2.7 (1) $\begin{pmatrix} \pm\sqrt{2} & 0 \\ 0 & \pm\sqrt{3} \end{pmatrix}$（複号任意）. (2) $\begin{pmatrix} \pm\sqrt{2} & \mp\sqrt{2} \pm \sqrt{3} \\ 0 & \pm\sqrt{3} \end{pmatrix}$, $\begin{pmatrix} \pm\sqrt{2} & \mp\sqrt{2} \mp \sqrt{3} \\ 0 & \mp\sqrt{3} \end{pmatrix}$（複号同順）.

演 2.8 N に関する数学的帰納法.

演 2.9 (1) $\begin{pmatrix} \alpha^N & 0 \\ 0 & \beta^N \end{pmatrix}$. (2) $\begin{pmatrix} \alpha^N & N\alpha^{N-1} \\ 0 & \alpha^N \end{pmatrix}$. (3) $\begin{pmatrix} \alpha^N & 0 & 0 \\ 0 & \beta^N & 0 \\ 0 & 0 & \gamma^N \end{pmatrix}$.

(4) $\begin{pmatrix} \alpha^N & N\alpha^{N-1} & \frac{N(N-1)}{2}\alpha^{N-2} \\ 0 & \alpha^N & N\alpha^{N-1} \\ 0 & 0 & \alpha^N \end{pmatrix}$. (5) $\begin{pmatrix} \alpha^N & N\alpha^{N-1} & 0 \\ 0 & \alpha^N & 0 \\ 0 & 0 & \beta^N \end{pmatrix}$.

(6) $\begin{pmatrix} \alpha^N & 0 & 0 \\ 0 & \beta^N & N\beta^{N-1} \\ 0 & 0 & \beta^N \end{pmatrix}$.

演 2.10 $A = S + T$, ${}^{t}S = S$, ${}^{t}T = -T$ より ${}^{t}A = {}^{t}(S + T) = {}^{t}S + {}^{t}T = S - T$. ゆえに，

$$S = \frac{1}{2}\{(S+T) + (S-T)\} = \frac{1}{2}\left(A + {}^{t}A\right), \quad T = \frac{1}{2}\{(S+T) - (S-T)\} = \frac{1}{2}\left(A - {}^{t}A\right).$$

逆に，$S=\frac{1}{2}\left(A+{}^{\mathrm{t}}A\right)$，$T=\frac{1}{2}\left(A-{}^{\mathrm{t}}A\right)$ のとき，確かに，$A=S+T$，${}^{\mathrm{t}}S=S$，${}^{\mathrm{t}}T=-T$ が成り立つ.

演 2.11 略.

演 2.12 (**1**) → (**2**). 仮に $AB=O$ をみたす $B\neq O$ が存在するとする. A は正則なので，$AB=O$ の両辺に左から A^{-1} を掛けて $B=A^{-1}O=O$ を得て，矛盾. (**2**) → (**1**). 仮に A が正則でないとすれば，$|A|=0$. $\tilde{A}\neq O$ のとき，$B=\tilde{A}$ とおけば，$B\neq O$，$AB=|A|E=0E=O$. $\tilde{A}=O$ のときは $A=O$ であり（確かめよ），任意の 2 次正方行列 B に対し $AB=OB=O$. いずれの場合も $AB=O$ をみたす $B\neq O$ が存在し，矛盾.

第 3 章

問 3.1 (1) 奇順列. (2) 偶順列. (3) 偶順列. (4) 奇順列. (5) 奇順列. (6) 偶順列.

問 3.2 (1) 10. (2) -33. **問 3.3** 略. **問 3.4** (1) 5. (2) -64. **問 3.5** (1) -21. (2) 55.

問 3.6 略.

問 3.7 第 k 行が $(0\ 0\ \cdots\ 0)$ のとき，第 k 行から 0 を括り出すことにより，$|A|=0|A|=0$.

問 3.8 第 1 行，第 2 行，…，第 n 行から次々に c を括り出すことにより，$|cA|=c^n|A|$.

問 3.9 (1) 0. (2) 0. **問 3.10** (1) $2|A|$. (2) $-7|A|$.

問 3.11 (1) $(b-c)(c-a)(a-b)(a+b+c)$. (2) $(b-c)(c-a)(a-b)(bc+ca+ab)$.
(3) $(a+b+c)\left(a^2+b^2+c^2-bc-ca-ab\right)$. (4) $2(a+b+c)^3$.

問 3.12 左辺 $=a\begin{vmatrix} x & -1 & 0 \\ 0 & x & -1 \\ 0 & 0 & x \end{vmatrix}+\begin{vmatrix} b & -1 & 0 \\ c & x & -1 \\ d & 0 & x \end{vmatrix}=ax^3+b\begin{vmatrix} x & -1 \\ 0 & x \end{vmatrix}+\begin{vmatrix} c & -1 \\ d & x \end{vmatrix}=ax^3+bx^2+cx+d$.

問 3.13 (1) 19. (2) 6. (3) -82. (4) 95. (5) -1710. (6) 60.

問 3.14 (1) $\begin{pmatrix} a^2+b^2 & bc & ca \\ bc & c^2+a^2 & ab \\ ca & ab & b^2+c^2 \end{pmatrix}$. (2) 左辺 $=\left|A^2\right|=|A|^2=(2abc)^2=4a^2b^2c^2$.

問 3.15 式 (3.1) による.

問 3.16 (1) $\begin{pmatrix} -\frac{1}{3} & \frac{1}{3} & -\frac{1}{6} \\ 0 & 1 & -\frac{1}{2} \\ 0 & 0 & \frac{1}{2} \end{pmatrix}$. (2) $\begin{pmatrix} 1 & 2 & -3 \\ -3 & -1 & 3 \\ 2 & 0 & -1 \end{pmatrix}$. (3) $\begin{pmatrix} \frac{3}{4} & -\frac{1}{4} & \frac{1}{2} \\ -\frac{7}{8} & \frac{9}{8} & -\frac{3}{4} \\ 1 & -1 & 1 \end{pmatrix}$.
(4) $\begin{pmatrix} \sqrt{3} & -1 & -1 \\ -1 & \sqrt{3} & \sqrt{3} \\ \sqrt{3} & -1 & -2 \end{pmatrix}$.

問 3.17 (1) $\begin{pmatrix} -1 & -1 & 0 & 0 \\ 0 & -1 & 0 & 0 \\ 0 & 0 & \frac{1}{3} & 0 \\ 0 & 0 & -\frac{1}{9} & \frac{1}{3} \end{pmatrix}$. (2) $\begin{pmatrix} 1 & -1 & -\frac{1}{2} & \frac{1}{2} \\ -1 & 0 & 1 & 0 \\ 0 & 0 & -\frac{1}{2} & \frac{1}{2} \\ 0 & 1 & 0 & 0 \end{pmatrix}$.

問 3.18 (1) $x=-2,\ y=3,\ z=-1$. (2) $x=2,\ y=-1,\ z=-3$. (3) $x=\frac{7}{9},\ y=\frac{1}{3},\ z=-\frac{16}{9}$.
(4) $x=\frac{14}{23},\ y=-\frac{41}{23},\ z=\frac{59}{23}$.

演習問題［A］

演 3.1 略.

演 3.2 (1) $(a-b)^4$. (2) $(ad-bc)^4$. (3) $(a-1)^3(a+1)^3\left(a^2+1\right)^3$. (4) $(x-a)\left(y-b\right)(z-c)$.

演 3.3 (1) $\begin{pmatrix} 45 & 53 & 54 & 40 \\ 83 & 101 & 99 & 70 \\ 95 & 112 & 129 & 90 \\ 70 & 80 & 90 & 100 \end{pmatrix}$. (2) 72000. **演 3.4** 0, 27.

演習問題［B］

演 3.5 (1) 順列 $P=\left(p_1, p_2, \dots, p_n\right)$ に対して，$c(P)=\prod_{i<j}\left(p_j-p_i\right)$ とおくとき，数 $c(P)$ の符号は $(-1)^{r(P)}$ である．$1 \leqq k<\ell \leqq n$ として，P に対し p_k と p_ℓ の互換を行って得られる順列を $Q=\left(q_1, q_2, \dots, q_n\right)$ とする．$1 \leqq i<j \leqq n$ をみたす対 (i, j) 全体の集合 M を 8 個の部分集合

$$M_0=\left\{(i, j) \mid i<j,\ i \neq k,\ j \neq \ell\right\}, \quad M_1=\{(i, k) \mid i<k\}, \quad M_2=\{(i, \ell) \mid i<k\},$$
$$M_3=\left\{(k, j) \mid k<j<\ell\right\}, \quad M_4=\{(k, \ell)\}, \quad M_5=\left\{(k, j) \mid \ell<j\right\},$$
$$M_6=\{(i, \ell) \mid k<i<\ell\}, \quad M_7=\left\{(\ell, j) \mid \ell<j\right\}$$

に分割して，

$(i, j) \in M_0$ のとき $q_j-q_i=p_j-p_i$,
$(i, j) \in M_1$ のとき $q_j-q_i=q_k-q_i=p_\ell-p_i$,
$(i, j) \in M_2$ のとき $q_j-q_i=q_\ell-q_i=p_k-p_i$,
$(i, j) \in M_3$ のとき $q_j-q_i=q_j-q_k=p_j-p_\ell$,
$(i, j) \in M_4$ のとき $q_j-q_i=q_\ell-q_k=p_k-p_\ell=-\left(p_\ell-p_k\right)$,
$(i, j) \in M_5$ のとき $q_j-q_i=q_j-q_k=p_j-p_\ell$,
$(i, j) \in M_6$ のとき $q_j-q_i=q_\ell-q_i=p_k-p_i$,
$(i, j) \in M_7$ のとき $q_j-q_i=q_j-q_\ell=p_j-p_k$

であり，

$$\prod_{(i, j) \in M_0}\left(q_j-q_i\right)=\prod_{(i, j) \in M_0}\left(p_j-p_i\right),$$
$$\prod_{(i, j) \in M_1}\left(q_j-q_i\right)=\prod_{(i, j) \in M_2}\left(p_j-p_i\right), \quad \prod_{(i, j) \in M_2}\left(q_j-q_i\right)=\prod_{(i, j) \in M_1}\left(p_j-p_i\right),$$
$$\prod_{(i, j) \in M_5}\left(q_j-q_i\right)=\prod_{(i, j) \in M_7}\left(p_j-p_i\right), \quad \prod_{(i, j) \in M_7}\left(q_j-q_i\right)=\prod_{(i, j) \in M_5}\left(p_j-p_i\right),$$
$$\prod_{(i, j) \in M_3}\left(q_j-q_i\right)=\prod_{k<j<\ell}\left(p_j-p_\ell\right)=(-1)^{\ell-k+1} \prod_{k<j<\ell}\left(p_\ell-p_j\right)$$
$$=(-1)^{\ell-k+1} \prod_{k<i<\ell}\left(p_\ell-p_i\right)=(-1)^{\ell-k+1} \prod_{(i, j) \in M_6}\left(p_j-p_\ell\right),$$

同様に，

$$\prod_{(i, j) \in M_6}\left(q_j-q_i\right)=(-1)^{\ell-k+1} \prod_{(i, j) \in M_3}\left(p_j-p_\ell\right).$$

したがって，

$$c(Q)=(-1)^{1+2(\ell-k+1)}\prod_{(i,j)\in M}\left(p_j-p_i\right)=-c(P)$$

を得て，$(-1)^{r(Q)}=-(-1)^{r(P)}=(-1)^{r(P)+1}$.

(2)　(1) を繰り返し用いて，$(-1)^{r((1,2,\ldots,n))}=(-1)^{r(P)+N}=(-1)^{r(P)}(-1)^N$. 一方，$(-1)^{r((1,2,\ldots,n))}=(-1)^0=1$. ゆえに，$(-1)^{r(P)}=\frac{1}{(-1)^N}=(-1)^N$.

演 3.6 (1) 5. (2) 6.

演 3.7 $n=2$ のとき，左辺 $=\begin{vmatrix}1 & 1\\ x_1 & x_2\end{vmatrix}=x_2-x_1=$ 右辺．$n=k-1$ のとき等式が成り立つと仮定する．$n=k$ のとき，左辺において，(第 k 行) − (第 $k-1$ 行) $\times x_1$，(第 $k-1$ 行) − (第 $k-2$ 行) $\times x_1$，…，(第 2 行) − (第 1 行) $\times x_1$ という操作を順に行うことにより，

$$\text{左辺}=\begin{vmatrix}1 & 1 & \cdots & 1\\ 0 & x_2-x_1 & \cdots & x_k-x_1\\ 0 & x_2(x_2-x_1) & \cdots & x_k(x_k-x_1)\\ \vdots & \vdots & & \vdots\\ 0 & {x_2}^{k-2}(x_2-x_1) & \cdots & {x_k}^{k-2}(x_k-x_1)\end{vmatrix}$$

$$=\begin{vmatrix}x_2-x_1 & \cdots & x_k-x_1\\ x_2(x_2-x_1) & \cdots & x_k(x_k-x_1)\\ \vdots & & \vdots\\ {x_2}^{k-2}(x_2-x_1) & \cdots & {x_k}^{k-2}(x_k-x_1)\end{vmatrix}$$

$$=(x_2-x_1)\cdots(x_k-x_1)\begin{vmatrix}1 & \cdots & 1\\ x_2 & \cdots & x_k\\ \vdots & & \vdots\\ {x_2}^{k-2} & \cdots & {x_k}^{k-2}\end{vmatrix}$$

$$=(x_2-x_1)\cdots(x_k-x_1)\prod_{2\leqq i<j\leqq k}\left(x_j-x_i\right)=\prod_{1\leqq i<j\leqq k}\left(x_j-x_i\right)=\text{右辺}.$$

よって，数学的帰納法により，すべての $n\geqq 2$ に対して等式は成り立つ．

演 3.8 $A=\left(a_{ij}\right)$，$B=\left(b_{ij}\right)$ と書く．定理 3.10 の証明と同様の計算により，

$$|AB|=\sum_{k_1=1}^{m}\sum_{k_2=1}^{m}\cdots\sum_{k_n=1}^{m}a_{1,k_1}a_{2,k_2}\cdots a_{n,k_n}\begin{vmatrix}b_{k_1,1} & b_{k_1,2} & \cdots & b_{k_1,n}\\ b_{k_2,1} & b_{k_2,2} & \cdots & b_{k_2,n}\\ \vdots & \vdots & & \vdots\\ b_{k_n,1} & b_{k_n,2} & \cdots & b_{k_n,n}\end{vmatrix}.$$

$m<n$ より，$k_1,k_2,\ldots,k_n$ の中に必ず同じ数が現れるので，系 3.6 より，つねに，

$$\begin{vmatrix}b_{k_1,1} & b_{k_1,2} & \cdots & b_{k_1,n}\\ b_{k_2,1} & b_{k_2,2} & \cdots & b_{k_2,n}\\ \vdots & \vdots & & \vdots\\ b_{k_n,1} & b_{k_n,2} & \cdots & b_{k_n,n}\end{vmatrix}=0.$$

ゆえに，$|AB|=0$.

演 3.9 $A\tilde{A}=|A|E$ の両辺の行列式をとって，$|A|\left|\tilde{A}\right|=|A|^n$．$|A|\neq 0$ のときは，両辺を $|A|$ で割って，$\left|\tilde{A}\right|=|A|^{n-1}$．$|A|=0$ のときは，$A\tilde{A}=O$．仮に $\left|\tilde{A}\right|\neq 0$ とすると，$\tilde{A}$ は正則であるから，$A=O\tilde{A}^{-1}=O$ より $\tilde{A}=O$ を得て，矛盾．ゆえに，$\left|\tilde{A}\right|=0=|A|^{n-1}$.

演 3.10 (1) $\begin{pmatrix} 0 & 0 & 1 \\ -3 & -4 & 2 \\ -2 & -2 & 1 \end{pmatrix}$. (2) $\begin{pmatrix} 3 & 1 & 0 \\ 0 & 3 & 1 \\ 0 & 0 & 3 \end{pmatrix}$.

(3) $\begin{pmatrix} -(2N-3)\cdot 3^{N-1} & -2N\cdot 3^{N-1} & N\cdot 3^{N-1} \\ -\frac{N(N-4)\cdot 3^{N-2}}{2} & -\frac{(N^2-N-18)\cdot 3^{N-2}}{2} & \frac{N(N-1)\cdot 3^{N-2}}{4} \\ -N(N+8)\cdot 3^{N-2} & -N(N+11)\cdot 3^{N-2} & \frac{(N+2)(N+9)\cdot 3^{N-2}}{2} \end{pmatrix}$. ［演 2.8，2.9 (4) 参照.］

第 4 章

問 4.1 (1) $x=\frac{2}{9}$，$y=-\frac{1}{9}$，$z=\frac{2}{3}$．(2) $x=-3$，$y=1$，$z=-1$．(3) $x=4$，$y=-1$，$z=1$．(4) $x=\frac{9}{8}$，$y=\frac{9}{8}$，$z=\frac{1}{2}$.

問 4.2 (1) 2．(1) 1．(3) 3．(4) 2.

問 4.3

$$A=\begin{pmatrix} 0 & -7 & 3 & -11 \\ 1 & 2 & -1 & 5 \\ -2 & 3 & -1 & 1 \end{pmatrix}$$

$$\to \begin{pmatrix} 1 & 2 & -1 & 5 \\ 0 & -7 & 3 & -11 \\ -2 & 3 & -1 & 1 \end{pmatrix} \quad \text{（第 1 行）と（第 2 行）の交換}$$

$$\to \begin{pmatrix} 1 & 2 & -1 & 5 \\ 0 & -7 & 3 & -11 \\ 0 & 7 & -3 & 11 \end{pmatrix} \quad \text{（第 3 行）+（第 1 行）}\times 2$$

$$\to \begin{pmatrix} 1 & 2 & -1 & 5 \\ 0 & 1 & -\frac{3}{7} & \frac{11}{7} \\ 0 & 7 & -3 & 11 \end{pmatrix} \quad \text{（第 2 行）}\div(-7)$$

$$\to \begin{pmatrix} 1 & 0 & -\frac{1}{7} & \frac{13}{7} \\ 0 & 1 & -\frac{3}{7} & \frac{11}{7} \\ 0 & 0 & 0 & 0 \end{pmatrix} \quad \begin{array}{l}\text{（第 1 行）−（第 2 行）}\times 2 \\ \text{（第 3 行）−（第 2 行）}\times 7\end{array}$$

問 4.4 (1) $\begin{pmatrix} 1 & 0 & 1 & -1 \\ 0 & 1 & 3 & -2 \\ 0 & 0 & 0 & 0 \end{pmatrix}$. (2) $\begin{pmatrix} 0 & 1 & -\frac{1}{3} & \frac{1}{3} \\ 0 & 0 & 0 & 0 \\ 0 & 0 & 0 & 0 \end{pmatrix}$. (3) $\begin{pmatrix} 1 & -2 & 0 & 0 \\ 0 & 0 & 1 & 0 \\ 0 & 0 & 0 & 1 \end{pmatrix}$.

(4) $\begin{pmatrix} 0 & 0 & 1 & 0 \\ 0 & 0 & 0 & 1 \\ 0 & 0 & 0 & 0 \end{pmatrix}$.

問 4.5 (1) $x=-2c$，$y=c$，$z=\frac{2}{3}$（c は任意）．(2) 解はない．(3) $x=-10+8c$，$y=-7+7c$，$z=c$（c は任意）．(4) $x=1-\frac{1}{2}c_1+\frac{1}{2}c_2$，$y=c_1$，$z=c_2$（$c_1, c_2$ は任意）．(5) $x=3$，$y=-2$，$z=1$．(6) 解はない.

問 4.6 (1) $\begin{pmatrix} 1 & -1 \\ 0 & 1 \end{pmatrix}$. (2) $\begin{pmatrix} \frac{5}{7} & -\frac{1}{7} \\ \frac{4}{7} & \frac{9}{7} \end{pmatrix}$.

問 4.7 (1) $\begin{pmatrix} 1 & 1 & -2 \\ 0 & \frac{1}{2} & -\frac{5}{6} \\ 0 & 0 & \frac{1}{3} \end{pmatrix}$. (2) $\begin{pmatrix} 1 & -7 & 2 \\ -\frac{1}{2} & \frac{5}{2} & -\frac{1}{2} \\ \frac{1}{2} & \frac{1}{2} & -\frac{1}{2} \end{pmatrix}$.

問 4.8 (1) $k=\frac{3}{4}$. $x=-\frac{1}{4}c$, $y=c$ (c は任意). (2) $k=-1, 5$. $k=-1$ のとき, $x=-c$, $y=c$ (c は任意). $k=-5$ のとき, $x=\frac{1}{2}c$, $y=c$ (c は任意).

問 4.9 $n=\operatorname{rank}(\boldsymbol{a}_1\ \boldsymbol{a}_2\ \cdots\ \boldsymbol{a}_n) \leqq m$. **問 4.10** 略. **問 4.11** (1) 線形従属. (2) 線形独立.

問 4.12 (1) 線形独立. (2) 線形従属.

演習問題 [A]

演 4.1 (1) $\begin{pmatrix} 1 & -5 & 0 & 0 & 4 \\ 0 & 0 & 1 & 0 & -2 \\ 0 & 0 & 0 & 1 & 0 \end{pmatrix}$, $\operatorname{rank} A=3$. (2) $\begin{pmatrix} 0 & 1 & 0 & 0 & -1 \\ 0 & 0 & 1 & \frac{2}{3} & \frac{1}{3} \\ 0 & 0 & 0 & 0 & 0 \end{pmatrix}$, $\operatorname{rank} A=2$.

(3) $\begin{pmatrix} 1 & 0 & \frac{1}{2} & -\frac{1}{2} & 0 \\ 0 & 1 & \frac{3}{2} & \frac{3}{2} & 0 \\ 0 & 0 & 0 & 0 & 1 \\ 0 & 0 & 0 & 0 & 0 \end{pmatrix}$, $\operatorname{rank} A=3$. (4) $\begin{pmatrix} 1 & 3 & -2 & 0 & \frac{5}{3} \\ 0 & 0 & 0 & 1 & -\frac{1}{3} \\ 0 & 0 & 0 & 0 & 0 \\ 0 & 0 & 0 & 0 & 0 \end{pmatrix}$, $\operatorname{rank} A=2$.

演 4.2 (1) $x_1=-1$, $x_2=1$, $x_3=-1$, $x_4=2$. (2) $x_1=\frac{1}{4}$, $x_2=-\frac{1}{4}+4c$, $x_3=\frac{1}{4}+2c$, $x_4=c$ (c は任意). (3) $x_1=11+3c_1-3c_2$, $x_2=-5-2c_1+c_2$, $x_3=c_1$, $x_4=c_2$ (c_1, c_2 は任意).
(4) $x_1=\frac{1}{5}+\frac{4}{5}c_1-\frac{3}{5}c_2-\frac{2}{5}c_3$, $x_2=c_1$, $x_3=c_2$, $x_4=c_3$ (c_1, c_2, c_3 は任意).

演 4.3 $\begin{pmatrix} -1 & -6 & 8 \\ \frac{1}{2} & 1 & -1 \\ -\frac{1}{2} & -4 & 5 \end{pmatrix}$.

演 4.4 (1) $\begin{pmatrix} 1 & 1 \\ 0 & \frac{1}{2} \end{pmatrix}$. (2) $\begin{pmatrix} -\frac{2}{11} & \frac{5}{11} \\ \frac{3}{11} & -\frac{2}{11} \end{pmatrix}$. (3) $\begin{pmatrix} -2 & 3 & -1 \\ 0 & -3 & 2 \\ 1 & 1 & -1 \end{pmatrix}$.

(4) $\begin{pmatrix} -\frac{3}{2} & \frac{7}{2} & -2 \\ -1 & 2 & -1 \\ \frac{7}{2} & -\frac{13}{2} & 4 \end{pmatrix}$.

演習問題 [B]

演 4.5 $\begin{pmatrix} 0 & 0 \\ 0 & 0 \end{pmatrix}$, $\begin{pmatrix} 1 & * \\ 0 & 0 \end{pmatrix}$, $\begin{pmatrix} 0 & 1 \\ 0 & 0 \end{pmatrix}$, $\begin{pmatrix} 1 & 0 \\ 0 & 1 \end{pmatrix}$ ($*$ は任意の数).

演 4.6 $\begin{pmatrix} 0 & 0 & 0 \\ 0 & 0 & 0 \\ 0 & 0 & 0 \end{pmatrix}$, $\begin{pmatrix} 1 & * & * \\ 0 & 0 & 0 \\ 0 & 0 & 0 \end{pmatrix}$, $\begin{pmatrix} 0 & 1 & * \\ 0 & 0 & 0 \\ 0 & 0 & 0 \end{pmatrix}$, $\begin{pmatrix} 0 & 0 & 1 \\ 0 & 0 & 0 \\ 0 & 0 & 0 \end{pmatrix}$, $\begin{pmatrix} 1 & 0 & * \\ 0 & 1 & * \\ 0 & 0 & 0 \end{pmatrix}$,

$\begin{pmatrix} 1 & * & 0 \\ 0 & 0 & 1 \\ 0 & 0 & 0 \end{pmatrix}$, $\begin{pmatrix} 1 & 0 & 0 \\ 0 & 1 & 0 \\ 0 & 0 & 1 \end{pmatrix}$ ($*$ は任意の数).

演 4.7 $\mathrm{rank}\begin{pmatrix} a & b \\ c & d \end{pmatrix} < \mathrm{rank}\begin{pmatrix} a & b & p \\ c & d & q \end{pmatrix}$ のとき $S = \emptyset$，$\mathrm{rank}\begin{pmatrix} a & b \\ c & d \end{pmatrix} = 2$ のとき S は 1 点，$\mathrm{rank}\begin{pmatrix} a & b \\ c & d \end{pmatrix} = \mathrm{rank}\begin{pmatrix} a & b & p \\ c & d & q \end{pmatrix} = 1$ のとき S は直線，$\begin{pmatrix} a & b & p \\ c & d & q \end{pmatrix} = O$ のとき S は平面全体.

演 4.8 $\mathrm{rank}\begin{pmatrix} a_1 & b_1 & c_1 \\ a_2 & b_2 & c_2 \\ a_3 & b_3 & c_3 \end{pmatrix} < \mathrm{rank}\begin{pmatrix} a_1 & b_1 & c_1 & p_1 \\ a_2 & b_2 & c_2 & p_2 \\ a_3 & b_3 & c_3 & p_3 \end{pmatrix}$ のとき $S = \emptyset$，

$\mathrm{rank}\begin{pmatrix} a_1 & b_1 & c_1 \\ a_2 & b_2 & c_2 \\ a_3 & b_3 & c_3 \end{pmatrix} = 3$ のとき S は 1 点，

$\mathrm{rank}\begin{pmatrix} a_1 & b_1 & c_1 \\ a_2 & b_2 & c_2 \\ a_3 & b_3 & c_3 \end{pmatrix} = \mathrm{rank}\begin{pmatrix} a_1 & b_1 & c_1 & p_1 \\ a_2 & b_2 & c_2 & p_2 \\ a_3 & b_3 & c_3 & p_3 \end{pmatrix} = 2$ のとき S は直線，

$\mathrm{rank}\begin{pmatrix} a_1 & b_1 & c_1 \\ a_2 & b_2 & c_2 \\ a_3 & b_3 & c_3 \end{pmatrix} = \mathrm{rank}\begin{pmatrix} a_1 & b_1 & c_1 & p_1 \\ a_2 & b_2 & c_2 & p_2 \\ a_3 & b_3 & c_3 & p_3 \end{pmatrix} = 1$ のとき S は平面，

$\begin{pmatrix} a_1 & b_1 & c_1 & p_1 \\ a_2 & b_2 & c_2 & p_2 \\ a_3 & b_3 & c_3 & p_3 \end{pmatrix} = O$ のとき S は空間全体.

演 4.9 (1) $a + b - 2 = 0$. (2) $3a - 4b = 46$，$a \neq 2$.

演 4.10 (1) $\begin{pmatrix} \frac{5}{3} & -5 & -\frac{1}{3} & \frac{5}{3} \\ -\frac{7}{3} & -5 & -\frac{1}{3} & \frac{8}{3} \\ -\frac{2}{3} & 2 & \frac{1}{3} & -\frac{2}{3} \\ 1 & 2 & 0 & -1 \end{pmatrix}$. (2) $\begin{pmatrix} 0 & -2 & 2 & -\frac{1}{2} \\ -1 & -13 & 11 & -\frac{7}{2} \\ 0 & -6 & 5 & -\frac{3}{2} \\ 0 & -1 & 1 & -\frac{1}{2} \end{pmatrix}$.

演 4.11 **(1) → (2)**．仮に $AB = O$ をみたす $B \neq O$ が存在するとする．A は正則なので，$AB = O$ の両辺に左から A^{-1} を掛けて $B = A^{-1}O = O$ を得て，矛盾．**(2) → (1)**．仮に A が正則でないとすると，定理 4.7，4.8 より，$A\boldsymbol{b} = \boldsymbol{0}$ をみたす n 次元列ベクトル $\boldsymbol{b} \neq \boldsymbol{0}$ が存在する．このとき，行列 $B = (\boldsymbol{b}\ \boldsymbol{0}\ \cdots\ \boldsymbol{0})$ について，$AB = O$，$B \neq O$.

演 4.12 (1) 2. (2) −2, 0, 8.

第 5 章

問 5.1 $|A - \lambda E| = |(-1)(\lambda E - A)| = (-1)^n |\lambda E - A|$（問 3.8 参照）.

問 5.2 $|P^{-1}AP - \lambda E| = |P^{-1}AP - P^{-1}(\lambda E)P| = |P^{-1}(A - \lambda E)P| = |P^{-1}||A - \lambda E||P| = |P|^{-1}|A - \lambda E||P| = |A - \lambda E|$.

問 5.3 (1) 固有値は $\lambda = -2, -1$．$\lambda = -2$ に対する固有ベクトルは $c_1\begin{pmatrix} \frac{3}{4} \\ 1 \end{pmatrix}$ $(c_1 \neq 0)$．$\lambda = -1$ に対する固有ベクトルは $c_2\begin{pmatrix} 1 \\ 1 \end{pmatrix}$ $(c_2 \neq 0)$．(2) 固有値は $\lambda = -4, 2$．$\lambda = -4$ に対する固有ベクトルは $c_1\begin{pmatrix} -1 \\ 1 \end{pmatrix}$ $(c_1 \neq 0)$．$\lambda = 2$ に対する固有ベクトルは $c_2\begin{pmatrix} 5 \\ 1 \end{pmatrix}$ $(c_2 \neq 0)$.

問 5.4 略.

問 5.5 $|A-\lambda E|=(-1)^n(\lambda-\lambda_1)(\lambda-\lambda_2)\cdots(\lambda-\lambda_n)$ が成り立つので，λ^{n-1} の項の係数，および定数項を定理 5.2 の等式と比較せよ.

問 5.6 (1) $P=\begin{pmatrix}\frac{3}{4}&1\\1&1\end{pmatrix}$，$P^{-1}AP=\begin{pmatrix}-2&0\\0&-1\end{pmatrix}$.

(2) $P=\begin{pmatrix}-1&5\\1&1\end{pmatrix}$，$P^{-1}AP=\begin{pmatrix}-4&0\\0&2\end{pmatrix}$.

問 5.7 略. **問 5.8** 略.

問 5.9 (1) 固有値は $\lambda=1,2,3$．$\lambda=1$ に対する固有ベクトルは $c_1\begin{pmatrix}1\\0\\0\end{pmatrix}$ $(c_1\neq 0)$．$\lambda=2$ に対する固有ベクトルは $c_2\begin{pmatrix}1\\1\\0\end{pmatrix}$ $(c_2\neq 0)$．$\lambda=3$ に対する固有ベクトルは $c_3\begin{pmatrix}\frac{3}{2}\\2\\1\end{pmatrix}$ $(c_3\neq 0)$．$P=\begin{pmatrix}1&1&\frac{3}{2}\\0&1&2\\0&0&1\end{pmatrix}$ のとき，$P^{-1}AP=\begin{pmatrix}1&0&0\\0&2&0\\0&0&3\end{pmatrix}$. (2) 固有値は $\lambda=-4$（2 重解），-3．$\lambda=-4$ に対する固有ベクトルは $c_1\begin{pmatrix}-2\\1\\0\end{pmatrix}+c_2\begin{pmatrix}0\\0\\1\end{pmatrix}$ $((c_1,c_2)\neq(0,0))$．$\lambda=-3$ に対する固有ベクトルは $c_3\begin{pmatrix}3\\-1\\1\end{pmatrix}$ $(c_3\neq 0)$．$P=\begin{pmatrix}-2&0&3\\1&0&-1\\0&1&1\end{pmatrix}$ のとき，$P^{-1}AP=\begin{pmatrix}-4&0&0\\0&-4&0\\0&0&-3\end{pmatrix}$.

問 5.10 $\begin{pmatrix}(-3)^n+2n(-3)^{n-1}&4n(-3)^{n-1}\\-n(-3)^{n-1}&(-3)^n-2n(-3)^{n-1}\end{pmatrix}$.

問 5.11 (1) $P=\begin{pmatrix}0&1\\1&0\end{pmatrix}$ のとき，$P^{-1}AP=\begin{pmatrix}1&1\\0&1\end{pmatrix}$.

(2) $P=\begin{pmatrix}\frac{1}{2}&\frac{1}{2}\\1&0\end{pmatrix}$ のとき，$P^{-1}AP=\begin{pmatrix}-2&1\\0&-2\end{pmatrix}$.

問 5.12 略. **問 5.13** 略. **問 5.14** 略. **問 5.15** 略.

問 5.16 (1) $|\boldsymbol{a}\pm\boldsymbol{b}|^2=(\boldsymbol{a}\pm\boldsymbol{b},\boldsymbol{a}\pm\boldsymbol{b})=(\boldsymbol{a},\boldsymbol{a})\pm(\boldsymbol{a},\boldsymbol{b})\pm(\boldsymbol{b},\boldsymbol{a})+(\boldsymbol{b},\boldsymbol{b})=|\boldsymbol{a}|^2\pm\left((\boldsymbol{a},\boldsymbol{b})+\overline{(\boldsymbol{a},\boldsymbol{b})}\right)+|\boldsymbol{b}|^2=|\boldsymbol{a}|^2\pm 2\,\mathrm{Re}\,(\boldsymbol{a},\boldsymbol{b})+|\boldsymbol{b}|^2$（複号同順）. (2) (1) を用いよ.

問 5.17 略.

問 5.18 ${}^tPP=E$ の両辺の行列式をとって，$|{}^tPP|=|E|$．左辺 $=|{}^tP||P|=|P||P|=|P|^2$，右辺 $=1$ なので，$|P|^2=1$．ゆえに，$|P|=\pm 1$.

問 5.19 $P=\begin{pmatrix}p_{11}&p_{12}\\p_{21}&p_{22}\end{pmatrix}$ を直交行列とする．${p_{11}}^2+{p_{21}}^2=1$，${p_{12}}^2+{p_{22}}^2=1$ より，$p_{11}=\cos\theta$, $p_{21}=\sin\theta$, $p_{12}=\cos\varphi$, $p_{22}=\sin\varphi$ と書けて，$p_{11}p_{12}+p_{21}p_{22}=\cos\theta\cos\varphi+\sin\theta\sin\varphi=\cos(\theta-\varphi)$．ゆえに，$p_{11}p_{12}+p_{21}p_{22}=0$ より，$\theta-\varphi=\pm\frac{\pi}{2}+2n\pi$ $(n\in\mathbb{Z})$．したがって，$\varphi=$

$\theta \mp \frac{\pi}{2} - 2n\pi$ を得て，

$$P = \begin{pmatrix} \cos\theta & \cos\varphi \\ \sin\theta & \sin\varphi \end{pmatrix} = \begin{pmatrix} \cos\theta & \cos\left(\theta \mp \frac{\pi}{2} - 2n\pi\right) \\ \sin\theta & \sin\left(\theta \mp \frac{\pi}{2} - 2n\pi\right) \end{pmatrix} = \begin{pmatrix} \cos\theta & \pm\sin\theta \\ \sin\theta & \mp\cos\theta \end{pmatrix} \quad \text{(複号同順)}.$$

逆に，このとき，P は直交行列である（確かめよ）.

問 5.20 略（定理 6.12 参照）.

問 5.21 (1) 固有値は $\lambda = 0, 1, 2$．$\lambda = 0$ に対する固有ベクトルは $c_1 \begin{pmatrix} -1 \\ 0 \\ 1 \end{pmatrix}$ $(c_1 \neq 0)$．$\lambda = 1$ に対する固有ベクトルは $c_2 \begin{pmatrix} 0 \\ 1 \\ 0 \end{pmatrix}$ $(c_2 \neq 0)$．$\lambda = 2$ に対する固有ベクトルは $c_3 \begin{pmatrix} 1 \\ 0 \\ 1 \end{pmatrix}$ $(c_3 \neq 0)$．$P = \begin{pmatrix} -\frac{1}{\sqrt{2}} & 0 & \frac{1}{\sqrt{2}} \\ 0 & 1 & 0 \\ \frac{1}{\sqrt{2}} & 0 & \frac{1}{\sqrt{2}} \end{pmatrix}$ のとき，$P^{-1}AP = \begin{pmatrix} 0 & 0 & 0 \\ 0 & 1 & 0 \\ 0 & 0 & 2 \end{pmatrix}$．(2) 固有値は $\lambda = -1$（2 重解），2．$\lambda = -1$ に対する固有ベクトルは $c_1 \begin{pmatrix} -1 \\ 1 \\ 0 \end{pmatrix} + c_2 \begin{pmatrix} -1 \\ 0 \\ 1 \end{pmatrix}$ $((c_1, c_2) \neq (0, 0))$．$\lambda = 2$ に対する固有ベクトルは $c_3 \begin{pmatrix} 1 \\ 1 \\ 1 \end{pmatrix}$ $(c_3 \neq 0)$．$P = \begin{pmatrix} -\frac{1}{\sqrt{2}} & -\frac{1}{\sqrt{6}} & \frac{1}{\sqrt{3}} \\ \frac{1}{\sqrt{2}} & -\frac{1}{\sqrt{6}} & \frac{1}{\sqrt{3}} \\ 0 & \frac{2}{\sqrt{6}} & \frac{1}{\sqrt{3}} \end{pmatrix}$ のとき，$P^{-1}AP = \begin{pmatrix} -1 & 0 & 0 \\ 0 & -1 & 0 \\ 0 & 0 & 2 \end{pmatrix}$.

問 5.22 $A = \begin{pmatrix} a & b \\ b & c \end{pmatrix}$，$a, b, c \in \mathbb{R}$，とする．$A$ の固有多項式は $|A - \lambda E| = (a-\lambda)(c-\lambda) - b^2 = \lambda^2 - (a+c)\lambda + \left(ac - b^2\right)$．2 重解をもつので，判別式 $= (a+c)^2 - 4\left(ac - b^2\right) = (a-c)^2 + 4b^2 = 0$．ゆえに，$a = c$，$b = 0$ を得て，$A = \begin{pmatrix} a & 0 \\ 0 & a \end{pmatrix} = aE$．このとき，$|A - \lambda E| = (a-\lambda)^2$ なので，a が固有方程式の 2 重解 α である．ゆえに，$A = \alpha E$.

問 5.23 (1) 固有値は $\lambda = -7, 3$．$\lambda = -7$ に対する固有ベクトルは $c_1 \begin{pmatrix} \frac{1}{3} \\ 1 \end{pmatrix}$ $(c_1 \neq 0)$．$\lambda = 3$ に対する固有ベクトルは $c_2 \begin{pmatrix} -3 \\ 1 \end{pmatrix}$ $(c_2 \neq 0)$．$P = \begin{pmatrix} \frac{1}{\sqrt{10}} & -\frac{3}{\sqrt{10}} \\ \frac{3}{\sqrt{10}} & \frac{1}{\sqrt{10}} \end{pmatrix}$ のとき，$P^{-1}AP = \begin{pmatrix} -7 & 0 \\ 0 & 3 \end{pmatrix}$.

(2) 固有値は $\lambda = 2, 3$．$\lambda = 2$ に対する固有ベクトルは $c_1 \begin{pmatrix} -1 \\ 1 \end{pmatrix}$ $(c_1 \neq 0)$．$\lambda = 3$ に対する固有ベクトルは $c_2 \begin{pmatrix} 1 \\ 1 \end{pmatrix}$ $(c_2 \neq 0)$．$P = \begin{pmatrix} -\frac{1}{\sqrt{2}} & \frac{1}{\sqrt{2}} \\ \frac{1}{\sqrt{2}} & \frac{1}{\sqrt{2}} \end{pmatrix}$ のとき，$P^{-1}AP = \begin{pmatrix} 2 & 0 \\ 0 & 3 \end{pmatrix}$.

問 5.24 (1) $P = \begin{pmatrix} \frac{1}{\sqrt{10}} & -\frac{3}{\sqrt{10}} \\ \frac{3}{\sqrt{10}} & \frac{1}{\sqrt{10}} \end{pmatrix}$，$\begin{pmatrix} x \\ y \end{pmatrix} = P \begin{pmatrix} u \\ v \end{pmatrix}$ のとき，$F = -7u^2 + 3v^2$.

(2) $P = \begin{pmatrix} -\frac{1}{\sqrt{2}} & \frac{1}{\sqrt{2}} \\ \frac{1}{\sqrt{2}} & \frac{1}{\sqrt{2}} \end{pmatrix}$，$\begin{pmatrix} x \\ y \end{pmatrix} = P \begin{pmatrix} u \\ v \end{pmatrix}$ のとき，$F = 2u^2 + 3v^2$.

問 5.25 (1) 固有値は $\lambda=-2, 2$．$\lambda=-2$ に対する固有ベクトルは $c_1\begin{pmatrix}\frac{1}{\sqrt{3}}\\1\end{pmatrix}$ $(c_1\neq 0)$．$\lambda=2$ に対する固有ベクトルは $c_2\begin{pmatrix}-\sqrt{3}\\1\end{pmatrix}$ $(c_2\neq 0)$．(2) $P=\begin{pmatrix}\frac{1}{2} & -\frac{\sqrt{3}}{2}\\ \frac{\sqrt{3}}{2} & \frac{1}{2}\end{pmatrix}$ のとき，$P^{-1}AP=\begin{pmatrix}-2 & 0\\0 & 2\end{pmatrix}$．(3) $F=-2u^2+2v^2$．(4) 図 1.

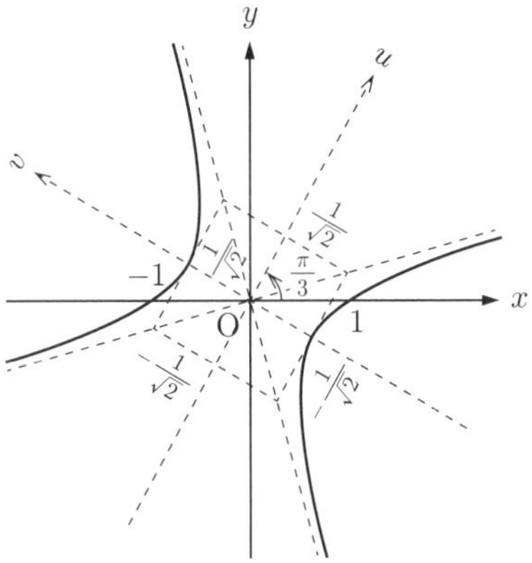

図 1

問 5.26 (1) $P=\begin{pmatrix}-\frac{1}{\sqrt{2}} & 0 & \frac{1}{\sqrt{2}}\\ 0 & 1 & 0\\ \frac{1}{\sqrt{2}} & 0 & \frac{1}{\sqrt{2}}\end{pmatrix}$, $\begin{pmatrix}x\\y\\z\end{pmatrix}=P\begin{pmatrix}u\\v\\w\end{pmatrix}$ のとき，$F=v^2+2w^2$.

(2) $P=\begin{pmatrix}-\frac{1}{\sqrt{2}} & -\frac{1}{\sqrt{6}} & \frac{1}{\sqrt{3}}\\ \frac{1}{\sqrt{2}} & -\frac{1}{\sqrt{6}} & \frac{1}{\sqrt{3}}\\ 0 & \frac{2}{\sqrt{6}} & \frac{1}{\sqrt{3}}\end{pmatrix}$, $\begin{pmatrix}x\\y\\z\end{pmatrix}=P\begin{pmatrix}u\\v\\w\end{pmatrix}$ のとき，$F=-u^2-v^2+2w^2$.

演習問題［A］

演 5.1 (1) -2 (2 重解), $-1, 4$. (2) $\frac{\pm 1\pm\sqrt{5}}{2}$（複号任意）．**演 5.2** 略.

演 5.3 $|A-\lambda E|=|B-\lambda E|$ なので，両辺の λ^{n-1} の係数を比較して，$(-1)^{n-1}\operatorname{tr}A=(-1)^{n-1}\operatorname{tr}B$. ゆえに，$\operatorname{tr}A=\operatorname{tr}B$（問 5.2，定理 5.4 参照）.

演 5.4 (1) 固有値は $\lambda=-1, 3$．$\lambda=-1$ に対する固有ベクトルは $c_1\begin{pmatrix}-\frac{1}{2}\\1\end{pmatrix}$ $(c_1\neq 0)$．$\lambda=3$ に対する固有ベクトルは $c_2\begin{pmatrix}\frac{1}{2}\\1\end{pmatrix}$ $(c_2\neq 0)$．(2) 固有値は $\lambda=1\pm\sqrt{3}$．$\lambda=1+\sqrt{3}$ に対する固有ベク

トルは $c_1\begin{pmatrix} -\frac{1}{\sqrt{3}} \\ 1 \end{pmatrix}$ $(c_1 \neq 0)$．$\lambda = 1-\sqrt{3}$ に対する固有ベクトルは $c_2\begin{pmatrix} \frac{1}{\sqrt{3}} \\ 1 \end{pmatrix}$ $(c_2 \neq 0)$．(3) 固有値は $\lambda = 1 \pm \sqrt{2}\mathrm{i}$．$\lambda = 1+\sqrt{2}\mathrm{i}$ に対する固有ベクトルは $c_1\begin{pmatrix} \frac{\mathrm{i}}{\sqrt{2}} \\ 1 \end{pmatrix}$ $(c_1 \neq 0)$．$\lambda = 1-\sqrt{2}\mathrm{i}$ に対する固有ベクトルは $c_2\begin{pmatrix} -\frac{\mathrm{i}}{\sqrt{2}} \\ 1 \end{pmatrix}$ $(c_2 \neq 0)$．(4) 固有値は $\lambda = -\mathrm{i}, 3\mathrm{i}$．$\lambda = -\mathrm{i}$ に対する固有ベクトルは $c_1\begin{pmatrix} \frac{\mathrm{i}}{\sqrt{2}} \\ 1 \end{pmatrix}$ $(c_1 \neq 0)$．$\lambda = 3\mathrm{i}$ に対する固有ベクトルは $c_2\begin{pmatrix} -\frac{\mathrm{i}}{\sqrt{2}} \\ 1 \end{pmatrix}$ $(c_2 \neq 0)$．

演 5.5 (1) 固有値は $\lambda = -2, 1, 2$．$\lambda = -2$ に対する固有ベクトルは $c_1\begin{pmatrix} -1 \\ 1 \\ 1 \end{pmatrix}$ $(c_1 \neq 0)$．$\lambda = 1$ に対する固有ベクトルは $c_2\begin{pmatrix} \frac{1}{2} \\ -\frac{1}{2} \\ 1 \end{pmatrix}$ $(c_2 \neq 0)$．$\lambda = 2$ に対する固有ベクトルは $c_3\begin{pmatrix} 1 \\ 1 \\ 1 \end{pmatrix}$ $(c_3 \neq 0)$．$P = \begin{pmatrix} -1 & \frac{1}{2} & 1 \\ 1 & -\frac{1}{2} & 1 \\ 1 & 1 & 1 \end{pmatrix}$ のとき，$P^{-1}AP = \begin{pmatrix} -2 & 0 & 0 \\ 0 & 1 & 0 \\ 0 & 0 & 2 \end{pmatrix}$．(2) 固有値は $\lambda = 1$，4（2 重解）．$\lambda = 1$ に対する固有ベクトルは $c_1\begin{pmatrix} 1 \\ 2 \\ 1 \end{pmatrix}$ $(c_1 \neq 0)$．$\lambda = 4$ に対する固有ベクトルは $c_2\begin{pmatrix} 1 \\ 1 \\ 0 \end{pmatrix} + c_3\begin{pmatrix} 0 \\ 0 \\ 1 \end{pmatrix}$ $((c_2, c_3) \neq (0, 0))$．$P = \begin{pmatrix} 1 & 1 & 0 \\ 2 & 1 & 0 \\ 1 & 0 & 1 \end{pmatrix}$ のとき，$P^{-1}AP = \begin{pmatrix} 1 & 0 & 0 \\ 0 & 4 & 0 \\ 0 & 0 & 4 \end{pmatrix}$．
(3) 固有値は $\lambda = 3$（2 重解），5．$\lambda = 3$ に対する固有ベクトルは $c_1\begin{pmatrix} \frac{2}{3} \\ \frac{1}{3} \\ 1 \end{pmatrix}$ $(c_1 \neq 0)$．$\lambda = 5$ に対する固有ベクトルは $c_2\begin{pmatrix} 0 \\ 1 \\ 1 \end{pmatrix}$ $(c_2 \neq 0)$．対角化可能でない．(4) 固有値は $\lambda = 1$（3 重解）．$\lambda = 1$ に対する固有ベクトルは $c\begin{pmatrix} -2 \\ 1 \\ 1 \end{pmatrix}$ $(c \neq 0)$．対角化可能でない．

演 5.6 (1) $P = \begin{pmatrix} -1 & 2 \\ 1 & 0 \end{pmatrix}$ のとき，$P^{-1}AP = \begin{pmatrix} 5 & 1 \\ 0 & 5 \end{pmatrix}$．(2) $\begin{pmatrix} 5^n - \frac{n\cdot 5^{n-1}}{2} & -\frac{n\cdot 5^{n-1}}{2} \\ \frac{n\cdot 5^{n-1}}{2} & 5^n + \frac{n\cdot 5^{n-1}}{2} \end{pmatrix}$．

演 5.7 (1) 図 2．(2) 図 3．

演習問題［B］

演 5.8 $A = \left(a_{ij}\right)$，$B = \left(b_{ij}\right)$ と書く．$\mathrm{tr}(AB) = \sum_{i=1}^{m}$（$AB$ の (i,i) 成分）$= \sum_{i=1}^{m}\sum_{k=1}^{n} a_{ik}b_{ki} =$

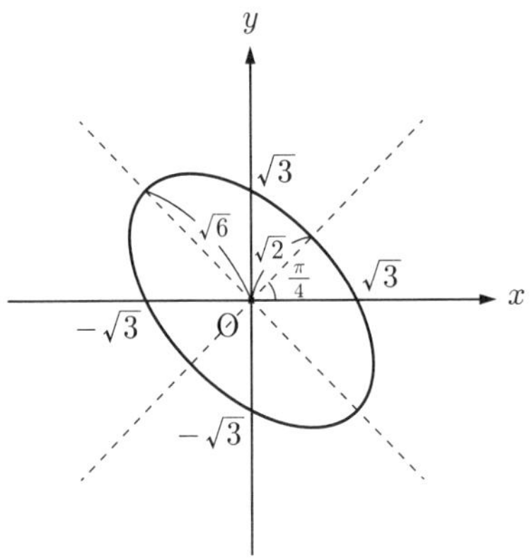

図 2

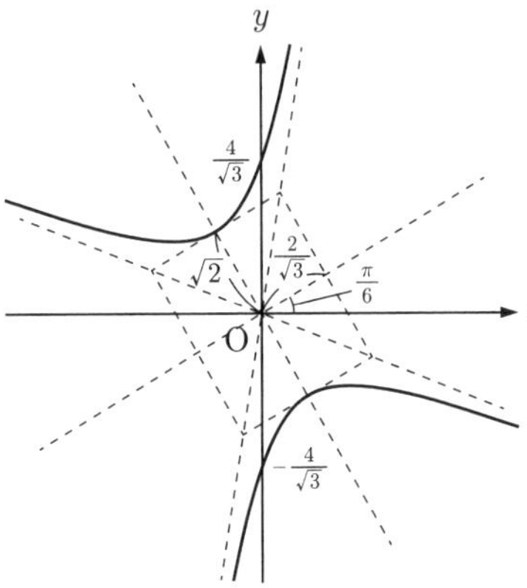

図 3

$$\sum_{k=1}^{n}\sum_{i=1}^{m} b_{ki}a_{ik} = \sum_{k=1}^{n}(BA\text{ の }(k,k)\text{ 成分}) = \mathrm{tr}(BA).$$

演 5.9 **(1)** → **(2)**．A のジョルダン標準形は次のふたつに分類される．

(i) 正則行列 P と $\alpha, \beta \in \mathbb{C}$ が存在して，$P^{-1}AP = \begin{pmatrix} \alpha & 0 \\ 0 & \beta \end{pmatrix}$.

(ii) 正則行列 P と $\alpha \in \mathbb{C}$ が存在して，$P^{-1}AP = \begin{pmatrix} \alpha & 1 \\ 0 & \alpha \end{pmatrix}$.

(i) のとき，$X = P\begin{pmatrix} \sqrt{\alpha} & 0 \\ 0 & \sqrt{\beta} \end{pmatrix}P^{-1}$ について[注1]，$X^2 = A$ であり，仮定に反する．(ii) のとき，$\alpha \neq 0$ ならば，$X = P\begin{pmatrix} \sqrt{\alpha} & \frac{1}{2\sqrt{\alpha}} \\ 0 & \sqrt{\alpha} \end{pmatrix}P^{-1}$ について，$X^2 = A$ であり，仮定に反する．ゆえに，起こり得るのは，(ii) で $\alpha = 0$ の場合であって，$P^{-1}AP = \begin{pmatrix} 0 & 1 \\ 0 & 0 \end{pmatrix}$.

(2) → **(3)**．仮定より，正則行列 P が存在して，$P^{-1}AP = \begin{pmatrix} 0 & 1 \\ 0 & 0 \end{pmatrix}$．$A = O$ ならば，左辺 $= P^{-1}OP = O$ を得て，矛盾．ゆえに，$A \neq O$．また，

$$A^2 = \left(P\begin{pmatrix} 0 & 1 \\ 0 & 0 \end{pmatrix}P^{-1}\right)^2 = P\begin{pmatrix} 0 & 1 \\ 0 & 0 \end{pmatrix}^2 P^{-1} = POP^{-1} = O.$$

(3) → **(1)**．仮に $X^2 = A$ をみたす X が存在するとする．X のジョルダン標準形は次のふたつに分類される．

注1 ここでは，複素数 z の平方根のひとつを $\sqrt{z}$ と書く．

(i) 正則行列 P と $\alpha, \beta \in \mathbb{C}$ が存在して，$P^{-1}XP = \begin{pmatrix} \alpha & 0 \\ 0 & \beta \end{pmatrix}$.

(ii) 正則行列 P と $\alpha \in \mathbb{C}$ が存在して，$P^{-1}XP = \begin{pmatrix} \alpha & 1 \\ 0 & \alpha \end{pmatrix}$.

いずれの場合も，$A^2 = O$ より，$\left(P^{-1}XP\right)^4 = P^{-1}X^4P = P^{-1}A^2P = P^{-1}OP = O$．一方，(i) のとき，$\left(P^{-1}XP\right)^4 = \begin{pmatrix} \alpha^4 & 0 \\ 0 & \beta^4 \end{pmatrix}$ であるから，$\alpha^4 = \beta^4 = 0$ を得て，$\alpha = \beta = 0$．ゆえに，$P^{-1}XP = O$．また，(ii) のとき，$\left(P^{-1}XP\right)^4 = \begin{pmatrix} \alpha^4 & 4\alpha^3 \\ 0 & \alpha^4 \end{pmatrix}$ であるから，$\alpha^4 = 4\alpha^3 = 0$ を得て，$\alpha = 0$．ゆえに，$P^{-1}XP = \begin{pmatrix} 0 & 1 \\ 0 & 0 \end{pmatrix}$．いずれの場合も $\left(P^{-1}XP\right)^2 = O$ であるから，$A = X^2 = P^{-1}\left(PX^2P^{-1}\right)P = P^{-1}\left(PXP^{-1}\right)^2 P = P^{-1}OP = O$．これは仮定に反する．したがって，$X^2 = A$ をみたす X は存在しない．

演 5.10 $\frac{1}{4}\left(|\boldsymbol{x}+\boldsymbol{y}|^2 - |\boldsymbol{x}-\boldsymbol{y}|^2\right) = \frac{1}{4}\left\{|\boldsymbol{x}|^2 + 2\boldsymbol{x}\cdot\boldsymbol{y} + |\boldsymbol{y}|^2 - \left(|\boldsymbol{x}|^2 - 2\boldsymbol{x}\cdot\boldsymbol{y} + |\boldsymbol{y}|^2\right)\right\} = \frac{1}{4}\left(4\boldsymbol{x}\cdot\boldsymbol{y}\right) = \boldsymbol{x}\cdot\boldsymbol{y}$.

演 5.11 (1) → (2)．$|P\boldsymbol{x}|^2 = (P\boldsymbol{x})\cdot(P\boldsymbol{x}) = {}^{\mathrm{t}}(P\boldsymbol{x})(P\boldsymbol{x}) = {}^{\mathrm{t}}\boldsymbol{x}\,{}^{\mathrm{t}}PP\boldsymbol{x} = {}^{\mathrm{t}}\boldsymbol{x}E\boldsymbol{x} = {}^{\mathrm{t}}\boldsymbol{x}\boldsymbol{x} = \boldsymbol{x}\cdot\boldsymbol{x} = |\boldsymbol{x}|^2$．ゆえに，$|P\boldsymbol{x}| = |\boldsymbol{x}|$．(2) → (3)．演 5.10 を用いて，$(P\boldsymbol{x})\cdot\left(P\boldsymbol{y}\right) = \frac{1}{4}\left(|P\boldsymbol{x}+P\boldsymbol{y}|^2 - |P\boldsymbol{x}-P\boldsymbol{y}|^2\right) = \frac{1}{4}\left(\left|P\left(\boldsymbol{x}+\boldsymbol{y}\right)\right|^2 - \left|P\left(\boldsymbol{x}-\boldsymbol{y}\right)\right|^2\right) = \frac{1}{4}\left(|\boldsymbol{x}+\boldsymbol{y}|^2 - |\boldsymbol{x}-\boldsymbol{y}|^2\right) = \boldsymbol{x}\cdot\boldsymbol{y}$．(3) → (1)．$P = \left(\boldsymbol{p}_1\ \boldsymbol{p}_2\ \cdots\ \boldsymbol{p}_n\right)$ と書くとき，${}^{\mathrm{t}}\boldsymbol{p}_i\boldsymbol{p}_j = {}^{\mathrm{t}}\left(P\boldsymbol{e}_i\right)\left(P\boldsymbol{e}_j\right) = \left(P\boldsymbol{e}_i\right)\cdot\left(P\boldsymbol{e}_j\right) = \boldsymbol{e}_i\cdot\boldsymbol{e}_j = \delta_{ij}$（$i, j = 1, 2, \ldots, n$）であるから，系 5.15 より，$P$ は直交行列である．

演 5.12 (1) $|P-E| = \left|P - {}^{\mathrm{t}}PP\right| = \left|\left(E - {}^{\mathrm{t}}P\right)P\right| = \left|E - {}^{\mathrm{t}}P\right||P| = \left|-{}^{\mathrm{t}}(P-E)\right|\cdot 1 = (-1)^n\left|{}^{\mathrm{t}}(P-E)\right| = -|P-E|$．ゆえに，$|P-E| = 0$ を得て，$\lambda = 1$ は固有方程式 $|P-\lambda E| = 0$ の解である．(2) 略．

演 5.13 (1) 固有値は $\lambda = -3, 3, 12$．$\lambda = -3$ に対する固有ベクトルは $c_1\begin{pmatrix} \frac{1}{2} \\ 0 \\ 1 \end{pmatrix}$（$c_1 \neq 0$）．$\lambda = 3$ に対する固有ベクトルは $c_2\begin{pmatrix} -2 \\ 2 \\ 1 \end{pmatrix}$（$c_2 \neq 0$）．$\lambda = 12$ に対する固有ベクトルは $c_3\begin{pmatrix} -2 \\ -\frac{5}{2} \\ 1 \end{pmatrix}$（$c_3 \neq 0$）．(2) $P = \begin{pmatrix} \frac{1}{\sqrt{5}} & -\frac{2}{3} & -\frac{4}{3\sqrt{5}} \\ 0 & \frac{2}{3} & -\frac{5}{3\sqrt{5}} \\ \frac{2}{\sqrt{5}} & \frac{1}{3} & \frac{2}{3\sqrt{5}} \end{pmatrix}$ のとき，$P^{-1}AP = \begin{pmatrix} -3 & 0 & 0 \\ 0 & 3 & 0 \\ 0 & 0 & 12 \end{pmatrix}$．(3) $\begin{pmatrix} x \\ y \\ z \end{pmatrix} = P\begin{pmatrix} u \\ v \\ w \end{pmatrix}$ のとき，$F = -3u^2 + 3v^2 + 12w^2$．(4) 最大値は 12，最小値は -3．［$x^2 + y^2 + z^2 = 1 \Leftrightarrow u^2 + v^2 + w^2 = 1$.］

第 6 章

問 6.1 略．

問 6.2 $f : \mathbb{R} \to \mathbb{R}$，$f(x) = x^2$，$A_1 = (-\infty, 0]$，$A_2 = [0, +\infty)$ のとき，$f(A_1 \cap A_2) = f(\{0\}) = \{0\}$，

$f(A_1)\cap f(A_2)=[0,+\infty)\cap[0,+\infty)=[0,+\infty)$ であり，$f(A_1\cap A_2)\neq f(A_1)\cap f(A_2)$.

問 6.3 任意の $x\in X$ に対し $\big(h\circ(g\circ f)\big)(x)=h\big((g\circ f)(x)\big)=h(g(f(x)))=\big(h\circ g\big)(f(x))=\big((h\circ g)\circ f\big)(x)$ なので，$h\circ(g\circ f)=(h\circ g)\circ f$.

問 6.4 (1) $x_1, x_2\in X$，$f(x_1)=f(x_2)$ とすると，$g(f(x_1))=g(f(x_2))$，すなわち，$(g\circ f)(x_1)=(g\circ f)(x_2)$．$g\circ f$ は単射なので $x_1=x_2$ を得て，f は単射である．(2) 任意の $y\in Y$ をとる．このとき，$g\circ f$ が全射なので $(g\circ f)(x)=y$ なる $x\in X$ が存在する．$f(x)\in Y$，$g(f(x))=y$ なので，g も全射である．

問 6.5 任意の $x\in X$ に対し $\big(f\circ\mathbb{1}_X\big)(x)=f(\mathbb{1}_X(x))=f(x)=\mathbb{1}_Y(f(x))=(\mathbb{1}_Y\circ f)(x)$ なので，$f\circ\mathbb{1}_X=f=\mathbb{1}_Y\circ f$.

問 6.6 **(1)** → **(2)**．f は全単射なので，逆写像 $f^{-1}: Y\to X$ が定まる．$g=f^{-1}$ とおく．任意の $x\in X$ をとり $f(x)=y$ とおくと，$(g\circ f)(x)=g(f(x))=g(y)=f^{-1}(y)=x$ を得て，$g\circ f=\mathbb{1}_X$．任意の $y\in Y$ をとり $g(y)=x$ とおくと，$f^{-1}(y)=x$ なので $f(x)=y$．ゆえに，$(f\circ g)(y)=f(g(y))=f(x)=y$ を得て，$f\circ g=\mathbb{1}_Y$．**(2)** → **(1)**．問 6.4 からわかる．

問 6.7 略．

問 6.8 (1) $\mathbf{0}, \mathbf{0}'$ を V の零ベクトルとするとき，(V1)，(V3) より，$\mathbf{0}=\mathbf{0}+\mathbf{0}'=\mathbf{0}'+\mathbf{0}=\mathbf{0}'$．(2) $\boldsymbol{a}', \boldsymbol{a}''\in V$ について，$\boldsymbol{a}+\boldsymbol{a}'=\mathbf{0}$，$\boldsymbol{a}+\boldsymbol{a}''=\mathbf{0}$ が成り立つとする．このとき，(V1)，(V3) より，$\boldsymbol{a}'=\boldsymbol{a}'+\mathbf{0}=\boldsymbol{a}'+(\boldsymbol{a}+\boldsymbol{a}'')=(\boldsymbol{a}'+\boldsymbol{a})+\boldsymbol{a}''=(\boldsymbol{a}+\boldsymbol{a}')+\boldsymbol{a}''=\mathbf{0}+\boldsymbol{a}''=\boldsymbol{a}''+\mathbf{0}=\boldsymbol{a}''$.

問 6.9 略．**問 6.10** 略．

問 6.11 $W\neq\emptyset$ なので，ひとつの $\boldsymbol{a}\in W$ をとる．このとき，$\mathbf{0}=0\boldsymbol{a}\in W$．**問 6.12** 略．

問 6.13 $N=A-\lambda E$ とおく．$N\mathbf{0}=\mathbf{0}$ なので，$\mathbf{0}\in W(\lambda)$．ゆえに，$W(\lambda)\neq\emptyset$．$\boldsymbol{a}, \boldsymbol{b}\in W(\lambda)$，$x, y\in\mathbb{C}$ とするとき，$k, \ell\in\mathbb{N}$ が存在して，$N^k\boldsymbol{a}=\mathbf{0}$，$N^\ell\boldsymbol{b}=\mathbf{0}$．そこで，$m=k+\ell$ とおけば，$N^m(x\boldsymbol{a}+y\boldsymbol{b})=xN^m\boldsymbol{a}+yN^m\boldsymbol{b}=xN^\ell N^k\boldsymbol{a}+yN^kN^\ell\boldsymbol{b}=xN^\ell\mathbf{0}+yN^k\mathbf{0}=\mathbf{0}+\mathbf{0}=\mathbf{0}$．ゆえに，$x\boldsymbol{a}+y\boldsymbol{b}\in W(\lambda)$ を得て，$W(\lambda)$ は $\mathbb{C}^n$ の部分空間である．

問 6.14 略．

問 6.15 $x_1\boldsymbol{a}_1+x_2\boldsymbol{a}_2+\cdots+x_p\boldsymbol{a}_p=y_1\boldsymbol{a}_1+y_2\boldsymbol{a}_2+\cdots+y_p\boldsymbol{a}_p\Leftrightarrow(x_1-y_1)\boldsymbol{a}_1+(x_2-y_2)\boldsymbol{a}_2+\cdots+(x_p-y_p)\boldsymbol{a}_p=\mathbf{0}\Leftrightarrow x_1-y_1=0,\ x_2-y_2=0,\ \ldots,\ x_p-y_p=0\Leftrightarrow x_1=y_1,\ x_2=y_2,\ \ldots,\ x_p=y_p$.

問 6.16 $\boldsymbol{a}_1, \boldsymbol{a}_2, \ldots, \boldsymbol{a}_p, \boldsymbol{a}_{p+1}$ は線形従属なので，$c_1\boldsymbol{a}_1+c_2\boldsymbol{a}_2+\cdots+c_p\boldsymbol{a}_p+c_{p+1}\boldsymbol{a}_{p+1}=\mathbf{0}$，$(c_1, c_2, \ldots, c_p, c_{p+1})\neq(0, 0, \ldots, 0, 0)$ をみたす $c_1, c_2, \ldots, c_p, c_{p+1}\in K$ が存在する．仮に $c_{p+1}=0$ とすると，$c_1\boldsymbol{a}_1+c_2\boldsymbol{a}_2+\cdots+c_p\boldsymbol{a}_p=\mathbf{0}$，$(c_1, c_2, \ldots, c_p)\neq(0, 0, \ldots, 0)$，を得て，$\boldsymbol{a}_1, \boldsymbol{a}_2, \ldots, \boldsymbol{a}_p$ が線形独立であることに反する．したがって，$c_{p+1}\neq 0$ であるから，$\boldsymbol{a}_{p+1}=\left(-\frac{c_1}{c_{p+1}}\right)\boldsymbol{a}_1+\left(-\frac{c_2}{c_{p+1}}\right)\boldsymbol{a}_2+\cdots+\left(-\frac{c_p}{c_{p+1}}\right)\boldsymbol{a}_p$.

問 6.17 略．

問 6.18 $\mathbf{0}\in W\cap W'$ なので，$\mathbf{0}=\mathbf{0}+\mathbf{0}\in W+W'$．ゆえに，$W+W'\neq\emptyset$．任意の $\boldsymbol{v}_1, \boldsymbol{v}_2\in W+W'$，$x_1, x_2\in K$ をとる．各 $k=1, 2$ に対して，$\boldsymbol{w}_k\in W$，$\boldsymbol{w}'_k\in W'$ が存在して，$\boldsymbol{v}_k=\boldsymbol{w}_k+\boldsymbol{w}'_k$．ゆえに，$x_1\boldsymbol{v}_1+x_2\boldsymbol{v}_2=x_1(\boldsymbol{w}_1+\boldsymbol{w}'_1)+x_2(\boldsymbol{w}_2+\boldsymbol{w}'_2)=(x_1\boldsymbol{w}_1+x_2\boldsymbol{w}_2)+(x_1\boldsymbol{w}'_1+x_2\boldsymbol{w}'_2)$．ここで，$x_1\boldsymbol{w}_1+x_2\boldsymbol{w}_2\in W$，$x_1\boldsymbol{w}'_1+x_2\boldsymbol{w}'_2\in W'$ であるから，$x_1\boldsymbol{v}_1+x_2\boldsymbol{v}_2\in W+W'$ を得て，$W+W'$ は V の部分空間である．

問 6.19 $\{\boldsymbol{v}_1, \boldsymbol{v}_2, \ldots, \boldsymbol{v}_n\}$ を V の基底とする．このとき，$\boldsymbol{v}_j\notin\langle\boldsymbol{a}_1, \boldsymbol{a}_2, \ldots, \boldsymbol{a}_p\rangle_K$ なるすべての $\boldsymbol{v}_j$ を $\boldsymbol{v}_{j_1}, \boldsymbol{v}_{j_2}, \ldots, \boldsymbol{v}_{j_q}$ として，$\boldsymbol{a}_{p+\ell}=\boldsymbol{v}_{j_\ell}$（$\ell=1, 2, \ldots, q$）とおけば，各 $j=1, 2, \ldots, n$ に対し $\boldsymbol{v}_j\in\langle\boldsymbol{a}_1, \boldsymbol{a}_2, \ldots, \boldsymbol{a}_p, \boldsymbol{a}_{p+1}, \ldots, \boldsymbol{a}_{p+q}\rangle_K$ なので，$V=\langle\boldsymbol{a}_1, \boldsymbol{a}_2, \ldots, \boldsymbol{a}_p, \boldsymbol{a}_{p+1}, \ldots, \boldsymbol{a}_{p+q}\rangle_K$．そこで，$\boldsymbol{a}_1, \boldsymbol{a}_2, \ldots, \boldsymbol{a}_p, \boldsymbol{a}_{p+1}, \ldots, \boldsymbol{a}_{p+q}$ のうち線形独立なベクトルの個数の最大値を r とすれば，

定理 6.2 より，$k_1, k_2, \ldots, k_r \in \{1, 2, \ldots, p, p+1, \ldots, p+q\}$ が存在して，$\left\{\boldsymbol{a}_{k_1}, \boldsymbol{a}_{k_2}, \ldots, \boldsymbol{a}_{k_r}\right\}$ も V の基底である．$\boldsymbol{a}_1, \boldsymbol{a}_2, \ldots, \boldsymbol{a}_p$ は線形独立なので，$p \leqq r$．一方，定理 6.1 より，$r = n$．したがって，$p \leqq n = \dim V$．

問 6.20 V の線形独立なベクトルの個数の最大値を n として，線形独立な $\boldsymbol{a}_1, \boldsymbol{a}_2, \ldots, \boldsymbol{a}_n \in V$ をとる．このとき，任意の $\boldsymbol{x} \in V$ に対し $\boldsymbol{a}_1, \boldsymbol{a}_2, \ldots, \boldsymbol{a}_n, \boldsymbol{x}$ は線形従属であるから，問 6.16 より，$\boldsymbol{x}$ は $\boldsymbol{a}_1, \boldsymbol{a}_2, \ldots, \boldsymbol{a}_n$ の線形結合である．ゆえに，$V = \langle \boldsymbol{a}_1, \boldsymbol{a}_2, \ldots, \boldsymbol{a}_n \rangle_K$ を得て，$\{\boldsymbol{a}_1, \boldsymbol{a}_2, \ldots, \boldsymbol{a}_n\}$ は V の基底である．よって，$\dim V = n$.

問 6.21 (1) 線形独立な p 個のベクトル $\boldsymbol{a}_1, \boldsymbol{a}_2, \ldots, \boldsymbol{a}_p \in W$ をとる．問 6.19 より，$\dim V$ は V の線形独立なベクトルの個数の最大値であり，$W \subset V$ なので，$p \leqq \dim V$．ゆえに，p の最大値 r が存在し，$r \leqq \dim V$ を得て，問 6.20 より，$\dim W = r$．したがって，$\dim W \leqq \dim V$．(2) (→) $\dim V = n$ とする．$\dim W = \dim V = n$ より，W の基底 $\{\boldsymbol{a}_1, \boldsymbol{a}_2, \ldots, \boldsymbol{a}_n\}$ が存在する．任意の $\boldsymbol{x} \in V$ をとる．問 6.19 より，V の線形独立なベクトルの個数の最大値は n であるから，$n+1$ 個のベクトル $\boldsymbol{a}_1, \boldsymbol{a}_2, \ldots, \boldsymbol{a}_n, \boldsymbol{x}$ は線形従属である．ゆえに，問 6.16 より，$\boldsymbol{x} \in W$ を得て，$V = W$ が示された．(←) 証明すべきことはない．

問 6.22 $\dim(W \cap W') = p$ とおき，$W \cap W'$ の基底 $\{\boldsymbol{a}_1, \boldsymbol{a}_2, \ldots, \boldsymbol{a}_p\}$ をとる．さらに，$\dim W = q$，$\dim W' = r$ とおくとき，定理 6.4 より，$\{\boldsymbol{a}_1, \boldsymbol{a}_2, \ldots, \boldsymbol{a}_p, \boldsymbol{b}_1, \boldsymbol{b}_2, \ldots, \boldsymbol{b}_{q-p}\}$ が W の基底，$\{\boldsymbol{a}_1, \boldsymbol{a}_2, \ldots, \boldsymbol{a}_p, \boldsymbol{c}_1, \boldsymbol{c}_2, \ldots, \boldsymbol{c}_{r-p}\}$ が W' の基底であるような $\boldsymbol{b}_1, \boldsymbol{b}_2, \ldots, \boldsymbol{b}_{q-p} \in W$，$\boldsymbol{c}_1, \boldsymbol{c}_2, \ldots, \boldsymbol{c}_{r-p} \in W'$ が存在する．このとき，$W + W'$ は $\boldsymbol{a}_1, \boldsymbol{a}_2, \ldots, \boldsymbol{a}_p, \boldsymbol{b}_1, \boldsymbol{b}_2, \ldots, \boldsymbol{b}_{q-p}, \boldsymbol{c}_1, \boldsymbol{c}_2, \ldots, \boldsymbol{c}_{r-p}$ によって生成される．いま，$x_1, x_2, \ldots, x_p, y_1, y_2, \ldots, y_{q-p}, z_1, z_2, \ldots, z_{r-p} \in K$ として，線形結合

$$x_1\boldsymbol{a}_1 + x_2\boldsymbol{a}_2 + \cdots + x_p\boldsymbol{a}_p + y_1\boldsymbol{b}_1 + y_2\boldsymbol{b}_2 + \cdots + y_{q-p}\boldsymbol{b}_{q-p} + z_1\boldsymbol{c}_1 + z_2\boldsymbol{c}_2 + \cdots + z_{r-p}\boldsymbol{c}_{r-p} = \boldsymbol{0}$$

を考えるとき，等式

$$x_1\boldsymbol{a}_1 + x_2\boldsymbol{a}_2 + \cdots + x_p\boldsymbol{a}_p + y_1\boldsymbol{b}_1 + y_2\boldsymbol{b}_2 + \cdots + y_{q-p}\boldsymbol{b}_{q-p} = -z_1\boldsymbol{c}_1 - z_2\boldsymbol{c}_2 - \cdots - z_{r-p}\boldsymbol{c}_{r-p}$$

を得て，左辺は W に属し，右辺は W' に属するので，これらは $W \cap W'$ に属する．右辺が $W \cap W'$ に属することから，右辺は $\boldsymbol{a}_1, \boldsymbol{a}_2, \ldots, \boldsymbol{a}_p$ の線形結合で書けることになるが，$\boldsymbol{a}_1, \boldsymbol{a}_2, \ldots, \boldsymbol{a}_p, \boldsymbol{c}_1, \boldsymbol{c}_2, \ldots, \boldsymbol{c}_{r-p}$ は線形独立なので，$z_1 = z_2 = \cdots = z_{r-p} = 0$．すると，左辺が $\boldsymbol{0}$ となるので，$x_1 = x_2 = \cdots = x_p = y_1 = y_2 = \cdots = y_{q-p} = 0$ を得て，$\boldsymbol{a}_1, \boldsymbol{a}_2, \ldots, \boldsymbol{a}_p, \boldsymbol{b}_1, \boldsymbol{b}_2, \ldots, \boldsymbol{b}_{q-p}, \boldsymbol{c}_1, \boldsymbol{c}_2, \ldots, \boldsymbol{c}_{r-p}$ が線形独立であることが示された．したがって，$\{\boldsymbol{a}_1, \boldsymbol{a}_2, \ldots, \boldsymbol{a}_p, \boldsymbol{b}_1, \boldsymbol{b}_2, \ldots, \boldsymbol{b}_{q-p}, \boldsymbol{c}_1, \boldsymbol{c}_2, \ldots, \boldsymbol{c}_{r-p}\}$ は $W + W'$ の基底であり，

$$\dim(W + W') = p + (q-p) + (r-p) = q + r - p = \dim W + \dim W' - \dim(W \cap W').$$

問 6.23 略．**問 6.24** $f(\boldsymbol{0}) = f(0\boldsymbol{0}) = 0f(\boldsymbol{0}) = \boldsymbol{0}$（問 6.10 (3) 参照）．**問 6.25** 略．

問 6.26 $A = (\boldsymbol{a}_1\ \boldsymbol{a}_2\ \cdots\ \boldsymbol{a}_n)$ と書けば，$f(\boldsymbol{e}_j) = A\boldsymbol{e}_j = \displaystyle\sum_{k=1}^{n} \boldsymbol{a}_k \delta_{kj} = \boldsymbol{a}_j$（$j = 1, 2, \ldots, n$）.

問 6.27 $\begin{pmatrix} \frac{7}{3} & \frac{1}{3} \\ \frac{4}{3} & -\frac{5}{3} \end{pmatrix}$．**問 6.28** $\begin{pmatrix} 12 & -7 \\ 4 & -2 \\ -4 & 3 \end{pmatrix}$．**問 6.29** 略．

問 6.30 任意の $\boldsymbol{x} \in K^p$ に対して，$(f \circ g)(\boldsymbol{x}) = f(g(\boldsymbol{x})) = f(B\boldsymbol{x}) = A(B\boldsymbol{x}) = (AB)\boldsymbol{x}$.

問 6.31 (1) → (2)．問 6.6 より f は全単射である．(2) → (1)．f は全単射なので，$g = f^{-1}$ とおけば，$f \circ g = 1_V$，$g \circ f = 1_U$．$\boldsymbol{v}_1, \boldsymbol{v}_2 \in V$，$c_1, c_2 \in K$ のとき，$\boldsymbol{u}_1 = g(\boldsymbol{v}_1)$，$\boldsymbol{u}_2 = g(\boldsymbol{v}_2)$ とおけば，

$g(c_1\boldsymbol{v}_1+c_2\boldsymbol{v}_2)=g(c_1f(\boldsymbol{u}_1)+c_2f(\boldsymbol{u}_2))=g(f(c_1\boldsymbol{u}_1+c_2\boldsymbol{u}_2))=c_1\boldsymbol{u}_1+c_2\boldsymbol{u}_2=c_1g(\boldsymbol{v}_1)+c_2g(\boldsymbol{v}_2)$. ゆえに，$g$ は線形である．

問 6.32 略．

問 6.33 **(1)** → **(2)**．同型写像 $f:U\to V$ が存在する．$\dim U=n$ とし，$\{\boldsymbol{u}_1,\boldsymbol{u}_2,\dots,\boldsymbol{u}_n\}$ を U の基底とすれば，$\{f(\boldsymbol{u}_1),f(\boldsymbol{u}_2),\dots,f(\boldsymbol{u}_n)\}$ は V の基底である．ゆえに，$\dim V=n=\dim U$．**(2)** → **(1)**．$\dim U=\dim V=n$ として，$\{\boldsymbol{u}_1,\boldsymbol{u}_2,\dots,\boldsymbol{u}_n\}$，$\{\boldsymbol{v}_1,\boldsymbol{v}_2,\dots,\boldsymbol{v}_n\}$ をそれぞれ U,V の基底とする．このとき，写像 $f:U\to V$，$f(\sum_{k=1}^{n}x_k\boldsymbol{u}_k)=\sum_{k=1}^{n}x_k\boldsymbol{v}_k$，は同型である．

問 6.34 **(1)** → **(2)**．$\boldsymbol{u}\in\operatorname{Ker}f$ とすれば，$f(\boldsymbol{u})=\boldsymbol{0}=f(\boldsymbol{0})$．$f$ は単射なので，$\boldsymbol{u}=\boldsymbol{0}$．ゆえに，$\operatorname{Ker}f\subset\{\boldsymbol{0}\}$．逆に，$f(\boldsymbol{0})=\boldsymbol{0}$ より，$\{\boldsymbol{0}\}\subset\operatorname{Ker}f$．よって，$\operatorname{Ker}f=\{\boldsymbol{0}\}$．**(2)** → **(1)**．$\boldsymbol{u}_1,\boldsymbol{u}_2\in U$，$f(\boldsymbol{u}_1)=f(\boldsymbol{u}_2)$ とする．このとき，$f(\boldsymbol{u}_1-\boldsymbol{u}_2)=f(\boldsymbol{u}_1)-f(\boldsymbol{u}_2)=\boldsymbol{0}$ であるから，$\boldsymbol{u}_1-\boldsymbol{u}_2\in\operatorname{Ker}f=\{\boldsymbol{0}\}$．ゆえに，$\boldsymbol{u}_1-\boldsymbol{u}_2=\boldsymbol{0}$ を得て，$\boldsymbol{u}_1=\boldsymbol{u}_2$．したがって，$f$ は単射である．

問 6.35 **(1)** → **(2)**．定理 6.8 より，$\dim\operatorname{Ker}f=n-\dim\operatorname{Im}f=n-\dim K^n=n-n=0$ であるから，$\operatorname{Ker}f=\{\boldsymbol{0}\}$．ゆえに，問 6.34 より，$f$ は単射である．**(2)** → **(3)**．問 6.34 より，$\operatorname{Ker}f=\{\boldsymbol{0}\}$．定理 6.8 より，$\dim\operatorname{Im}f=n-\dim\operatorname{Ker}f=n-0=n$ なので，問 6.21 (2) より，$\operatorname{Im}f=K^n$ を得て，f は全射である．したがって，f が単射であることとあわせて，f は全単射であり，問 6.31 より，f は同型である．**(3)** → **(1)**．証明すべきことはない．

問 6.36 略．**問 6.37** 略．

問 6.38 問 6.36 より，有限個の基本行列 $P_1,P_2,\dots,P_N$ が存在して，$P_N\cdots P_2P_1A=B$ と書ける．$P=P_N\cdots P_2P_1$ とおくとき，$PA=B$ であり，問 6.37 より，$P_1,P_2,\dots,P_N$ は正則なので，P も正則である．

問 6.39 略．**問 6.40** (1) $\{\boldsymbol{a}_1,\boldsymbol{a}_2,\boldsymbol{a}_3\}$．(2) 3．

問 6.41 (1) $\left\{\begin{pmatrix}0\\-1\\1\end{pmatrix}\right\}$．(2) $\left\{\begin{pmatrix}-1\\1\\0\end{pmatrix},\begin{pmatrix}-2\\0\\1\end{pmatrix}\right\}$．

問 6.42 (1) $\begin{pmatrix}1&0&-1&0\\0&1&1&2\\0&0&0&0\end{pmatrix}$，$\operatorname{rank}A=2$．(2) $\left\{\begin{pmatrix}1\\0\\1\end{pmatrix},\begin{pmatrix}1\\1\\2\end{pmatrix}\right\}$，$\dim\operatorname{Im}f=2$．

(3) $\left\{\begin{pmatrix}1\\-1\\1\\0\end{pmatrix},\begin{pmatrix}0\\-2\\0\\1\end{pmatrix}\right\}$，$\dim\operatorname{Ker}f=2$．

問 6.43 $\sum_{k=1}^{r}x_k\boldsymbol{a}_k=\boldsymbol{0}$，$x_1,x_2,\dots,x_r\in K$，とする．このとき，$\left(\sum_{k=1}^{r}x_k\boldsymbol{a}_k,\boldsymbol{a}_j\right)=\left(\boldsymbol{0},\boldsymbol{a}_j\right)=0$．一方，$\left(\sum_{k=1}^{r}x_k\boldsymbol{a}_k,\boldsymbol{a}_j\right)=\sum_{k=1}^{r}x_k\left(\boldsymbol{a}_k,\boldsymbol{a}_j\right)=\sum_{k=1}^{r}x_k\delta_{kj}=x_j$ であるから，$x_j=0$（$j=1,2,\dots,r$）．よって，$\boldsymbol{a}_1,\boldsymbol{a}_2,\dots,\boldsymbol{a}_r$ は線形独立である．

問 6.44 略．**問 6.45** $\left\{\begin{pmatrix}\frac{1}{\sqrt{2}}\\0\\\frac{1}{\sqrt{2}}\end{pmatrix},\begin{pmatrix}\frac{1}{\sqrt{6}}\\\frac{2}{\sqrt{6}}\\-\frac{1}{\sqrt{6}}\end{pmatrix},\begin{pmatrix}-\frac{1}{\sqrt{3}}\\\frac{1}{\sqrt{3}}\\\frac{1}{\sqrt{3}}\end{pmatrix}\right\}$．

問 6.46 $|\boldsymbol{p}_1|=1$，$(\boldsymbol{p}_1,\boldsymbol{q}_2)=0$ なので，$|\boldsymbol{a}_2|^2=\left|(\boldsymbol{a}_2,\boldsymbol{p}_1)\boldsymbol{p}_1+\boldsymbol{q}_2\right|^2=\left|(\boldsymbol{a}_2,\boldsymbol{p}_1)\boldsymbol{p}_1\right|^2+|\boldsymbol{q}_2|^2=$

$\left|\left(\boldsymbol{a}_2,\ \frac{\boldsymbol{a}_1}{|\boldsymbol{a}_1|}\right)\right|^2 |\boldsymbol{p}_1|^2 + |\boldsymbol{q}_2|^2 = \frac{|(\boldsymbol{a}_1, \boldsymbol{a}_2)|^2}{|\boldsymbol{a}_1|^2} + |\boldsymbol{q}_2|^2$.

問 6.47 (1) $\boldsymbol{a}_1 = \boldsymbol{0}$ のときは明らか．$\boldsymbol{a}_1 \neq \boldsymbol{0}$ のとき，問 6.46 より，$|(\boldsymbol{a}_1, \boldsymbol{a}_2)|^2 = |\boldsymbol{a}_1|^2 |\boldsymbol{a}_2|^2 - |\boldsymbol{a}_1|^2 |\boldsymbol{q}_2|^2 \leqq |\boldsymbol{a}_1|^2 |\boldsymbol{a}_2|^2$．ゆえに，$|(\boldsymbol{a}_1, \boldsymbol{a}_2)| \leqq |\boldsymbol{a}_1||\boldsymbol{a}_2|$．(2) $\mathrm{Re}(\boldsymbol{a}_1, \boldsymbol{a}_2) \leqq |(\boldsymbol{a}_1, \boldsymbol{a}_2)| \leqq |\boldsymbol{a}_1||\boldsymbol{a}_2|$ なので，$(|\boldsymbol{a}_1| + |\boldsymbol{a}_2|)^2 - |\boldsymbol{a}_1 + \boldsymbol{a}_2|^2 = |\boldsymbol{a}_1|^2 + 2|\boldsymbol{a}_1||\boldsymbol{a}_2| + |\boldsymbol{a}_2|^2 - \left(|\boldsymbol{a}_1|^2 + 2\,\mathrm{Re}(\boldsymbol{a}_1, \boldsymbol{a}_2) + |\boldsymbol{a}_2|^2\right) = 2(|\boldsymbol{a}_1||\boldsymbol{a}_2| - \mathrm{Re}(\boldsymbol{a}_1, \boldsymbol{a}_2)) \geqq 0$.

問 6.48 (1) $\frac{2\pi}{3}$．(2) $\frac{\pi}{4}$．

問 6.49 演 5.12 (1) より，1 は P の固有値なので，$P\boldsymbol{c} = \boldsymbol{c}$ をみたす $\mathbb{R}^3$ の単位ベクトル $\boldsymbol{c}$ が存在する．定理 6.4，6.12 より，$\{\boldsymbol{a}, \boldsymbol{b}, \boldsymbol{c}\}$ が $\mathbb{R}^3$ の正規直交基底であるような単位ベクトル $\boldsymbol{a}, \boldsymbol{b} \in \mathbb{R}^3$ が存在する．必要ならば，$\boldsymbol{a}$ と $\boldsymbol{b}$ を交換して，$\det(\boldsymbol{a}\ \boldsymbol{b}\ \boldsymbol{c}) = 1$ としてよい．$(\boldsymbol{a}\ \boldsymbol{b}\ \boldsymbol{c})^{-1} P (\boldsymbol{a}\ \boldsymbol{b}\ \boldsymbol{c}) = Q = \left(\boldsymbol{q}_1\ \boldsymbol{q}_2\ \boldsymbol{q}_3\right) = \left(q_{ij}\right)$ と書くとき，等式 $P(\boldsymbol{a}\ \boldsymbol{b}\ \boldsymbol{c}) = (\boldsymbol{a}\ \boldsymbol{b}\ \boldsymbol{c})Q$ の第 3 列を比較して，$\boldsymbol{c} = q_{13}\boldsymbol{a} + q_{23}\boldsymbol{b} + q_{33}\boldsymbol{c}$．ゆえに，$q_{13} = q_{23} = 0$，$q_{33} = 1$．系 5.15 より $(\boldsymbol{a}\ \boldsymbol{b}\ \boldsymbol{c})$ は直交行列であるから，Q も直交行列である（確かめよ）．ゆえに，$\boldsymbol{q}_1 \cdot \boldsymbol{q}_3 = \boldsymbol{q}_2 \cdot \boldsymbol{q}_3 = 0$ より $q_{31} = q_{32} = 0$ を得て，$Q = \begin{pmatrix} q_{11} & q_{12} & 0 \\ q_{21} & q_{22} & 0 \\ 0 & 0 & 1 \end{pmatrix}$．さらに，$\begin{pmatrix} q_{11} & q_{12} \\ q_{21} & q_{22} \end{pmatrix}$ は直交行列であり，$\begin{vmatrix} q_{11} & q_{12} \\ q_{21} & q_{22} \end{vmatrix} = 1$（確かめよ）．したがって，問 5.19 より求める表示を得る．

演習問題［A］

演 6.1 (1) $\begin{pmatrix} -1 & 1 & 12 \\ -12 & -5 & 11 \\ -5 & 2 & 18 \end{pmatrix}$．(2) $\begin{pmatrix} 4 & -5 & 5 \\ 8 & -6 & 1 \\ 13 & -24 & 14 \end{pmatrix}$．**演 6.2** $\begin{pmatrix} -\frac{1}{2} & 1 \\ -\frac{5}{2} & 4 \\ -\frac{19}{2} & 19 \end{pmatrix}$．

演 6.3 $\mathrm{Im}\, f$ の基底は $\left\{\begin{pmatrix} 2 \\ 1 \\ 1 \end{pmatrix}, \begin{pmatrix} -1 \\ 3 \\ 0 \end{pmatrix}\right\}$，$\mathrm{Ker}\, f$ の基底は $\left\{\begin{pmatrix} -1 \\ -1 \\ 1 \\ 0 \\ 0 \end{pmatrix}, \begin{pmatrix} -2 \\ 1 \\ 0 \\ 1 \\ 0 \end{pmatrix}, \begin{pmatrix} -3 \\ -2 \\ 0 \\ 0 \\ 1 \end{pmatrix}\right\}$．

演 6.4 $\mathrm{Im}\, f$ の基底は $\left\{\begin{pmatrix} 0 \\ 3 \\ 1 \\ 3 \end{pmatrix}, \begin{pmatrix} 2 \\ 1 \\ 3 \\ 5 \end{pmatrix}, \begin{pmatrix} 3 \\ 1 \\ 4 \\ 7 \end{pmatrix}\right\}$，$\mathrm{Ker}\, f$ の基底は $\left\{\begin{pmatrix} \frac{1}{2} \\ -\frac{1}{2} \\ 1 \\ 0 \end{pmatrix}\right\}$．

演 6.5 $\left\{\begin{pmatrix} \frac{1}{\sqrt{2}} \\ \frac{1}{\sqrt{2}} \\ 0 \\ 0 \end{pmatrix}, \begin{pmatrix} \frac{1}{\sqrt{6}} \\ -\frac{1}{\sqrt{6}} \\ \frac{2}{\sqrt{6}} \\ 0 \end{pmatrix}, \begin{pmatrix} \frac{1}{2\sqrt{3}} \\ -\frac{1}{2\sqrt{3}} \\ -\frac{1}{2\sqrt{3}} \\ \frac{3}{2\sqrt{3}} \end{pmatrix}, \begin{pmatrix} -\frac{1}{2} \\ \frac{1}{2} \\ \frac{1}{2} \\ \frac{1}{2} \end{pmatrix}\right\}$．

演習問題［B］

演 6.6 任意の $k \in \mathbb{N}$ に対して，関数 $I \to \mathbb{R}$，$x \mapsto x^k$，は I で連続である．任意の $n \in \mathbb{N}$ をとり，$c_1, c_2, \ldots, c_n \in \mathbb{R}$ について，$c_1 \cdot 1 + c_2 x + c_3 x^2 + \cdots + c_n x^{n-1} = 0$（$x \in I$）が成り立つとする．相

異なる $x_1, x_2, \ldots, x_n \in I$ を代入して,

$$\begin{cases} c_1 + c_2x_1 + c_3{x_1}^2 + \cdots + c_n{x_1}^{n-1} = 0 \\ c_1 + c_2x_2 + c_3{x_2}^2 + \cdots + c_n{x_2}^{n-1} = 0 \\ \qquad \vdots \\ c_1 + c_2x_n + c_3{x_n}^2 + \cdots + c_n{x_n}^{n-1} = 0\,. \end{cases}$$

演 3.7 より, $\begin{vmatrix} 1 & x_1 & {x_1}^2 & \cdots & {x_1}^{n-1} \\ 1 & x_2 & {x_2}^2 & \cdots & {x_2}^{n-1} \\ \vdots & \vdots & \vdots & & \vdots \\ 1 & x_n & {x_n}^2 & \cdots & {x_n}^{n-1} \end{vmatrix} \neq 0$ であるから, $c_1 = c_2 = c_3 = \cdots = c_n = 0$ を得て, n 個の関数 $1, x, x^2, \ldots, x^{n-1}$ は線形独立である. いま n は任意なので, 線形空間 $C(I)$ の線形独立なベクトルの個数の最大値は存在しないことが示された. したがって, $C(I)$ は無限次元である.

演 6.7 (1) $T \neq \emptyset$ より, $f(T) \neq \emptyset$. 任意の $\boldsymbol{v}_1, \boldsymbol{v}_2 \in f(T)$, $x_1, x_2 \in K$ をとる. このとき, $\boldsymbol{u}_1, \boldsymbol{u}_2 \in T$ が存在して, $\boldsymbol{v}_1 = f(\boldsymbol{u}_1)$, $\boldsymbol{v}_2 = f(\boldsymbol{u}_2)$ と書ける. $x_1\boldsymbol{u}_1 + x_2\boldsymbol{u}_2 \in T$ より, $x_1\boldsymbol{v}_1 + x_2\boldsymbol{v}_2 = x_1f(\boldsymbol{u}_1) + x_2f(\boldsymbol{u}_2) = f(x_1\boldsymbol{u}_1 + x_2\boldsymbol{u}_2) \in f(T)$. ゆえに, $f(T)$ は V の部分空間である. (2) $f(\boldsymbol{0}) = \boldsymbol{0} \in W$ より, $\boldsymbol{0} \in f^{-1}(W)$. ゆえに, $f^{-1}(W) \neq \emptyset$. 任意の $\boldsymbol{u}_1, \boldsymbol{u}_2 \in f^{-1}(W)$, $x_1, x_2 \in K$ をとる. このとき, $f(\boldsymbol{u}_1), f(\boldsymbol{u}_2) \in W$ なので, $f(x_1\boldsymbol{u}_1 + x_2\boldsymbol{u}_2) = x_1f(\boldsymbol{u}_1) + x_2f(\boldsymbol{u}_2) \in W$. ゆえに, $x_1\boldsymbol{u}_1 + x_2\boldsymbol{u}_2 \in f^{-1}(W)$ を得て, $f^{-1}(W)$ は U の部分空間である.

演 6.8 任意の $\boldsymbol{v} \in V$ をとる. $f(\boldsymbol{v}) \in \operatorname{Im} f$ より, $s_1, s_2, \ldots, s_p \in K$ が存在して, $f(\boldsymbol{v}) = s_1\boldsymbol{a}_1 + s_2\boldsymbol{a}_2 + \cdots + s_p\boldsymbol{a}_p$. 一方, $f(\boldsymbol{v} - f(\boldsymbol{v})) = f(\boldsymbol{v}) - (f \circ f)(\boldsymbol{v}) = f(\boldsymbol{v}) - f(\boldsymbol{v}) = \boldsymbol{0}$ であるから, $\boldsymbol{v} - f(\boldsymbol{v}) \in \operatorname{Ker} f$. ゆえに, $t_1, t_2, \ldots, t_q \in K$ が存在して, $\boldsymbol{v} - f(\boldsymbol{v}) = t_1\boldsymbol{b}_1 + t_2\boldsymbol{b}_2 + \cdots + t_q\boldsymbol{b}_q$. よって, $\boldsymbol{v} = f(\boldsymbol{v}) + (\boldsymbol{v} - f(\boldsymbol{v})) = s_1\boldsymbol{a}_1 + s_2\boldsymbol{a}_2 + \cdots + s_p\boldsymbol{a}_p + t_1\boldsymbol{b}_1 + t_2\boldsymbol{b}_2 + \cdots + t_q\boldsymbol{b}_q$ を得て, $V = \langle \boldsymbol{a}_1, \boldsymbol{a}_2, \ldots, \boldsymbol{a}_p, \boldsymbol{b}_1, \boldsymbol{b}_2, \ldots, \boldsymbol{b}_q \rangle_K$. 定理 6.8 より, $p + q = \dim V$ であるから, $\langle \boldsymbol{a}_1, \boldsymbol{a}_2, \ldots, \boldsymbol{a}_p, \boldsymbol{b}_1, \boldsymbol{b}_2, \ldots, \boldsymbol{b}_q \rangle_K$ は V の基底である.

演 6.9 任意の行列 M に対し M の表す線形写像を f_M と書く. $f_{PAQ} = f_P \circ f_A \circ f_Q$, $\operatorname{Im} f_Q = K^n$, $\operatorname{Im} f_A \cong f_P(\operatorname{Im} f_A)$ なので, $\operatorname{rank}(PAQ) = \dim \operatorname{Im}(f_P \circ f_A \circ f_Q) = \dim f_P(f_A(f_Q(K^n))) = \dim f_P(f_A(K^n)) = \dim f_A(K_n) = \operatorname{rank} A$.

演 6.10 行列 ${}^{\mathrm{t}}A$ に対し有限回の行基本変形を繰り返して行列 ${}^{\mathrm{t}}B$ が得られるので, 問 6.38 より, n 次正方行列 P が存在して, $P\,{}^{\mathrm{t}}A = {}^{\mathrm{t}}B$. 両辺の転置行列をとり, $Q = {}^{\mathrm{t}}P$ とおけば, $AQ = B$.

演 6.11 (1) → (2). $\operatorname{rank} A = r$ なので, 行列 A に対し有限回の列の交換を行うことにより, 第 1 列から第 r 列までは線形独立であり, 第 $r+1$ 列から第 n 列まではいずれも第 1 列から第 r 列までの線形結合であるようにできる. さらに, 各 $j = r+1, r+2, \ldots, n$ について, 第 j 列から第 1 列の定数倍, 第 2 列の定数倍, …, 第 r 列の定数倍を引くという操作を繰り返すことにより, 行列 $B = (\boldsymbol{b}_1\ \boldsymbol{b}_2\ \cdots\ \boldsymbol{b}_r\ \boldsymbol{0}\ \boldsymbol{0}\ \cdots\ \boldsymbol{0})$ を得て, $\boldsymbol{b}_1, \boldsymbol{b}_2, \ldots, \boldsymbol{b}_r$ は線形独立である. このとき, 演 6.10 より, 正則な n 次正方行列 Q が存在して, $AQ = B$. 一方, 定理 6.4 より, $\boldsymbol{c}_1, \boldsymbol{c}_2, \ldots, \boldsymbol{c}_{m-r} \in K^m$ が存在して, $\{\boldsymbol{b}_1, \boldsymbol{b}_2, \cdots, \boldsymbol{b}_r, \boldsymbol{c}_1, \boldsymbol{c}_2, \ldots, \boldsymbol{c}_{m-r}\}$ は K^m の基底である. $R = (\boldsymbol{b}_1\ \boldsymbol{b}_2\ \cdots\ \boldsymbol{b}_r\ \boldsymbol{c}_1\ \boldsymbol{c}_2\ \cdots\ \boldsymbol{c}_{m-r})$ とおけば, $R(\boldsymbol{e}_1\ \boldsymbol{e}_2\ \cdots\ \boldsymbol{e}_r\ \boldsymbol{0}\ \boldsymbol{0}\ \cdots\ \boldsymbol{0}) = B$. 定理 4.7, 4.11, 6.3 より, R は正則なので, $P = R^{-1}$ とおけば, $PAQ = R^{-1}B = (\boldsymbol{e}_1\ \boldsymbol{e}_2\ \cdots\ \boldsymbol{e}_r\ \boldsymbol{0}\ \boldsymbol{0}\ \cdots\ \boldsymbol{0})$. (2) → (1). 演 6.9 より, $\operatorname{rank} A = \operatorname{rank}(PAQ) = \operatorname{rank}(\boldsymbol{e}_1\ \boldsymbol{e}_2\ \cdots\ \boldsymbol{e}_r\ \boldsymbol{0}\ \boldsymbol{0}\ \cdots\ \boldsymbol{0}) = r$.

演 6.12 $\operatorname{rank} A = r$ とおく. 演 6.11 より, 正則な m 次正方行列 P, 正則な n 次正方行列 Q が存

在して，$PAQ = (\boldsymbol{e}_1\ \boldsymbol{e}_2\ \cdots\ \boldsymbol{e}_r\ \boldsymbol{0}\ \boldsymbol{0}\ \cdots\ \boldsymbol{0})$．このとき，

$$
{}^{\mathrm{t}}Q\,{}^{\mathrm{t}}A\,{}^{\mathrm{t}}P = {}^{\mathrm{t}}(PAQ) = \begin{pmatrix} 1 & 0 & \cdots & 0 & 0 & 0 & \cdots & 0 \\ 0 & 1 & \cdots & 0 & 0 & 0 & \cdots & 0 \\ \vdots & \vdots & \ddots & \vdots & \vdots & \vdots & & \vdots \\ 0 & 0 & \cdots & 1 & 0 & 0 & \cdots & 0 \\ 0 & 0 & \cdots & 0 & 0 & 0 & \cdots & 0 \\ \vdots & \vdots & & \vdots & \vdots & \vdots & & \vdots \\ 0 & 0 & \cdots & 0 & 0 & 0 & \cdots & 0 \end{pmatrix} \text{第 } r \text{ 行}
$$

なので，演 6.10 より，$\operatorname{rank}{}^{\mathrm{t}}A = \operatorname{rank}\left({}^{\mathrm{t}}Q\,{}^{\mathrm{t}}A\,{}^{\mathrm{t}}P\right) = r = \operatorname{rank} A$.

演 6.13 略.

関連図書

[1] 阿部誠，**微分積分学**，ふくろう出版，2006

[2] 井川治・碓氷久・金子真隆・高遠節夫・濱口直樹・前田善文，**新線形代数**，大日本図書，2012

[3] 石川暢洋・鎌田正良，**基礎線形代数**，実教出版，1977

[4] 梶原壌二，**関数論入門：複素変数の微分積分学**，森北出版，1980

[5] 梶原壌二，**新修線形代数**，現代数学社，1980

[6] 金光滋，**線形代数学**，数理情報科学シリーズ 2，牧野書店，1993

[7] 齋藤正彦，**線型代数演習**，基礎数学 4，東京大学出版会，1985

[8] 佐武一郎，**線型代数学**，新装版，数学選書 1，裳華房，2015

[9] 佐藤志保・高遠節夫・西垣誠一・濱口直樹・前田善文，**新応用数学**，大日本図書，2014

[10] 白岩謙一，**基礎課程 線形代数入門**，サイエンスライブラリ：現代数学への入門 1，サイエンス社，1976

[11] 西原賢・濱田英隆・本田竜広，**基礎からの線形代数学入門**，学術図書出版社，2020

[12] 硲野敏博・加藤芳文，**理工系の基礎線形代数学**，学術図書出版社，1994

[13] 福田安蔵・鈴木七緒・安岡善則・黒崎千代子，**詳解 代数・幾何演習**，共立出版，1963

[14] 水田義弘，**理工系線形代数**，数学基礎コース S1，サイエンス社，1997

[15] 三宅敏恒，**入門線形代数**，培風館，1991

[16] 矢野健太郎・石原繁（編），**線形代数**，改訂改題，裳華房，1990

[17] Lang, S.，**Introduction to Linear Algebra**，2nd，Springer，New York，1986

本書の執筆に際し，上記の関連図書を参考にしました．

索引

• さ行 •

• た行 •

• な行 •

• は行 •

• ま行 •

• や行 •

• ら行 •

• わ行 •

著　者

阿部 誠　広島大学名誉教授
博士（数理学）（九州大学）

本田 竜広　専修大学商学部教授
博士（数理学）（九州大学）

澁谷 一博　広島大学大学院先進理工系科学研究科准教授
博士（理学）（北海道大学）

基礎線形代数学（きそせんけいだいすうがく）

2018 年 3 月 30 日　第 1 版　第 1 刷　発行
2019 年 3 月 30 日　第 2 版　第 1 刷　発行
2024 年 3 月 30 日　第 2 版　第 5 刷　発行

著　者　阿部（あべ）　誠（まこと）
本田（ほんだ）　竜広（たつひろ）
澁谷（しぶや）　一博（かずひろ）

発行者　発田和子

発行所　株式会社　学術図書出版社

〒113−0033　東京都文京区本郷 5 丁目 4 の 6
TEL 03−3811−0889　振替　00110−4−28454
印刷　三松堂（株）

ISBN978−4−7806−1202−8　C3041